주기율

족 주기	1	2	3	4	5	6	7	8	9
1	1 H 수소 Hydrogen 1.00794								
2	3 Li 리튬 Lithium 6.941	4 Be 베릴륨 Beryllium 9.012182							
3	11 Na 나트륨 Natrium/Sodium 22.989770	12 Mg 마그네슘 Magnesium 24.3050							
4	19 K 칼륨 Kalium/Potassium 39.0983	20 Ca 칼슘 Calcium 40.078	21 Sc 스칸듐 Scandium 44.955910	22 Ti 타이타늄(티탄) Titanium 47.867	23 V 바나듐 Vanadium 50.9415	24 Cr 크로뮴(크롬) Chromium 51.9961	25 Mn 망가니즈(망간) Manganese 54.938049	26 Fe 철 Iron 55.845	27 Co 코발트 Cobalt 58.933200
5	37 Rb 루비듐 Rubidium 85.4678	38 Sr 스트론튬 Strontium 87.62	39 Y 이트륨 Yttrium 88.90585	40 Zr 지르코늄 Zirconium 91.224	41 Nb 나이오븀(니오브) Niobium 92.90638	42 Mo 몰리브데넘 (몰리브덴) Molybdenum 95.94	43 Tc 테크네튬 Technetium [98]	44 Ru 루테늄 Ruthenium 101.07	45 Rh 로듐 Rhodium 102.90550
6	55 Cs 세슘 Cesium 132.90545	56 Ba 바륨 Barium 137.327	란타넘족	72 Hf 하프늄 Hafnium 178.49	73 Ta 탄탈럼(탄탈) Tantalum 180.9479	74 W 텅스텐 Tungsten 183.84	75 Re 레늄 Rhenium 186.207	76 Os 오스뮴 Osmium 190.23	77 Ir 이리듐 Iridium 192.217
7	87 Fr 프랑슘 Francium [223]	88 Ra 라듐 Radium [226]	악티늄족	104 Rf 러더퍼듐 Rutherfordium [261]	105 Db 더브늄 Dubnium [262]	106 Sg 시보귬 Seaborgium [266]	107 Bh 보륨 Bohrium [267]	108 Hs 하슘 Hassium [273]	109 Mt 마이트너륨 Meitnerium [268]

원자번호
원자기호
녹색 : 기체원소
청색 : 액체원소
검은색 : 고체원소
붉은색 : 인공원소

1 H 수소 Hydrogen 1.00794
원자명
원자량

- 알칼리 금속
- 알칼리 토금속
- 아연족
- 붕소족
- 탄소족
- 질소족
- 산소족

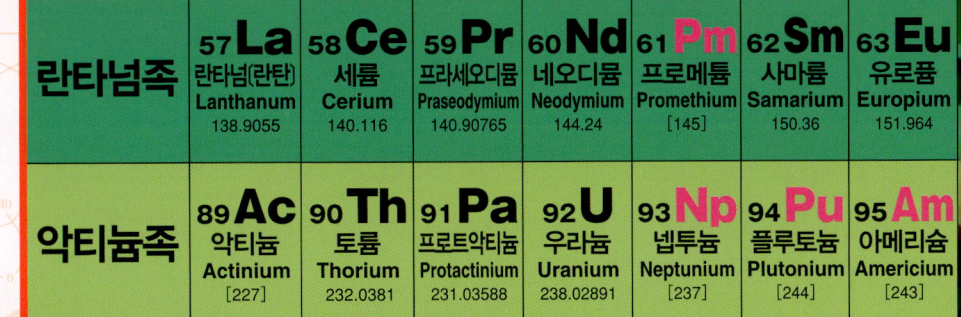

	57 La 란타넘(란탄) Lanthanum 138.9055	58 Ce 세륨 Cerium 140.116	59 Pr 프라세오디뮴 Praseodymium 140.90765	60 Nd 네오디뮴 Neodymium 144.24	61 Pm 프로메튬 Promethium [145]	62 Sm 사마륨 Samarium 150.36	63 Eu 유로퓸 Europium 151.964
란타넘족							
악티늄족	89 Ac 악티늄 Actinium [227]	90 Th 토륨 Thorium 232.0381	91 Pa 프로트악티늄 Protactinium 231.03588	92 U 우라늄 Uranium 238.02891	93 Np 넵투늄 Neptunium [237]	94 Pu 플루토늄 Plutonium [244]	95 Am 아메리슘 Americium [243]

표

10	11	12	13	14	15	16	17	18
								2 He 헬륨 Helium 4.002602
			5 B 붕소 Boron 10.811	6 C 탄소 Carbon 12.0107	7 N 질소 Nitrogen 14.0067	8 O 산소 Oxygen 15.9994	9 F 플루오린 Fluorine 18.9984032	10 Ne 네온 Neon 20.1797
			13 Al 알루미늄 Aluminium 26.9815386	14 Si 규소 Silicon 28.0855	15 P 인 Phosphorus 30.973761	16 S 황 Sulfur 32.065	17 Cl 염소 Chlorine 35.453	18 Ar 아르곤 Argon 39.948
28 Ni 니켈 Nickel 58.6934	29 Cu 구리 Copper 63.546	30 Zn 아연 Zinc 65.409	31 Ga 갈륨 Gallium 69.723	32 Ge 저마늄(게르마늄) Germanium 72.64	33 As 비소 Arsenic 74.92160	34 Se 셀레늄(셀렌) Selenium 78.96	35 Br 브로민(브롬) Bromine 79.904	36 Kr 크립톤 Krypton 83.798
46 Pd 팔라듐 Palladium 106.42	47 Ag 은 Silver 107.8682	48 Cd 카드뮴 Cadmium 112.411	49 In 인듐 Indium 114.818	50 Sn 주석 Tin 118.710	51 Sb 안티모니(안티몬) Antimony 121.760	52 Te 텔루륨(텔루르) Tellurium 127.60	53 I 아이오딘(요오드) Iodine 126.90447	54 Xe 제논 Xenon 131.293
78 Pt 백금 Platinum 195.078	79 Au 금 Gold 196.96655	80 Hg 수은 Mercury 200.59	81 Tl 탈륨 Thallium 204.3833	82 Pb 납 Lead 207.2	83 Bi 비스무트 Bismuth 208.98038	84 Po 폴로늄 Polonium [209]	85 At 아스타틴 Astatine [211]	86 Rn 라돈 Radon [222]
110 Ds 다름슈타튬 Darmstadtium [281]	111 Rg 뢴트게늄 Roentgenium [272]	112 Cn 코페르니슘 Copernicium [285]	113 Uut 우눈트륨 Ununtrium [286]	114 Fl 플레로븀 Flerovium [289]	115 Uup 우눈펜튬 Ununpentium [289]	116 Lv 리버모륨 Livermorium [293]	117 Uus 우눈셉튬 Ununseptium [294]	118 Uuo 우눈옥튬 Ununoctium [294]

분류
- 할로겐
- 비활성기체
- 전이금속
- 란타넘족(란타노이드)
- 악티늄족(악티노이드)
- 특별기준
- 그 외

비금속

64 Gd 가돌리늄 Gadolinium 157.25	65 Tb 터븀 Terbium 158.92534	66 Dy 디스프로슘 Dysprosium 162.500	67 Ho 홀뮴 Holmium 164.93032	68 Er 어븀 Erbium 167.259	69 Tm 툴륨 Thulium 168.93421	70 Yb 이터븀 Ytterbium 173.04	71 Lu 루테튬 Lutetium 174.967
96 Cm 퀴륨 Curium [247]	97 Bk 버클륨 Berkelium [247]	98 Cf 캘리포늄 Californium [251]	99 Es 아인슈타이늄 Einsteinium [252]	100 Fm 페르뮴 Fermium [257]	101 Md 멘델레븀 Mendelevium [258]	102 No 노벨륨 Nobelium [259]	103 Lr 로렌슘 Lawrencium [262]

금속

New Element Girls

Cn 112
Copernicium

Uut 113
Ununtrium

Fl 114
Flerovium

Illustration by sango

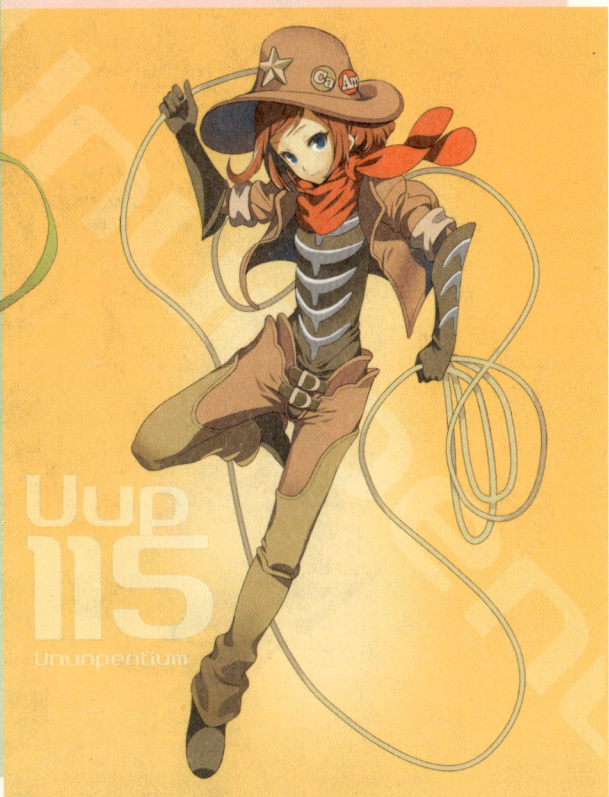

Uup 115
Ununpentium

New Element Girls

Illustration by sango

ELEMENT GIRLS
원소주기

미소녀와 함께 배우는 화학의 기본

편자 / 원소주기 모에화 프로젝트

BM 성안당

Element Girls

◆◆◆◆ 도대체 주기율표가 뭐야? ◆◆◆◆

화학 교과서의 겉표지나 속표지에 꼭 실려있는 빼곡히 늘어서 있는 그것, 도대체 화학에서 배우는 「수-헬-리-베…」식의 이상한 주문같은 것은 뭘까?

1869년 러시아의 화학자 드미트리 멘델레예프는 당시까지 알려져 있던 원소를 원자량 순으로 배열하여 주기적으로 화학적 성질이 비슷한 원소가 나오는 것을 발견하고 주기율표를 만들었습니다. 당시에는 아직 '전자', '원자핵', '궤도'의 개념이 거의 없었기 때문에, 멘델레예프는 방대한 화학적 데이터를 통하여 원소의 규칙성을 경험적으로 발견하고 주기율을 논문으로 발표했습니다.
원소의 성질을 연구한 화학자는 여러 명이 있었지만, 멘델레예프는 그 당시에 아직 발견되지 않았던 Ga(갈륨), Ge(저마늄), Sc(스칸듐)과 같은 원소의 자리를 주기율표에 공란으로 남겨두고 그 존재 가능성과 성질을 예측하는 데 성공했습니다.

주기율표의 가로줄을 '주기'라고 하고, 전자껍질 순으로 위부터 아래까지 원소를 배열하고, 같은 전자껍질 내에서는 원자 번호순(원자량 순)으로 왼쪽부터 오른쪽으로 배열합니다. 또한, 세로줄을 '족'이라고 하고, 같은 족의 원소들은 화학적 성질이 비슷한 원소의 그룹을 이룹니다. 일찍이 왼쪽부터 순서대로 로마 숫자가 매겨져 a라든가 b라든가 분족이란 명칭이 사용되고 있지만, 국제순수 및 응용화학연맹(IUPAC)의 제창에 의해 새로운 형식으로 1부터 18까지의 숫자를 순서대로 매기고 있습니다.

그럼, ELEMENT GIRLS 원소 소녀들이 등장하겠습니다!

■ 주의사항
① 이 책은 저자가 독자적으로 조사한 결과를 출판한 것입니다.
② 이 책은 내용에 대해서 만전을 기해 제작한 것입니다만, 만일 의심스러운 점이나 오류, 기재 누락 등이 있다면 출판사로 연락해 주십시오.
③ 이 책의 내용을 무단으로 사용한 ㄷ 미치는 영향에 대해서는 책임지기 어렵습니다. 다시 한번 양해 부탁드립니다.
④ 이 책의 전부 또는 일부에 대해 출판사의 승낙 없이 복제하는 것은 금지되어 있습니다.
⑤ 이 책에 기재되어 있는 회사명, 상품명 등은 일반적으로 각 사의 상표 또는 등록표준입니다.

◆◆◆◆ 안녕하세요! ELEMENT GIRLS입니다!! ◆◆◆◆

여러분 주변에 있는 것은 모두 우리 「원소」로 이루어진 것이야. 그래서 우리는 이과·화학에 있어서 매우 중요한 존재이지.

이 책은 118개의 원소를 귀여운 여자아이로 의인화한 그래피컬한 원소사전이야. 우리는 원소의 성질이나 이용법, 명명 등을 기반으로 의인화되어 있어. 예를 들어 원자 번호 90번 '토륨(Th)'은 북유럽 신화에 등장하는 '눈의 신, 토르'를 이미지하고 있어. 이렇게 하면 좀 더 원소 이름이나 성질 등을 즐겁게 외울 수 있을 거야.

우리의 해설 페이지에서는 원자량과 녹는점·끓는점 등의 기본 데이터나 원소명의 유래, 발견자 등의 내용과 각 원소의 발견 에피소드, 화학적 성질 등을 상세하게 소개하고 있어. 조금 어렵지만 우리의 귀여운 일러스트와 함께 전자배치도나 이용사례도 비쥬얼화하고 있기 때문에 즐겁게 읽어주면 좋겠어!

원소를 배우기 시작한 사람도, 이미 열공 중인 사람도, 이 책이 우리를 아는 데 도움이 되기를 마음으로 간절히 바랄게.

ELEMENT GIRLS 원소 소녀 일동

CONTENTS

도대체 주기율표가 뭐야? · · · · · · 2
안녕하세요! ELEMENT GIRLS입니다!! · · · 3
이 책을 읽는 법 · · · · · · 6

원소의 기본 지식과 111가지 원소의 구조
원소의 기본 지식을 배우자 · · · · · · 8

1 수소 (H) · · · · · · 10
2 헬륨 (He) · · · · · · 12
3 리튬 (Li) · · · · · · 14
4 베릴륨 (Be) · · · · · · 16
5 붕소 (B) · · · · · · 18
6 탄소 (C) · · · · · · 20
7 질소 (N) · · · · · · 22
8 산소 (O) · · · · · · 24
9 플루오린 (F) · · · · · · 26
10 네온 (Ne) · · · · · · 28
11 나트륨 (Na) · · · · · · 30
12 마그네슘 (Mg) · · · · · · 32
13 알루미늄 (Al) · · · · · · 34
14 규소 (Si) · · · · · · 36
15 인 (P) · · · · · · 38
16 황 (S) · · · · · · 40
17 염소 (Cl) · · · · · · 42
18 아르곤 (Ar) · · · · · · 44
19 칼륨 (K) · · · · · · 46
20 칼슘 (Ca) · · · · · · 48
21 스칸듐 (Sc) · · · · · · 50
22 타이타늄〔티탄〕(Ti) · · · · · · 52
23 바나듐 (V) · · · · · · 54
24 크로뮴〔크롬〕(Cr) · · · · · · 56
25 망가니즈〔망간〕(Mn) · · · · · · 58

26 철 (Fe) · · · · · · 60
27 코발트 (Co) · · · · · · 62
28 니켈 (Ni) · · · · · · 64
29 구리 (Cu) · · · · · · 66
30 아연 (Zn) · · · · · · 68
31 갈륨 (Ga) · · · · · · 70
32 저마늄〔게르마늄〕(Ge) · · · · · · 72
33 비소 (As) · · · · · · 74
34 셀레늄〔셀렌〕(Se) · · · · · · 76
35 브로민〔브롬〕(Br) · · · · · · 78
36 크립톤 (Kr) · · · · · · 80
37 루비듐 (Rb) · · · · · · 82
38 스트론튬 (Sr) · · · · · · 84
39 이트륨 (Y) · · · · · · 86
40 지르코늄 (Zr) · · · · · · 88
41 나이오븀〔니오브〕(Nb) · · · · · · 90
42 몰리브데넘〔몰리브덴〕(Mo) · · · · · · 92
43 테크네튬 (Tc) · · · · · · 94
44 루테늄 (Ru) · · · · · · 96
45 로듐 (Rh) · · · · · · 98
46 팔라듐 (Pd) · · · · · · 100
47 은 (Ag) · · · · · · 102
48 카드뮴 (Cd) · · · · · · 104
49 인듐 (In) · · · · · · 106
50 주석 (Sn) · · · · · · 108
51 안티모니〔안티몬〕(Sb) · · · · · · 110
52 텔루륨〔텔루르〕(Te) · · · · · · 112
53 아이오딘〔요오드〕(I) · · · · · · 114
54 제논 (Xe) · · · · · · 116
55 세슘 (Cs) · · · · · · 118
56 바륨 (Ba) · · · · · · 120

57	란타넘(란탄) (La)	· · · · · ·	122
58	세륨 (Ce)	· · · · · · · ·	124
59	프라세오디뮴 (Pr)	· · · ·	126
60	네오디뮴 (Nd)	· · · · · ·	128
61	프로메튬 (Pm)	· · · · · ·	130
62	사마륨 (Sm)	· · · · · · ·	132
63	유로퓸 (Eu)	· · · · · · · ·	134
64	가돌리늄 (Gd)	· · · · · ·	136
65	터븀 (Tb)	· · · · · · · · ·	138
66	디스프로슘 (Dy)	· · · · ·	140
67	홀뮴 (Ho)	· · · · · · · · ·	142
68	어븀 (Er)	· · · · · · · · ·	144
69	툴륨 (Tm)	· · · · · · · ·	146
70	이터븀 (Yb)	· · · · · · · ·	148
71	루테튬 (Lu)	· · · · · · · ·	150
72	하프늄 (Hf)	· · · · · · · ·	152
73	탄탈럼(탄탈) (Ta)	· · · · ·	154
74	텅스텐 (W)	· · · · · · · · ·	156
75	레늄 (Re)	· · · · · · · · ·	158
76	오스뮴 (Os)	· · · · · · · ·	160
77	이리듐 (Ir)	· · · · · · · ·	162
78	백금 (Pt)	· · · · · · · · ·	164
79	금 (Au)	· · · · · · · · · ·	166
80	수은 (Hg)	· · · · · · · · ·	168
81	탈륨 (Tl)	· · · · · · · · ·	170
82	납 (Pb)	· · · · · · · · · ·	172
83	비스무트 (Bi)	· · · · · · ·	174
84	폴로늄 (Po)	· · · · · · · ·	176
85	아스타틴 (At)	· · · · · · ·	178
86	라돈 (Rn)	· · · · · · · · ·	180
87	프랑슘 (Fr)	· · · · · · · ·	182
88	라듐 (Ra)	· · · · · · · · ·	184
89	악티늄 (Ac)	· · · · · · · ·	186

90	토륨 (Th)	· · · · · · · · ·	187
91	프로트악티늄 (Pa)	· · · ·	188
92	우라늄 (U)	· · · · · · · · ·	189
93	넵투늄 (Np)	· · · · · · · ·	190
94	플루토늄 (Pu)	· · · · · ·	191
95	아메리슘 (Am)	· · · · · ·	192
96	퀴륨 (Cm)	· · · · · · · · ·	193
97	버클륨 (Bk)	· · · · · · · ·	194
98	캘리포늄 (Cf)	· · · · · · ·	195
99	아인슈타이늄 (Es)	· · · · ·	196
100	페르뮴 (Fm)	· · · · · · ·	197
101	멘델레븀 (Md)	· · · · · ·	198
102	노벨륨 (No)	· · · · · · · ·	199
103	로렌슘 (Lr)	· · · · · · · ·	200
104	러더퍼듐 (Rf)	· · · · · · ·	201
105	더브늄 (Db)	· · · · · · · ·	202
106	시보귬 (Sg)	· · · · · · · ·	203
107	보륨 (Bh)	· · · · · · · · ·	204
108	하슘 (Hs)	· · · · · · · · ·	205
109	마이트너륨 (Mt)	· · · · ·	206
110	다름슈타튬 (Ds)	· · · · ·	207
111	뢴트게늄 (Rg)	· · · · · · ·	208

이름이 새롭게 결정된 원소들

112	코페르니슘(우눈븀) (Uub)	· · ·	210
114	플레로븀 (Fl)	· · · · · · ·	211
116	리버모륨 (Lv)	· · · · · · ·	212

이름이 아직 결정되지 않은 원소들

113	우눈트륨 (Uut)	· · · · ·	214
115	우눈펜튬 (Uup)	· · · · ·	215
117	우눈셉튬 (Uus)	· · · · ·	216
118	우눈옥튬 (Uuo)	· · · · ·	217

용어집 · · · · · · · · 218

찾아보기 · · · · · · · · 224

Element Girls

◆◆◆◆ 이 책을 읽는 법 ◆◆◆◆

① **원자량**……탄소 12(^{12}C) 1mol의 질량을 12로 한 경우의 상대비. 방사성을 띄지 않는 동위 원소가 되는 원자량이 주어지지 않은 방사성 원소는 확인되고 있는 동위 원소의 질량을 〔 〕으로 나타냈다.

② **녹는점**……고체가 액체 상태로 바뀌는 온도.

③ **끓는점**……액체가 기체 상태로 바뀌는 온도.

④ **밀도**……부피 분의 질량.

⑤ **원자가**……용어집 참조.

⑥ **존재도**……지표 : 지표에 존재하는 원소의 배합. 우주 : 우주에 존재하는 원소의 배합. 실리카(규소 화합물)가 우주에 10^6(100만)개 있다고 할 때의 상대값을 나타낸다.

⑦ **주요 동위 원소**……동위 원소에 관해서는 용어집 참조. 박스 안에는 존재율, 방사성에 관해서는 반감기(방사성 핵종이나 소립자가 붕괴해 다른 핵종 또는 소립자로 변할 때에, 붕괴하는 절반의 기간), 붕괴 양식을 나타냈다.

※ 원자 번호와 질량수가 같고, 에너지 준위가 다른 두 개의 핵종(핵이성체)은 질량수 뒤에 m을 붙여서 구별했다. 동위 원소의 붕괴양식의 약호는 EC : 전자보획, β : 베타붕괴, α : 알파붕괴, IT : 핵이성체전이, SF : 자발핵분열을 표시한다. 또, 「EC+β⁺」라고 표기되어 있는 것은 더 이상 붕괴하지 않는 것을 나타낸다.

⑧ **전자배치도**……원자핵을 둘러싼 전자의 배치를 나타낸다. 자세한 것은 p.8~9를 참조.

※ 이 책의 전자배치도는 공간에 입체적으로 배치되어 있는 전자상태를 평면으로 나타낸 것이기 때문에, 본래 전자배치도와는 다르다.

⑨ **원자 반경/공유 결합 반경**……분자, 결정 내 등에 존재하는 각각의 원자를 강체구로 가정한 경우의 반경. 수치 단위는 nm(단위에 대해서는 p.9 참조), 박스 안은 추정치를 나타냈다.

⑩ **발견년도 · 발견자**……원소의 발견과 단리 · 분리의 연호, 인물. 가장 일반적인 설을 기재했지만, 이 설도 많다.

⑪ **존재형태**……원소가 어떤 상태로 존재하고 있는지를 나타냈다.

⑫ **이용사례**……원소가 어떻게 우리 주변에서 이용되고 있는지를 나타냈다. 일러스트는 그 일례.

각 원소의 데이터는 기본적으로 국제순어 및 응용화학연맹(IUPAC), 『개정 5판 화학편람 기초편(마루젠(주) 출판사업부)』, 『원소 백과사전(마루젠(주) 출판사업부)』에 준한다.

원소의 기본 지식과 111가지 원소의 구조

여기에서는 원소의 기본지식과 제 1번 원소부터 제 111번 원소까지를 설명합니다. 발견 시의 에피소드나 각 원소의 성질, 이용사례까지 자세히 소개합니다.

원소의 그룹

※ 원소를 그룹으로 나눠 색으로 구분하고 있습니다.

- 알칼리 금속
- 알칼리 토금속
- 아연족
- 붕소족
- 탄소족
- 질소족
- 산소족
- 할로겐
- 비활성기체
- 전이금속
- 란타넘족
- 악티늄족
- 특별 기준
- 그 외

Element Girls

원소의 기본 지식을 배워보자

여기에서는 원소의 기본적인 개념부터 원자기호나 전자구조를 표시한 방법 등 이 책을 읽기 전에 파악해두고 싶은 원소의 기본지식에 대해 설명한다.

● 원소와 원자의 차이

우리들 주변에 있는 것, 그리고 우리들 자신은 여러 가지 원소의 편성에 의해 이루어져 있다고 해도 원소에 형태가 있다는 것은 아니다. 원소는 물질의 근원을 나타내는 개념이다. 그리고 원소의 실체가 되는 것이 원자이다.

물질은 물질 그 자체의 성질을 가진 최소의 입자인 분자로부터 성립되고, 그 분자를 자세히 보면 물질의 구성단위인 원자에 도달한다. 그 원자는 바른 전하를 두른 양자와 전하를 가지지 않은 중성자로 구성되어 있다.

전자, 양자, 중성자로부터 이루어진 원자는, 존재하는 전자수와 양자수가 같아, 그들의 수는 원자번호로 표시할 수 있다. 또, 양자와 중성자의 수를 채운 것을 질량수라고 한다. 예를 들어, 원자번호 17번인 염소에는, 전자가 17개, 양자가 17개 존재한다. 그리고 중성자가 18개인 경우, 질량수는 35이고, 원소기호의 표기는 아래와 같이 한다.

예

$$^{35}_{17}\text{Cl}$$

- 질량수 = 양자수 + 중성자수
- 양자수(17), 중성자수(18), 전자수(17)
- 원자번호 = 양자수 = 전자수

● 원자의 구조와 전자궤도

원자의 중심에는 원자핵이 있고 전자는 원자핵의 주변을 규칙적으로 돌고있다. 이 전자가 도는 위치와 각각의 위치에 들어가는 전자수는 정해져 있고, 이 위치를 전자각이라고 한다. 전자각은 내측으로부터 K각, L각, M각…이라고 하는 이름이 있어, 각각의 전자가 들어가는 최대수가 2개, 8개, 18개…로 정해져 있다. 이 전자 안에, 가장 외측의 전자각에 있는 전자를 가전자라고 한다. 이 가전자의 수가 원소의 화학적 성질을 담당하고 있다.

또, 전자각은 전자궤도라고 하는 궤도로 나뉘어져 있다. K각에는 1s궤도, L각에는 2s궤도, 2p궤도…와 같이, 외측의 각이 됨에 따라 궤도의 수는 늘어난다. 나트륨의 가전자가 위치하는 전자궤도의 경우, 이 책에서는 「(3s)1」이란, 네온의 전자구조(K각의 1s궤도, L각의 2s궤도, 2p궤도 전부에 전자가 결합되어 있는 상태)에 3s궤도상의 전자가 1개 있는 상태를 의미한다.

◆ 전자 구조와 전자궤도의 표시방법

예) 나트륨

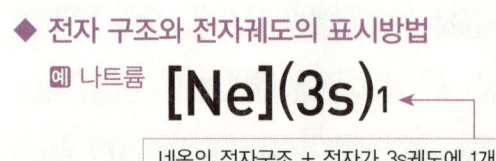

네온의 전자구조 + 전자가 3s궤도에 1개 들어가 있다(가전자는 1개)

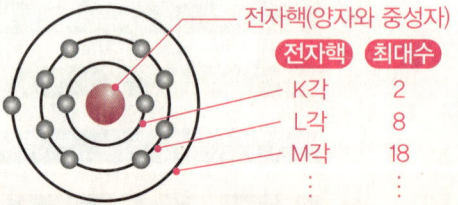

전자핵(양자와 중성자)

전자핵	최대수
K각	2
L각	8
M각	18
⋮	⋮

전자각	K	L		M			N*				O*				P*					Q*
궤도의 명칭	1s	2s	2p	3s	3p	3d	4s	4p	4d	4f	5s	5p	5d	5f	5g	6s	6p	6d	6f	6g	6h	7s
최대전자수	2	2	6	2	6	10	2	6	10	14	2	6	10	14	18	2	6	10	14	18	22	2
각의 최대전자수	2	8		18			32				50					72						
궤도가 누적된 때의 전자수*	2	10		28			50				100					172						

* 전자궤도는 특히 N각 외측에서는 순서대로 누적되지 않는다.

🔷 동위 원소의 붕괴양식

원소에는 몇 개의 동위 원소가 존재하지만, 그중에는 불안정하여 시간과 함께 붕괴하는 방사성 동위 원소가 있다. 이 책의 읽는 방법(p.6)에서 기재했던 붕괴양식은 방사성 동위 원소가 붕괴하는 종류를 나타낸 것으로, 주로 아래의 종류가 있다.

● **알파붕괴 (α)**…어떤 원자핵이 알파입자(양자 2개, 중성자 2개)를 방출해, 원자번호와 중성자 수가 2개 줄어드는 것을 말한다.

● **베타붕괴 (β)**…전자와 반전자, 뉴트리노(소립자의 일종)를 방출하는 β⁻붕괴, 양전자와 전자 뉴트리노를 방출하는 β⁺붕괴, 궤도전자를 원자핵에 거둬들인 전자 뉴트리노를 방출하는 전자포획(EC) 등이 있다.

● **핵이성체전이 (IT)**…원자번호와 질량수가 같고, 에너지 준위가 다른 2개의 핵종을 핵이성체라고 하고, 에너지 준위가 높은 핵이성체가 보다 안정한 핵이성체로 변화하는 것을 말한다.

● **자발핵분열 (SF)**…핵분열 반응 중, 자유한 중성자의 조사를 받지 않고 일어나는 핵분열을 가르킨다.

🔷 단위를 외우자

원소는 물질을 구성하는 것이기 때문에 매우 작은 단위를 취급하는 경우가 많다. 아래의 단위는 이 책에서 다루는 주요 단위이다.

● **mol (몰)** … 0.012킬로그램(12그램)의 탄소 12중에 존재하는 원자의 수와 같은 구성요소를 포함한 계의 물질량이다.

● **ppm (parts per million)** … 100만 분의 몇인가 하는 비율을 표시하는 단위로, 주로 농도를 나타내기 위해 이용된다. 1ppm이면, 100만 분의 1이 된다. 비슷한 단위로, ppc(퍼센트, 100분의 1), ppb(parts per billion, 10억분의 1), ppt(parts per trillion, 1조분의 1) 등이 있다.

● **μ (마이크로)** … 기초가 되는 단위인 100만 분의 1의 양을 나타낸다.

● **η (나노)** … 기초가 되는 단위인 10억 분의 1의 양을 나타낸다.

● **p (피코)** … 기초가 되는 단위인 1조 분의 1의 양을 나타낸다.

1 H

물의 근원! 가장 가볍고 작은 요정

수소

Hydrogen

원소명의 유래: 그리스어의 「hydro(물)」과 「genes(근원)」에서 유래했다.

"둥실둥실 떠다니는 게 너무 신나!"

★TRIVIA★
수소와 산소를 반응시켜 전기 에너지를 생산하는 연료전지는, 친환경 에너지로 최근 크게 주목받고 있다.

SPEC
- 원자량: 1.00794
- 밀도: 0.08988kg/m³
- 녹는점: -259.14°C
- 원자가: 1
- 끓는점: -252.87°C
- 존재도: 지표: 1520ppm   우주: 2.79×10^{10}
- 주요 동위원소: ^{1}H(99.9885%), ^{2}H(0.0115%), ^{3}H(β^-, 12.33년)

illustration by 陸原一樹

10 원소주기 ELEMENT GIRLS

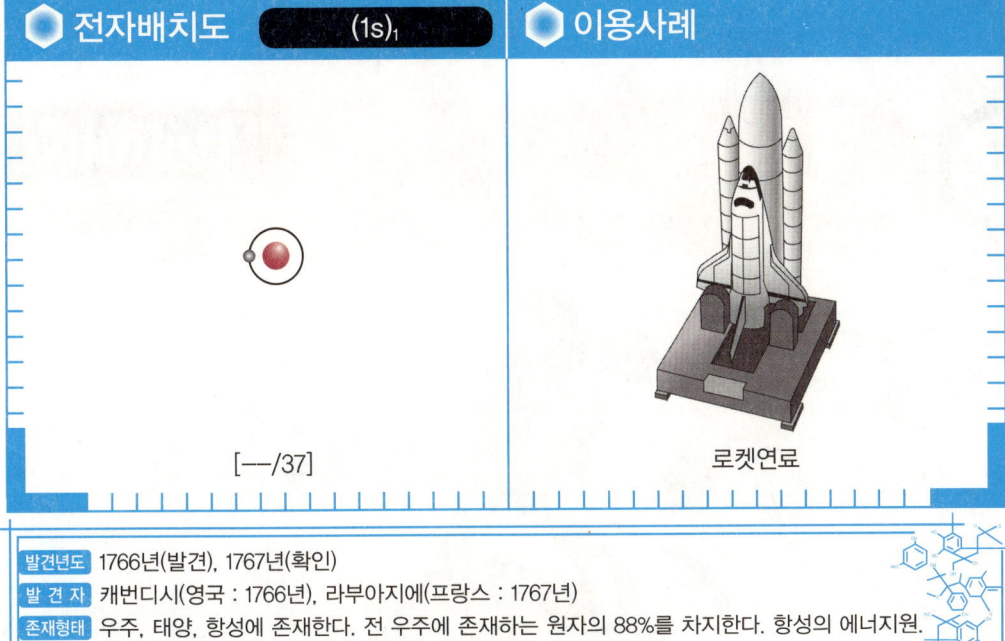

발견년도	1766년(발견), 1767년(확인)
발 견 자	캐번디시(영국 : 1766년), 라부아지에(프랑스 : 1767년)
존재형태	우주, 태양, 항성에 존재한다. 전 우주에 존재하는 원자의 88%를 차지한다. 항성의 에너지원. 주로, 물이나 황산, 구연산, 아미노산, DNA 등에 포함되어 있다.
이용사례	연료전지, 냉각제, 세포의 발광도료 등

기본적인 원소

수소는 1개의 양자와 1개의 전자로 이루어진, 구조가 제일 간단한 원소이다. 또, 우주에서 가장 많이 존재하는 원소이며, 지구에서는 산소와의 화합물인 물(H_2O)로 주로 존재한다.

수소가 발견되던 당시, 연소란 플로지스톤이라는 물질을 방출하는 것이라고 생각했었다. 수소의 발견자인 캐번디시도 이를 설명하려고 노력하다가, 산으로 철을 녹이게 되면 불에 「타는 기체(수소 가스)」가 나온다는 사실을 알게 되었다. 하지만 프랑스의 화학자 앙투안 라부아지에가 플로지스톤설을 부정할 때까지 그 물질은 원소로 인정되지 않았다. 그 후, 캐번디시는 그 물질이 산소에 의해 연소될 때 물이 생성된다는 것을 확인하였다. 이에 대해, 라부아지에가 그 물질에 「수소」라는 이름을 붙여, 수소는 원소로 인정받게 되었다.

수소의 동위 원소

수소(^1H)는 원소 중에서 유일하게 중성자를 갖고 있지 않은 원소지만, 중성자를 가진 중수소(^2H)나 트리튬(^3H) 등의 동위 원소가 존재한다. 현재, 수소의 동위 원소는 7종류가 있고, 수소(^1H)에 비해 중수소는 질량수가 2배, 트리튬은 3배로 중량에 큰 차이가 생기기 때문에 화학적 성질에도 영향이 나타난다. 이 중량의 차이에 의해 화학반응 속도 등이 변화하는 것을 동위 원소 효과라고 한다.

Element Girls

2 He

추워도 고독해도, 그런 건 아무렇지도 않아

헬륨 — Helium

원소명의 유래 / 그리스 신화의 태양신 헬리오스(Helios)에서 유래했다.

"나는 혼자서도 날 수 있어~"

★TRIVIA★
헬륨은 우주에서 두 번째로 많고, 지각 중에도 풍부하게 존재하고 있지만, 공기 중에는 극히 미량만 포함되어 있다.

SPEC
원자량	4.002602	녹는점	-272.2°C
밀도	0.1785kg/m³ (기체), 124.8kg/m³ (액체)	원자가	-
끓는점	-268.934°C	존재도	지표: - 우주: 2.72×10^9

주요 동위원소: ³He(0.000137%), ⁴He(99.999863%), ⁶He(β^-, 0.807초)

illustration by 中山かつみ

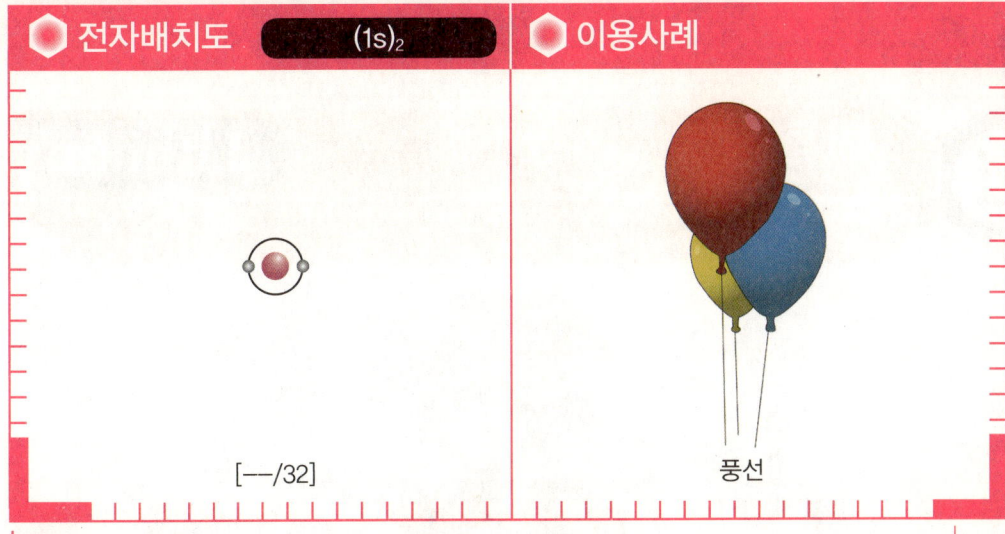

| 전자배치도 | $(1s)_2$ | 이용사례 |

[--/32]

풍선

발견년도	1868년
발 견 자	피엘 J. C. 장센(프랑스), 노만 로키어(영국)
존재형태	태양 속에서 수소의 핵융합에 의해 생성된다. 지구상에서는 우라늄의 핵분열 등에 의해 만들어진다.
이용사례	냉각재(액체 He), 부양용 가스(He), 호흡용 봄베(O_2 + He)

풍선을 띄우는 기체로 쓰이는 단골손님

헬륨은, 1868년에 천문학자 장센과 로키어에 의해 개기일식 관측 중에 발견된 원소이다. 제 18족 원소에 속하고, 비활성 기체*라고도 불린다.

안정성 있는 기체로 매우 가벼운 성질을 갖기 때문에 기구나 풍선에 채워 넣는 가스로 이용된다. 원소 중에서 가장 가벼운 기체는 수소이고, 수소도 물체를 띄우는 가스로 사용할 수 있지만, 수소는 매우 타기 쉬운 성질을 갖고 있다. 그렇기 때문에 안정성 있는 기체인 헬륨이 주류가 되고 있다. 그 외에도 헬륨은, 소리의 톤을 변화시키는(도널드 덕 보이스) 기체로 유명하다. 이것은 공기보다 밀도가 작아서 진동수가 많아져, 소리의 전달속도가 빨라지기 때문이다.

끓는점이 낮아서 생겨난 현상

헬륨은 모든 원소 중에서 가장 끓는점이 낮기 때문에 액화하는 것은 도저히 불가능하다고 여겨져 왔다. 그러나 1908년 네덜란드의 카메를링 오네스가 냉각과 가압을 반복하는 연구를 한 결과, 훌륭하게 액화에 성공했다. 이 액체 헬륨은 극저온 상태에서 금속을 연구할 때 냉각제로 매우 유용하고, 1911년에는 일정 온도에 둔 수은의 전기저항이 없어지는 초전도현상의 발견으로 연결되었다.

또, 거기에 냉각을 계속하면, 용기의 벽면을 기어오르거나, 보통의 액체 상태로는 흘러내리지 않을 듯한 좁은 간격을 통과하거나 하는 초유동이라는 현상이 생긴다. 이것은 헬륨 분자 간에 인력이 작용하지 않고, 헬륨의 원자와 용기의 원자 간에 인력이 작용하여, 벽에 팽팽하게 잡아당겨 지게 하기 때문에 나타나는 현상이다.

Element Girls

3 Li

전자기기에는 빠트릴 수 없는 금속!!

리튬

Lithium

원소명의 유래 | 그리스어의 「돌(lithos)」에서 유래했다.

> 음…
> 화염 속에서
> 붉게 탑니다.

★TRIVIA★
알루미늄에 리튬을 첨가하면, 강도가 높아지고 밀도는 낮아져 금속재료로서 매우 부드러운 성질로 변한다.

─ SPEC ─

원자량	6.941	녹는점	180.54°C	끓는점	1347°C
밀도	534kg/m³	원자가	1	존재도	지표: 13ppm 우주: 57.1
주요 동위원소	$^6Li(7.59\%)$, $^7Li(92.41\%)$				

illustration by 鍋島テツヒロ

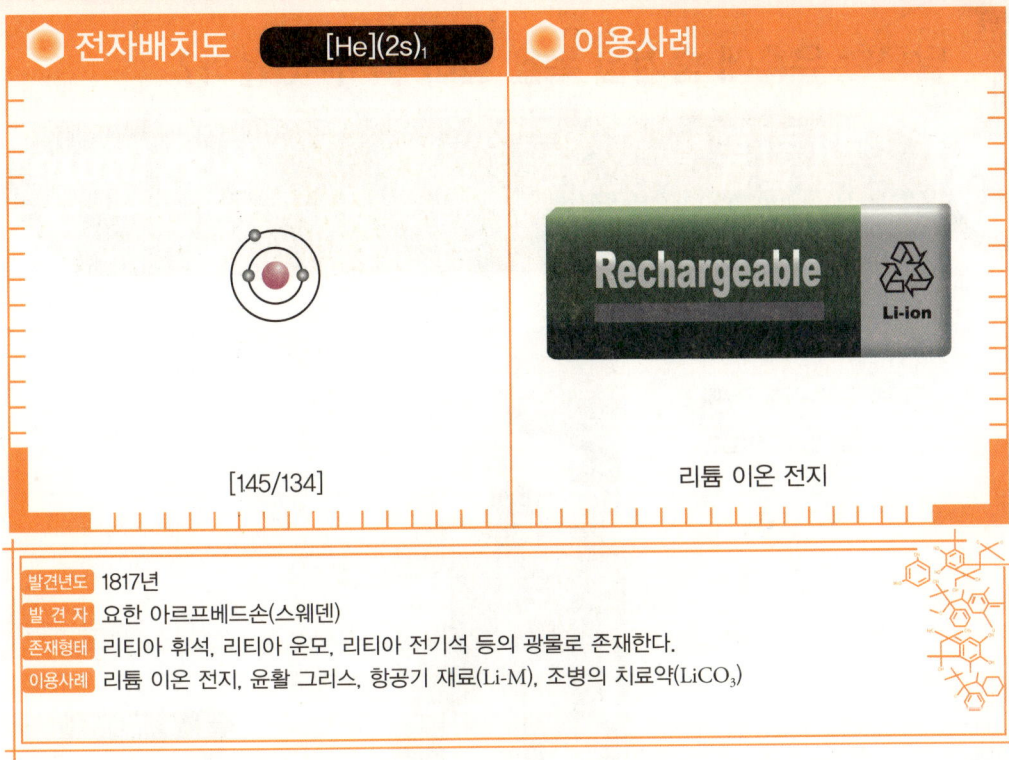

- 전자배치도: [He](2s)₁
- 이용사례
- [145/134]
- 리튬 이온 전지

발견년도	1817년
발 견 자	요한 아르프베드손(스웨덴)
존재형태	리티아 휘석, 리티아 운모, 리티아 전기석 등의 광물로 존재한다.
이용사례	리튬 이온 전지, 윤활 그리스, 항공기 재료(Li-M), 조병의 치료약(LiCO₃)

가장 가벼운 금속 원소

리튬은 금속 중에서도 가장 가벼운 알칼리 금속이다. 1817년, 스웨덴의 화학자 아르프베드손은 페탈라이트 광석을 화학분석하여 미지의 물질이 함유되어 있는 것을 발견했다. 그 후 불꽃 반응에 의해, 신원소 리튬의 존재가 명확해졌다.

리튬 등의 알칼리 금속을 화염 속에 넣어 가열하면, 적색과 황색, 녹색 등 여러 가지 색의 불꽃을 발하며 탄다. 이것이 불꽃 반응이다. 염색반응은 각 원소에 의해 다른 색으로 타기 때문에, 어느 원소가 포함되어 있는지 간단히 식별할 수 있다. 리튬은 짙은 적색을 나타낸다. 불꽃놀이의 색채는 이 불꽃 반응을 이용하고 있다. 에도 시대의 불꽃놀이는 성냥불과 같은 색뿐이었지만, 메이지 이후, 유입된 알칼리 금속류가 불꽃으로 사용되면서, 반짝이는 순간에 색채가 풍성한 불꽃이 발생되었다.

리튬을 이용한 리튬 이온 전지

리튬의 대표적인 이용법에 리튬 이온 전지가 있다. 최근 컴퓨터 등의 전자 기기의 경량화가 진행됨에 따라, 전지도 가볍고 대용량인 전자가 요구되어졌다. 그래서 등장한 것이 리튬 이온 전지이다. 이 전지는 종래 사용되었던 니켈·카드뮴 전지에 비해, 훨씬 가볍고 대용량이어서 현재 대부분의 모바일 제품에 이용되고 있다. 그러나 최근 수년 내에 발화사고가 잇달아 발생해, 리튬 이온 전지의 안전성의 기준이 재점검되고 있다.

Element Girls

4 Be

달콤한 유혹에 숨겨진 독을 알아 챌 수 있을까?

베릴륨 — Beryllium

원소명의 유래 녹주석(beryl)에서 유래한다.

> 한 번 맛보는 게 어때?
> 아픈 눈에 좋을지도?

★TRIVIA★
가볍고 단단한 성질을 가진 베릴륨은 진동이나 극저온의 변형에도 잘 견디기 때문에, 우주에서 천체를 관측하는 우주망원경에 사용되고 있다.

SPEC
- 원자량 9.012182
- 밀도 1847.7kg/㎥
- 녹는점 1282°C
- 원자가 2
- 끓는점 2970°C
- 존재비 지표 : 1.5ppm 우주 : 0.73
- 주요 동위원소 ^{7}Be(EC,53.29일), ^{9}Be(100%), ^{10}Be(β^-, 1.6×10^6년)

illustration by キョウシン

전자배치도 [He](2s)₂

이용사례

[105/90]

스프링

발견년도	1797년(산화물로서 발견), 1828년(단리)
발 견 자	루이 니콜라·보클랭(프랑스 : 1797년), 앙트와누·뷔시(프랑스 : 1828년), 뵐러(프랑스 : 1828년)
존재형태	녹주석, 버트란다이트, 에메랄드 등으로 존재한다.
이용사례	중성자의 감속재, X선원, 고음역 스피커

달콤함에 속아서는 안 되는, 독성의 원소

1797년에 프랑스의 화학자 보클랭은, 녹주석에서 미지의 금속산화물을 발견했다. 그는 이 산화물의 맛을 보면 단맛이 나기 때문에, 그리스어로 "달다"를 의미하는 「글루시늄」으로 이름 붙였다. 그러나 원소를 단리하는 데에 이르지 못했고, 1828년에 독일의 화학자 뷔시와 뵐러가 각각 독자적으로 원소의 단리에 성공해, 같은 해에 베릴륨이라고 명명되었다. 단맛이 나는 베릴륨이지만, 실제로는 발암성이 강하고, 심각한 만성 폐질환을 야기하는 독성이 높은 금속이다.

덧붙여서 녹주석은 에메랄드나 아쿠아마린이라는 보석의 원료가 된다. 무색의 녹주석에 불순물이 혼입되어 녹색이 된 것이 에메랄드, 물색이 된 것이 아쿠아마린이다.

원자력 발전에는 빼놓을 수 없다

원자력 발전에서는 핵분열 후에 방출되는 중성자의 속도를 낮추어, 다른 핵분열을 일으키기 쉽게 하기 위한 감속재가 필요하다. 베릴륨은 주로 중성자의 감속재로 이용되고 있다. 산란 단면적*이 매우 큰 베릴륨은 경수, 중수, 흑연과 함께 중성자의 감속재·반사재로 이용되고 있다.

또, 동에 1~2%의 베릴륨을 첨가한 것은 베릴륨 구리로 불리는데, 강하고 탄력성이 있으며 전기 전도성도 좋기 때문에 전기부품 등에 이용되고 있다.

Element Girls

5 B 붕산 경단으로 바퀴벌레 퇴치 여행 출발!!

붕소 — Borom

원소명의 유래 천연으로 산출되는 붕소가, 아라비아어로 「하얀다(Buraq)」라고 불린 것에서 유래한다.

말풍선: 특제 경단 세례다!

★TRIVIA★
광물에 대한 경도의 척도를 나타내는 모스 경도는, 다이아몬드의 15가 최고수치인데, 탄화붕소는 그것에 이은 14이다.

SPEC

원자량	10.811	녹는점	2300°C	끓는점	3658°C
밀도	2340kg/㎥	원자가	3	존재도	지표: 10ppm 우주: 21.2
주요 동위 원소	$^{10}B(19.9\%)$, $^{11}B(80.1\%)$				

illustration by 翁眠依葎

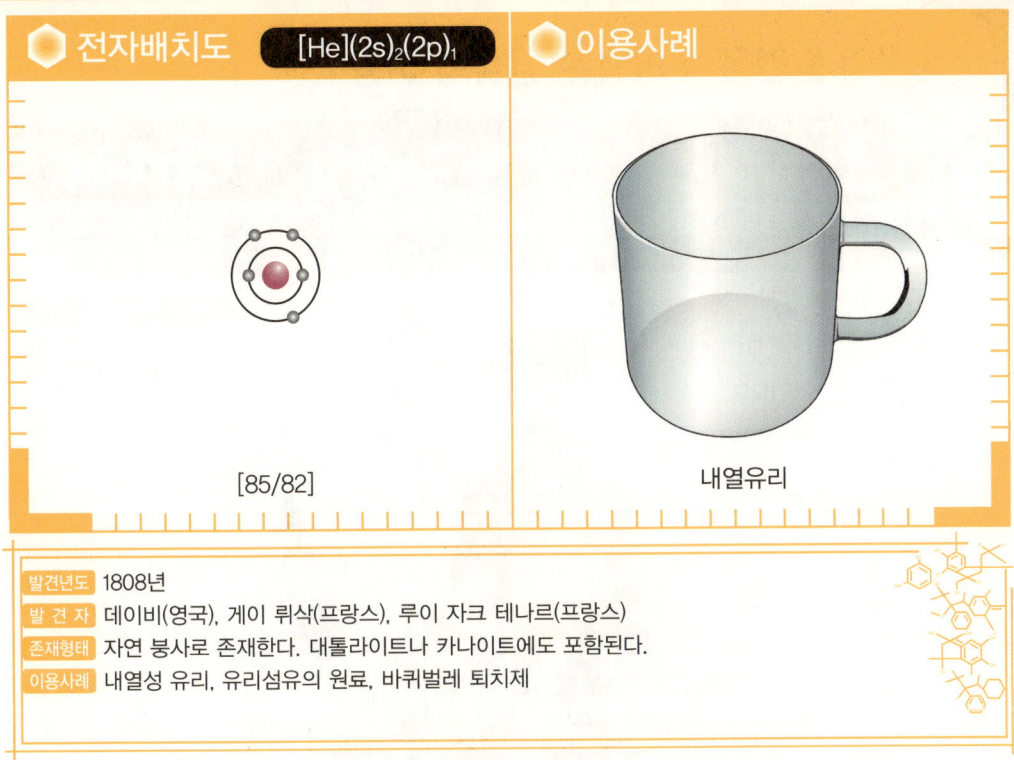

전자배치도 [He](2s)₂(2p)₁	이용사례
[85/82]	내열유리

- 발견년도: 1808년
- 발 견 자: 데이비(영국), 게이 뤼삭(프랑스), 루이 자크 테나르(프랑스)
- 존재형태: 자연 붕사로 존재한다. 대톨라이트나 카나이트에도 포함된다.
- 이용사례: 내열성 유리, 유리섬유의 원료, 바퀴벌레 퇴치제

🔶 친숙한 원소

붕소는 붕사에서 얻어진 붕산을 단리해서 만들어진 원소이다. 흑색 개체로 매우 단단해서, 단일 원소 화합물 중에서는 다이아몬드 다음으로 단단하다.

붕소 단일 화합물로는 별로 이용되지 않지만, 화합물은 우리 주변에서 활용되고 있다. 예를 들어 파이렉스 글라스라고 불리는 내화(耐火)유리에는 산화 붕소가 포함되어 있다. 통상 유리는 열팽창이 크기 때문에, 가열하면 유리가 변형되어 깨지기 쉽게 된다. 그러나 유리에 산화붕소를 섞으면 열팽창률이 낮아져, 변형이 어렵게 되어 내구성이 커진다. 또 붕산은 바퀴벌레를 퇴치하는 붕산 경단으로도 활용되고 있다. 그 외에, 탄소와의 화합물인 탄화붕소는 매우 단단한 성질을 이용해 합금의 첨가제로도 이용되고 있다.

🔶 지금도 활약하고 있는 붕소!

원자력 분야에서도 붕소는 다양한 용도를 가진다. 붕소의 동위 원소* ¹⁰B는 중성자의 흡수능력(담금질)이 크기 때문에, 원자로 내에서의 중성자 흡수에 제어봉*의 주재료로써 사용된다. 또, 붕소를 첨가한 합금도, 열중성자의 차폐재*로 이용되고 있다. 이렇듯 붕소는 화합물로서 다양한 용도가 있어, 우리들의 생활에는 없어서는 안 될 친숙한 원소이다.

Element Girls

6 C — 생명의 숨결을 불어넣는 칠흑의 여왕

탄소 — Carbon

원소명의 유래 / 원소명의 유래 라틴어의 「목탄(carbo)」에서 유래한다.

"나에게서 다이아몬드가 생겨난단다."

★TRIVIA★
탄소의 동소체 · 풀러렌은 60개 이상의 탄소가 육각형의 면을 이루어, 축구공 모양으로 결합되어있는 모양을 하고 있다. 이 풀러렌은 촉매나 항산화제라는 신기능이 주목을 받고 있다.

SPEC
- 원자량 : 12.0107
- 밀도 : 3513kg/㎥ (다이아몬드), 2265kg/㎥ (흑연)
- 녹는점 : 3550°C (다이아몬드)
- 원자가 : (2),4
- 끓는점 : 4800°C (다이아몬드)
- 존재도 : 지표 : 480ppm 우주 : 1.01×10^7
- 주요 동위원소 : $^{11}C(EC, \beta^+, 20.39분)$, $^{12}C(98.93\%)$, $^{13}C(1.07\%)$, $^{14}C(\beta^-, 5730년)$

illustration by アザミユウコ

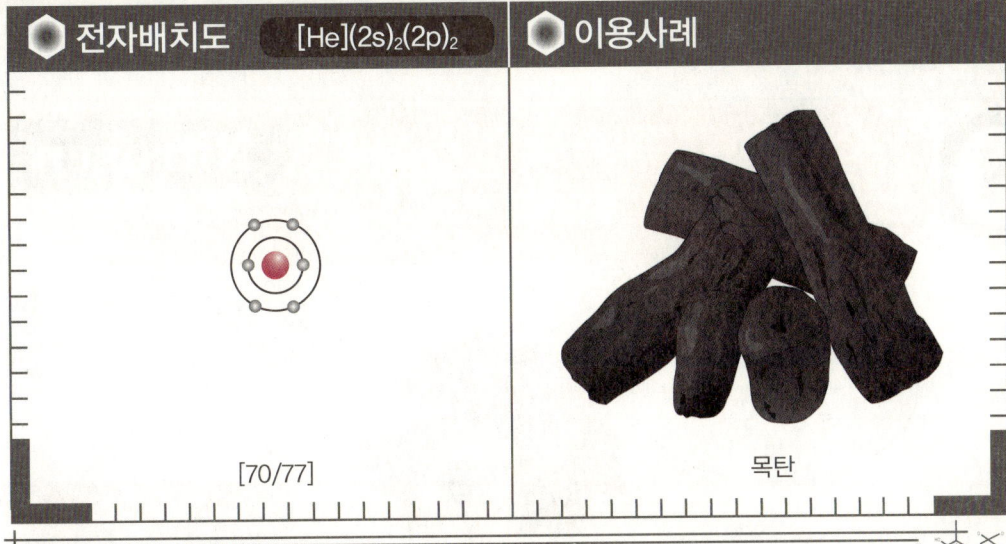

| 전자배치도 | [He](2s)$_2$(2p)$_2$ | 이용사례 |

[70/77]

목탄

발견년도	고대부터 알려져 있다
발 견 자	고대부터 알려져 있다.
존재형태	먹, 다이아몬드로 존재한다. 석유, 석탄 등의 화석연료에 포함되어 있다.
이용사례	정수기, 탈취제, 카본 나노 튜브

● 생명의 근원이라고도 할 수 있는 원소

탄소는 생명에 있어서 가장 중요한 원소라고 해도 과언이 아니다. 왜냐하면, 생명체 속에 존재하는 다양한 화합물의 골격이 되고, 단백질이나 탄수화물 등 생물에 필요한 화합물은 모두 탄소 화합물이기 때문이다. 이러한 탄소를 포함한 화합물을 총칭해 유기 화합물이라고 한다. 한편, 탄소를 포함하지 않은 화합물은 일반적으로 무기 화합물이라고 불리지만, 탄소의 동소체*나 이산화탄소 등의 금속 탄산염, 탄소를 포함한 것의 예외로서 무기 화합물로 분류된다.

● 많은 화합물을 만드는 이유

탄소는 복잡한 형상을 취해, 약 2000만 종 이상의 화합물을 만들 수 있다. 왜 탄소는 많은 화합물을 만들 수 있는 걸까? 그것은 탄소의 원자가* 수에 있다. 탄소의 경우, 전자가 최대 8개 들어있는 L각에, 4개의 전자가 배치되어있다. 그러나 원자는 최외각전자*에 최대수의 전자가 들어감으로 안정되기 때문에, 탄소끼리 공유 결합*해 골격을 만들고, 거기다 수소 원자나 산소 원자 등과 결합하는 것으로 다양한 성질의 분자가 생기는 것이다.

탄소의 동소체인 다이아몬드는 매우 단단하다. 이것은 탄소원자 간이 모두 결합력이 강한 공유 결합으로 형성되어있고, 게다가 등간격·등각도의 구조를 하고 있기 때문이다. 한편, 흑연은 층상의 구조를 하고 있어, 층간에서는 반데르 발스 결합이라는 약한 결합으로 이루어지기 때문에, 경도가 다르다.

Element Girls

7 N — 순식간에 뭐든지 얼어버려! 활발한 폭탄

질소 — Nitrogen

원소명의 유래: 그리스어로 「초석(nitron)」과 「만들다(fennnen)·생겨나다(genes)」에서 유래한다

액체질소로 순간냉동!!

★TRIVIA★
질소를 액화한 액체 질소는 -196℃의 저온이다. 액체 헬륨보다 끓는점은 높지만 가격이 10분의 1밖에 안 되기 때문에, 냉각실험에 많이 쓰이고 있다.

SPEC

원자량	14.0067		
밀도	1.2506kg/㎥ (기체), 0.88kg/㎥ (액체), 1026kg/㎥ (고체)		
녹는점	-209.86℃	끓는점	-195.8℃
원자가	1,2,3,4,5	존재도	지표: 25ppm 우주: 3.13×10^6
주요 동위원소	^{13}N(EC, β^+, 9.965분), ^{14}N(99.632%), ^{15}N(0.368%)		

illustration by 大吉

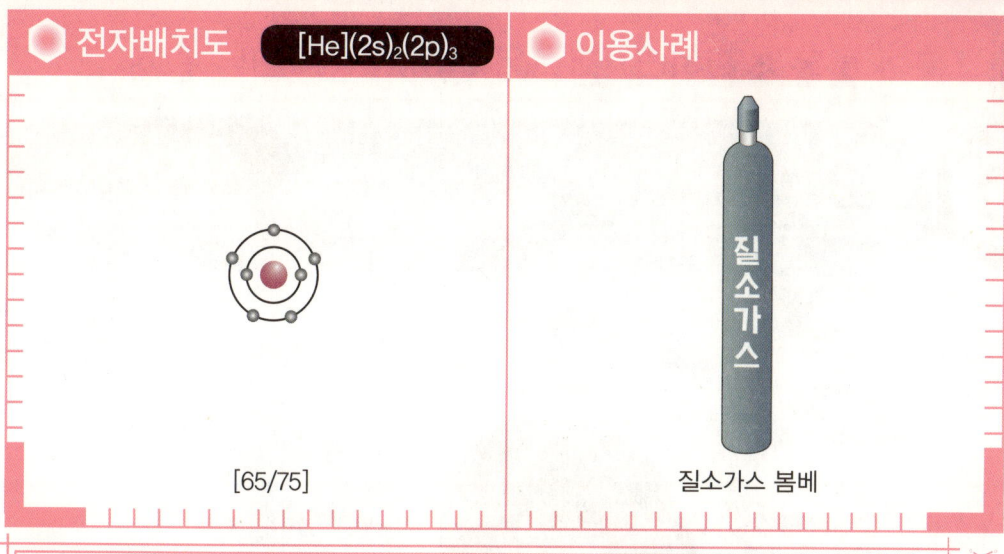

발견년도	1772년
발 견 자	러더퍼드(영국)
존재형태	공기 중, 생체 내의 아미노산, 단백질, DNA 등에 포함된다.
이용사례	아미노산, 단백질, DNA의 주요원소, 냉각재(액체질소), 암모니아 생산의 원료, 협심증의 약 (NO)

🔷 생태계에서 중요한 역할을 가진 원소

공기의 약 8할을 차지하는 질소, 단백질 등의 생체물질에 없어서는 안 될 원소이다. 질소는 질소분자의 결합력이 강해 간단히 분리할 수는 없다. 질소분자의 결합을 끊어, 질소 화합물로 변하는 것을 질소고정이라고 하고, 자연계에서는 박테리아나 아조토박터 등의 세균이 그 역할을 담당하고 있다. 질소고정에 의해 만들어진 암모니아는 산화되어 아질산, 질산이온으로 변화해, 식물이 그것을 거둬들여 단백질 등을 합성한다. 그 식물을 동물이 먹고, 동물의 사체나 배출물은 박테리아에 의해 재차 암모니아로 분해되어 간다. 이렇게 질소는 생태계에 있어서 물질 순환에 대해, 매우 중요한 역할을 담당하고 있다. 그 한편으로, 질소산화물인 녹스(NOx)는 인체나 환경에 나쁜 영향을 주는 것으로 알려져 있다. 녹스는 자동차나 공장 등의 배기가스에서 배출되는 것으로 폐암이나 호흡장애뿐만 아니라, 산성비의 원인이 되기도 하는 유해물질이다.

🔷 암모니아를 최대 생산할 수 있다!

질소의 수소 화합물 암모니아를 공업적으로 생산하는 방법에 하버 보슈법*이 있다. 이 방법에 의해 질소비료가 공기 중에서 생산될 수 있게 되어, 농작물의 생산량이 비약적으로 증가하게 되었다. 그러나, 이 생산방법에서는 고온·고압의 조건이 필요하다. 그 때문에 현재는 고온·고압의 조건이 필요하지 않은, 근류박테리아 속에 존재하는 니트로게나아제(질소고정효소)를 이용한 암모니아 생산이 연구되고 있다.

Element Girls

8 O

물과 불을 조정한다! 생명에 없어서는 안되는 원소

산소   Oxygen

원소명의 유래   그리스어의 「시다(Oxys)」와 「생기다·근원(genes)」에서 유래한다.

물과 불꽃 어느 쪽이 좋아?

★TRIVIA★
고농도의 오존은 자극적인 냄새와 독성을 가지고 있지만, 복사기 등의 고전압을 이용한 장치에서는, 오존이 발생하는 경우도 있다.

SPEC

- 원자량: 15.9994
- 밀도: 1.429kg/m³ (기체), 2000kg/m³ (고체)
- 녹는점: -218.4°C
- 원자가: 1,2
- 끓는점: -182.96°C
- 존재도: 지표: 474000ppm   우주: 2.38×10^7
- 주요 동위 원소: $^{15}O(\beta^+, EC, 122초)$, $^{16}O(99.757\%)$, $^{17}O(0.038\%)$, $^{18}O(0.205\%)$

illustration by 八嶋穂

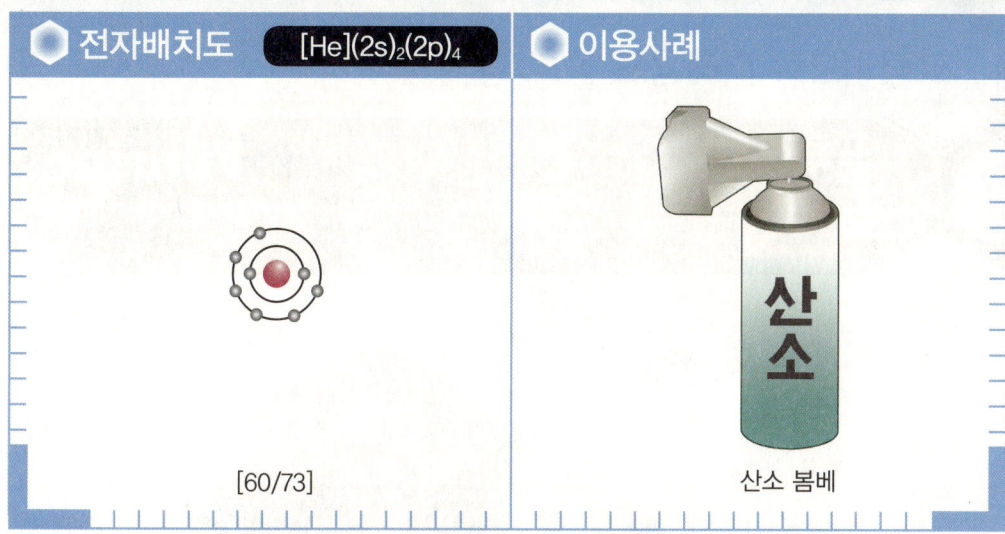

| 전자배치도 | [He](2s)₂(2p)₄ | 이용사례 |

[60/73]

산소 봄베

발견년도	1771년, 1774년(함께 발견), 1777년(확인)
발 견 자	칼 · 빌헬름 · 셸레(스웨덴 : 1771년), 조셉 · 프리스틀리(영국 : 1774년), 라부아지에(프랑스 : 1777년)
존재형태	공기 중의 약 21%(부피비)를 차지한다.
이용사례	산화제, 조연제, 살균작용(O_3), 산소 봄베

플로지스톤설에 의해 발견이 늦어진 원소

공기의 약 21%의 부피를 차지하는 산소는 대기, 바다, 지각에 대량으로 존재하는 친근한 원소이다. 또한 지구상 대부분의 생명에 있어서 필수불가결한 원소이기도 하다.

산소는 스웨덴의 약제사 셸레와, 영국의 목사 프리스틀리에 의해 발견되었다. 그러나 당시는 아직 플로지스톤설이 침투해있었기 때문에, 산소가 신원소라고는 확인되지 않았다. 후에 화학자 라부아지에가 플로지스톤설을 부정해, 이 신원소에 산소라는 이름을 붙였다.

산화제와 동소체 오존

산소는 반응이 가장 격렬해 다양한 원자나 분자와 반응하는 산화제*이다. 예를 들어 탄화수소는 산소에 의해 산화되어, 이산화탄소와 물이 된다. 또한 안정한 금속 이외의 원소와 반응하면 산화물을 생성한다. 그렇기 때문에 화학 공업에 있어서도, 가장 안정된 산화제로서 산소가 사용되고 있다.

그 외에 산소에는 산소분자(O_2)와 오존(O_3)이라는 2개의 동소체*가 있다. 오존은 불소 다음으로 산화작용이 강해, 살균이나 탈취 등에 이용되고 있다. 우리 주변에서는 미네랄 워터류의 살균이나 풀장 등의 정수에 이용되고 있다. 또한 상공에는 오존 농도가 높은 오존층이라고 불리는 기체층이 있어, 우주선이나 자외선을 막아주고 있다.

Element Girls

9 F

코팅력으로 더러움도 물도 튕겨낸다!

플루오린 — Filorine

원소명의 유래 라틴어의 「흐르다(fluo)」에서 유래한다.

> 불소 코팅으로 수분 스매싱!!

★ TRIVIA ★

불소는 반응성이나 독성이 높기 때문에, 단리는 매우 힘들었다. 그래서 발견자 무아상은, 실험 중에 한 쪽 눈을 실명했다고 한다.

SPEC

- 원자량 18.9984032
- 밀 도 1.696kg/㎥ (기체), 1516kg/㎥ (액체)
- 녹는점 -219.62°C
- 끓는점 -188.14°C
- 원자가 1
- 존재도 지표 : 950ppm 우주 : 843
- 주요 동위 원소 $^{18}F(EC, \beta^+, 109.8분)$, $^{19}F(100\%)$

illustration by sango

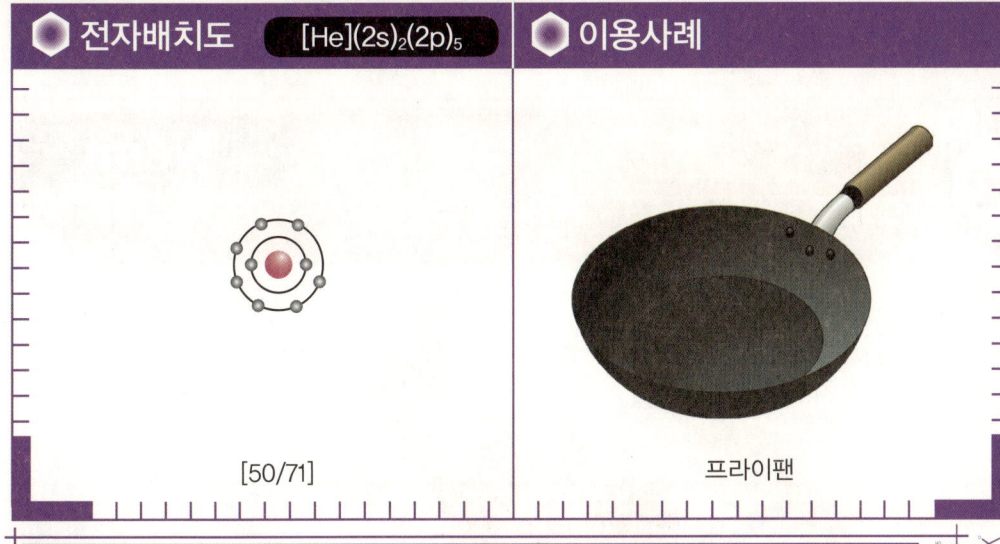

전자배치도 [He](2s)₂(2p)₅

이용사례

[50/71]

프라이팬

발견년도	1986년
발 견 자	무아상(프랑스)
존재형태	형석 등의 할로겐화 광물로 존재한다.
이용사례	불소수지(테프론 등), 치약, 냉매(프론), 의약품(유기 불소 화합물)

● 대부분의 원소와 반응하는 원소

불소는 전기음성도*가 가장 높은 원소이다. 비활성 기체*를 제외한 전형원소*는 주기표의 우측 상단으로 갈수록 전기음성도가 커지고, 좌측 하단으로 갈수록 작아진다. 이러한 불소는 가장 강하게 전자를 끌어당길 수 있기 때문에 반응성이 가장 높고, 헬륨과 네온 이외의 많은 원소와 반응한다.

● 치약에서 프라이팬까지!

불소의 이용 예 중에서 대표적인 것이 치약이다. 불소에는 산에 녹기 힘든 치아를 만드는 효과나 충치 초기에 산에 녹은 부분의 에나멜질을 보수해, 내산성을 높이는 효과를 가지고 있다.

또한, 테프론(테프론은 듀폰사의 등록상표)라고 불리는 불소원자와 탄소원자로 이루어진 불화탄소 수지는 프라이팬 등의 조리기구의 코팅 도장에 사용되고 있다. 테프론은 내열성·내부식성·내마찰성이 있기 때문에 테프론 가공된 프라이팬은 잘 눋지 않고, 물이나 더러움을 튕겨내기 때문에 씻기도 용이하다. 이 테프론을 가열해서 늘여 펴서 미세한 구멍을 만들어, 큰 물방울을 차단할 수 있도록 정형한 것이 방수 투습성 소재인 고어텍스(고어텍스는 고어사의 등록상표)이다. 또 고어텍스는 심장질환의 치료에 필요한 인조혈관의 재료로도 사용되고 있다. 게다가 테프론을 제조할 때 나오는 스크랩은 인쇄용 잉크의 유동성을 높이는 역할을 하고 있다.

Element Girls

10 Ne — 네온 / Neon

밤거리에서 웃는 얼굴로 빛을 밝히고 있어!

원소명의 유래 / 그리스어 「새로운(neos)」에서 유래한다.

네온사인으로 반짝반짝~!

★TRIVIA★
네온은 액체에서 기체로 변화하면서 체적이 매우 커진다. 일반적인 액체의 기화는 약 800배이지만, 네온은 체적이 약 1340배로 팽창한다.

SPEC
- 원자량: 20.1797
- 밀도: 0.8999kg/m³ (기체), 1207kg/m³ (액체), 1444kg/m³ (고체)
- 녹는점: -248.67°C
- 끓는점: -246.05°C
- 원자가: -
- 존재도: 지표: - 우주: 3.44×10^6
- 주요 동위 원소: ^{20}Ne(90.48%), ^{21}Ne(0.27%), ^{22}Ne(9.25%)

illustration by 大槻満奈

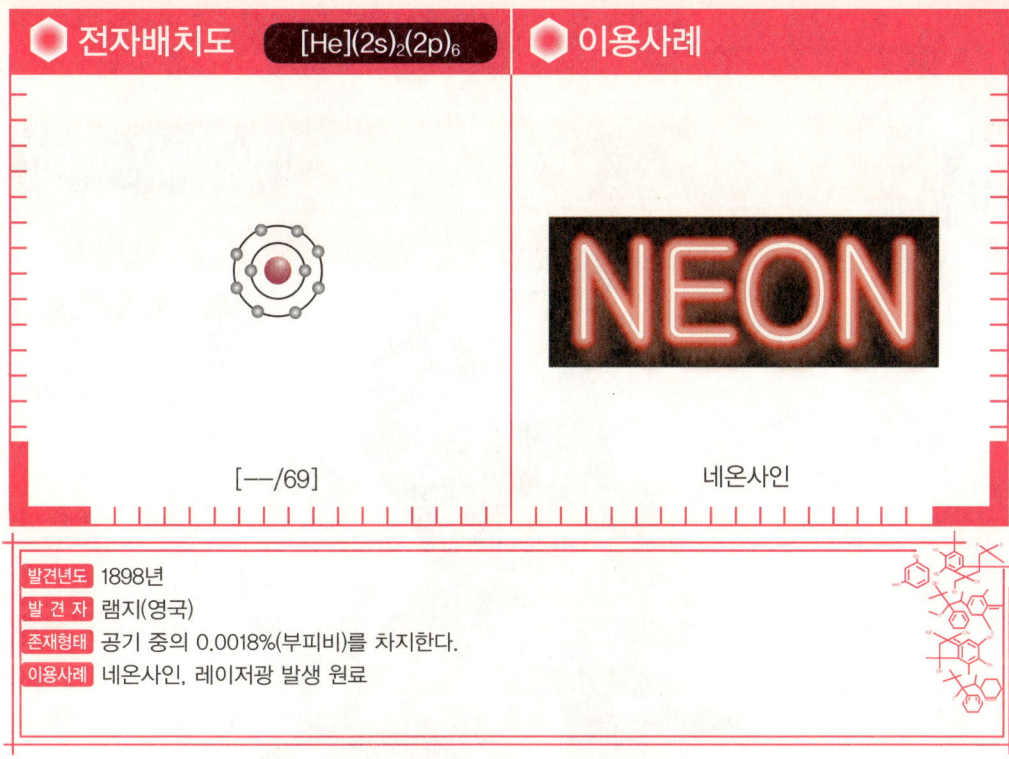

전자배치도	[He](2s)$_2$(2p)$_6$

[—/69]

네온사인

발견년도	1898년
발 견 자	램지(영국)
존재형태	공기 중의 0.0018%(부피비)를 차지한다.
이용사례	네온사인, 레이저광 발생 원료

⬢ 「새로운」을 의미하는 안정원소

네온은 공기 중에서 5번째로 많은 원소로, 무색무취의 기체이다. 헬륨과 같은 모양으로, 최외각전자*에 모든 전자가 몰려있기 때문에 매우 안정적인 원소이다.

1898년, 영국의 화학자 램지와 트래버스는 액체 아르곤을 액체공기로 둘러싸, 감압한 후 천천히 기화시켜, 나오는 기체를 모으는 실험을 했다. 이 기체를 조사할 때, 화려한 적색빛이 출현했다. 이 기체에 대해 램지의 아들은 라틴어로 「새롭다novus」를 의미하는 명칭 novum을 제안했지만, 램지는 그리스어의 「새롭다neos」에서 유래한 네온이라고 이름붙였다.

⬢ 밤거리에 자주 등장하는 붉은 네온사인

네온이라고 하면, 밤거리를 물들이는 네온사인이 친숙하다. 네온을 넣은 유리관의 양극을 묶어서, 방전하면 빛나는 원리를 이용한 것이 네온사인이다. 네온사인은 1910년에 프랑스의 화학자 죠지·크로드에 의해 발명되어, 수 년 만에 전 세계의 대도시에 보급되어갔다. 최근에는 발광 다이오드 등의 광원이 늘어나고 있지만, 현재에도 네온사인은 수명도 길고 보수가 간단하기 때문에 밤거리에는 빠질 수 없는 존재이다. 네온은 새빨간 빛을 내기 위해 빨강 이외의 네온사인에 들어가는 기체는, 순수한 네온이 아니다. 빨강 이외의 색을 표현하기 위해서는 다른 물질을 넣을 필요가 있는 것이다. 예를 들어 헬륨은 황색, 아르곤은 적~청색, 수은은 청록색, 질소는 황색을 띤다.

Element Girls

11 Na

코팅력으로 더러움도, 물도 튕겨낸다

나트륨

Sodium(Natrium)

원소명의 유래 영어의 Sodium은 라틴어의 「고체(soda)」에서 유래해, 독일어의 Natrium은 「소다석」에서 유래한다.

★ TRIVIA ★

식염 이외에도, 차아염소산 나트륨은 표백제, 아연산나트륨은 햄 등의 발색제로도 사용된다.

> 오늘도 잘 구워졌습니다~ ♪

SPEC

- 원자량 22.989770
- 밀도 928kg/m³ (액체), 971kg/m³ (고체)
- 녹는점 97.81°C
- 원자가 1
- 끓는점 883°C
- 존재도 지표 : 23000ppm 우주 : 5.74×10^4
- 주요 동위 원소 $^{22}Na(\beta^+, EC, 2.602년)$, $^{23}Na(100\%)$, $^{24}Na(\beta^-, 14.659시간)$

illustration by よつ葉真澄

전자배치도
[Ne](3s)₁

[180/154]

이용사례
소금

발견년도	1807년
발 견 자	험프리·데이비(영국)
존재형태	염화나트륨으로서 바닷물이나 암염으로 존재한다.
이용사례	나트륨 램프, 식염, 베이킹파우더

나트륨의 특성

나트륨은 식염 등의 화합물로 존재하는 고대부터 알려진 원소이다. 화합물에서 단리된 금속 나트륨은 광택이 있는 은백색으로, 물보다도 가볍고 칼도로 잘릴만큼 부드럽다. 또한 물과 격렬하게 반응(화합)하면, 수소와 수산화나트륨으로 변화한다. 나트륨은 공기 중에서 용이하게 산화되기 때문에 석유 속에서 보존된다.

음식에는 없어서는 안되!

나트륨 화합물의 대표적인 것으로 「염화나트륨(NaCl)」이 있다. 식염의 대부분이 이 염화나트륨으로(약 97%), 영양성분표에는 「식염×g」이 아니라 「나트륨×g」으로 기재된다. 이것은 의학적, 영양학적으로 보아, 나트륨이 우리들의 몸에 가장 영향을 주는 물질이기 때문이다. 또한 나트륨은 신경전달, 체액의 pH수치를 조절하는 작용이 있어, 세포외액의 나트륨 농도가 일정하게 되도록 조절하고 있다. 다만, 과잉섭취는 농도를 유지하기위한 수분축적에 의해, 고혈압 등의 원인이 된다.

공업 이용에 있어서 나트륨은, 고속증식로*의 냉각재로서 사용되고 있다. 고속증식로는 발열량이 많고, 끓는점이 낮은 물에서는 냉각이 시간을 맞출 수 없다. 거기에서 물보다도 끓는점이 높은 나트륨 새로운 냉각재로 사용하므로, 고온에서 운전을 계속해 비등을 막는 설비가 필요 없는 고속증식로를 가능하게 했다.

Element Girls

12 Mg

경량합금을 만들어내는 친환경 원소

마그네슘

Magnesium

원소명의 유래 그리스 북부의 광산 마그네시아에서 유래한다.

"이 무기는 합금이지만 아주 가벼워♥"

★ TRIVIA ★
마그네슘은 지구상에서 8번째로 많은 원소로, 800톤의 해수에서 약 1톤을 추출할 수 있다.

SPEC

원자량 24.3050	녹는점 648.8°C	끓는점 1090°C
밀도 1738kg/m³	원자가 2	존재도 지표: 32000ppm 우주: 1.074×10^6

주요 동위 원소: ^{24}Mg(78.99%), ^{25}Mg(10.00%), ^{26}Mg(11.01%), ^{27}Mg(β^-, 9.462분), ^{28}Mg(β^-, 20.90시간)

illustration by 瑠璃石

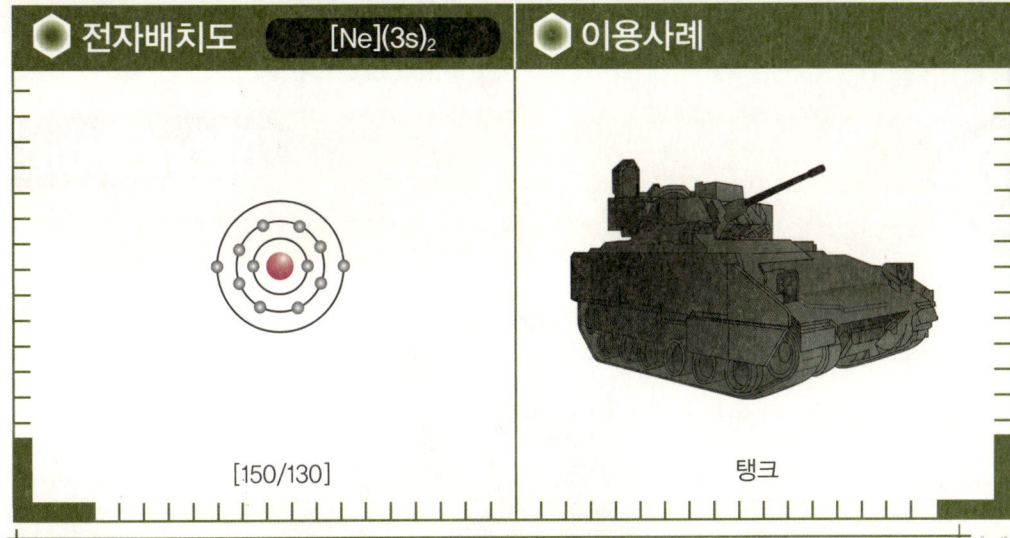

전자배치도	[Ne](3s)₂

[150/130]

이용사례: 탱크

발견년도	1792년(단리해 「오스트리움」이라고 명명), 1808년(금속괴를 얻어 「마그니움」이라고 명명)
발 견 자	데이비(영국 : 1808년)
존재형태	마그네사이트(능고토석)나 돌로마이트(백운석)로 존재한다. 식물의 엽록소 클로로필에도 포함되어있다.
이용사례	마그네슘 합금, 클로로필의 구성성분, 간수($MgCl_2$), 지약의 연마제(MgO) 등

🞂 가장 가벼운 실용금속!

마그네슘은 지구상에서 8번째로 많은 원소로, 광석뿐만 아니라 바닷속에서부터도 얻을 수 있다. 마그네슘의 비중은 알루미늄의 3분의 2, 철의 4분의 1로 실용금속으로서는 가장 가볍고, 비강도나 비강성도 뛰어나다. 현재, 그 특성을 살린 마그네슘 합금은 차 등의 경량화를 중시하는 공업제품을 비롯해, 포터블 플레이어, 휴대전화와 같은 휴대제품으로도 그 용도가 확대되고 있다.

🞂 음식에는 없어서는 안 돼!

마그네슘은 식물의 성장에 없어서는 안 될 클로로필(엽록소)의 구성성분으로서도, 구조의 중심적 존재이다. 클로로필이란 식물의 광합성에 필요한 엽록체나 시아노 박테리아에 포함된 녹색 색소이다. 그렇기 때문에 마그네슘이 부족하면 식물의 성장이 저해되고, 수확량의 감량과 연관되어 있는 것이다. 그 외에 두부의 응고제로써 사용되는 "간수"에는 염화마그네슘($MgCl_2$)이 12~21% 정도 포함되어 있다.

2001년에 아오야마학원 대학의 아키미쓰 준 교수가 발견한 이붕화마그네슘(MgB_2)이라고 하는 초전도 물질은, 산업 분야에서 사용되고 있는 나이오븀(Nb)합금보다도 초전도임계온도*가 높고, 냉각하는 것이 용이하고 싸기 때문에, 초전도자석이나 송전선, 고감도의 자기센서 등으로의 응용이 고려되고 있다. 또는 근년에는 마그네슘과 물의 반응에 의해 얻어지는 수소와 열을 이용한 무공해 엔진 개발도 진행되고 있다.

Element Girls

13 Al

합금이 되면 강해지는 의리의 원소

알루미늄

Aluminium

원소명의 유래 라틴어의 「명반(alumen)」에서 유래한다.

> 우리가 합치면 강해질 수 있어요.

★ TRIVIA ★

알루미늄이 부식에 강한 이유는 표면에 0.001mm 정도의 얇은 산화물 피막이 있어 내부를 지켜주기 때문이다.

SPEC

원자량 26.9815386	녹는점 660.32°C	끓는점 2467°C
밀도 2698.9kg/m³	원자가 3	존재비 지표: 84100ppm 우주: 8.49×10^4

주요 동위 원소: $^{26}Al(\beta^+, EC, 7.2 \times 10^5년)$, $^{27}Al(100\%)$, $^{28}Al(\beta^-, 2.241분)$

illustration by フヅキリコ

 [Ne](3s)₂(3p)₁   

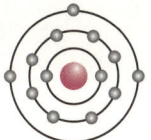

[125/118]

일본 1엔 동전

- **발견년도** 1807년(단리), 1825년(거의 순수한 알루미늄을 얻음)
- **발 견 자** 데이비(영국 : 1807년), 한스 크리스티안 외르스테드(덴마크 : 1825년)
- **존재형태** 빙정석(Na_3AlF_6), 보크사이트(불순한 수산화알루미늄과 산화알루미늄을 함유한 광물), 하석 (Nepheline) 등에 존재한다.
- **이용사례** 알루미늄 호일, 알루미늄캔, 일본 1엔 동전, 위장약($Al(OH)_3$)

● 알루미늄 발견의 역사

알루미늄은 금속 원소 중 지각 속에 가장 많이 존재하는 원소이다. 1807년 험프리 데이비Humphry Davy가 명반석에서 알루미나(Al_2O_3, 산화알루미늄)를 전기 분해*로 단리하여 '알륨almium'이라고 명명했다. 하지만 이것은 순수한 알루미늄 금속은 아니었다. 그 후 1825년에 덴마크의 한스 크리스티안 외르스테드Hans Christian Oersted가 산화알루미늄에서 칼륨을 환원제*로 이용하여 단리함으로 거의 순수한 알루미늄을 얻을 수 있었다. 또한 1827년에는 독일의 화학자 프리드리히 뵐러Friedrich Wöhler가 나트륨($_{11}$Na)을 사용한 제조법을 이용하여 처음으로 순수한 알루미늄 분리에 성공했다.

● 일상 생활에서 없어서는 안되!

알루미늄은 철의 1/3밖에 안 되는 무게에, 여간해서는 녹슬지 않는 성질을 지녔다. 순수한 알루미늄은 말랑말랑하지만 다른 금속과 섞어서 강도를 높일 수 있기 때문에 알루미늄은 합금으로 많이 이용된다. 알루미늄 합금으로 유명한 두랄루민duralumin은 각종 차량 및 여행가방 등 폭넓은 분야에서 쓰인다. 제1차 세계대전 시 군용항공 기자재로 쓰이기도 했다.

현재 알루미늄 생성은 보크사이트*에서 수산화나트륨을 이용하여 알루미나를 추출한 다음, 그 알루미나를 녹여서 전기 분해*하는 방식으로 만들고 있다(홀-에루법Hall-Héroult process). 알루미늄은 일본의 1엔 동전 및 알루미늄 캔의 원료 등 일상생활에서 널리 쓰이는 금속이다. 그러나 홀-에루법으로 제조하려면 많은 전력이 필요하기 때문에 1엔 동전 한 개의 제조비용은 약 2엔, 즉 화폐가치의 두 배나 되는 비용이 든다.

Element Girls

14 Si — 경량 합금을 만들어내는 친환경 원소

규소 / Silicon

원소명의 유래 라틴어의 「부싯돌, 딱딱한 것(silicis)」에서 유래한다.

내가 편리한 세계를 만들어주지!

★TRIVIA★
규소의 산화물인 이산화규소는 건조제인 실리카겔이나 주택 벽에 쓰이는 규조토의 주성분으로 이용된다.

SPEC

원자량 28.0855	녹는점 1410°C	끓는점 2355°C
밀 도 2329.6kg/m³	원자가 4	존재도 지표 267700ppm 우주 1.00×10^6

주요 동위 원소: ^{28}Si(92.2297%), ^{29}Si(4.67%), ^{30}Si(3.0872%), ^{31}Si(β^-, 2.622시간)

illustration by たはるコウスケ

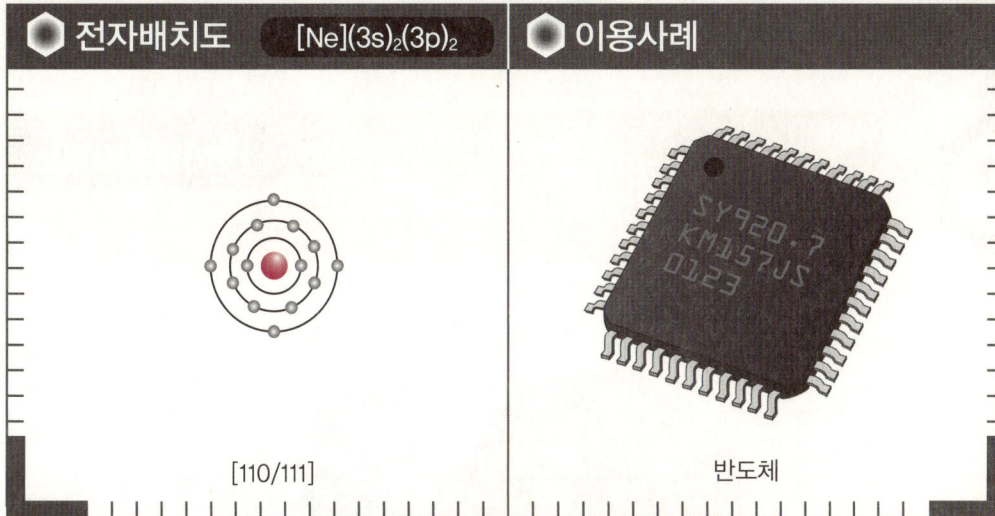

발견년도	1823년
발 견 자	옌스 야코브 베르셀리우스(스웨덴)
존재형태	석영, 수정, 석류석, 장석, 규석, 인규석, 운모, 석면 등 광범위하게 존재한다.
이용사례	반도체 재료, 세라믹, 시멘트, 유리, 실리콘수지 등

⬢ 편리한 생활은 규소 덕분!

규소는 지각 속에 산소 다음으로 많이 존재하는 원소이다. 우리 주변에서는 유리와 반도체*에 쓰이며 오늘날의 전자기기 발달에 빼놓을 수 없는 원소이다. 규소는 주로 석영이나 수정 같은 이산화규소(SiO_2)나 규산염으로서 존재한다.

1811년 프랑스 화학자 루이 자크 테나르Louis Jacques Thenard 등이 규산염의 불화규소(SiF_4)를 금속칼륨으로 환원하여 분리하는 것을 시도했으나 불순물이 많아서 실패로 끝났다. 1823년에 옌스 야코브 베르셀리우스Jöns Jacob Berzelius가 같은 방법으로 홑원소물질로는 처음으로 규소를 분리하는 데 성공했지만 이것은 결정형이 아닌 비결정amorphous*상태의 규소였다. 결정형 규소는 그 후 1854년에 프랑스 화학자 앙리 생 클레르 드빌Henri Sainte-Claire Deville이 전기 분해*법으로 만들었다.

⬢ Silicon과 Silicone, 뭐가 달라?

규소의 영어표기는 'Silicon'이며 한글로는 '실리콘'이라고 표기한다. 그런데 한글로 똑같이 '실리콘'이라고 표기하는 'Silicon'은 규소와는 엄연히 다른 물질이다. Silicon이 순도가 높은 규소를 의미하는데 반해 Silicon은 규소에 탄소와 산소가 결합한 것으로 규소수지(실리콘수지)에 이용하는 물질이다.

규소는 컴퓨터, 태양전지 등에 사용하는 대표적인 반도체 소재이다. 반도체란 전기를 통과시키는 전도체*와 전기를 통과시키지 않는 절연체*의 중간영역에 속하는 물질로 반도체의 특성을 살려 정밀기기의 전자소재로 많이 이용한다. 덧붙이자면 미국 샌프란시스코에 있는 반도체를 비롯한 첨단기술 관련분야의 기업이 밀집한 첨단기술 연구 단지를 '실리콘 밸리Silicon Valley'라고 한다.

Element Girls

15 P

자연을 활용해서 불꽃을 만든다!

인

Phosphorus

원소명의 유래 그리스어의 「빛(phos)」과 「운반하는 것(phoros)」에서 유래한다.

인은 정말 화끈하지~!!

★ TRIVIA ★
소변의 잔류물에서 추출된 인은 생체 관련 물질에서 발견된 유일한 원소이다.

SPEC

원자량 30.973761	녹는점 44.2°C	끓는점 280°C
밀도 1820kg/m³	원자가 1,3,4,5	존재도 지표: 1000ppm 우주: 1.04×10^4

주요 동위 원소 $^{30}P(\beta^+, EC, 2.498분)$, $^{31}P(100\%)$, $^{32}P(\beta^-, 14.282일)$, $^{33}P(\beta^-, 25.34일)$

illustration by 久保わこ

전자배치도 [Ne](3s)₂(3p)₃

[100/106]

이용사례

성냥

발견년도	1669년
발견자	헤닝 브란트(독일)
존재형태	인회석(燐灰石) 등 인산염 형태로 존재한다.
이용사례	식품첨가물, 연마제, 부동액, DNA, RNA, 비료, 사린(Sarin), 성냥

다양한 빛깔의 인

인이 처음 발견된 것은 오래전으로 거슬러 올라가, 1669년 독일의 연금술사 헤닝 브란트Hennig Brand가 증발되고 남은 소변의 잔류물에서 흰 인(노란 인)을 발견했다.

인은 많은 동소체*가 존재하며 흰 인(노란 인), 검은 인, 붉은 인(흰 인과 검은 인의 혼합물)의 3가지로 산출된다. 이들은 각각 다른 원자 배열과 성질을 지니고 있다. 흰 인은 공기 중에 놓아두면 산화하지만 붉은 인은 공기 중에서 안정하기 때문에 성냥의 마찰 부분에 쓰인다. 흰 인을 공기를 없애고 300°C 이상의 열에 가열하면 붉은 인으로 변한다. 또한 검은 인은 금속처럼 광택이 나기 때문에 금속인이라고 불리기도 한다.

천사도 악마도 되는 인

인간의 몸에는 체중의 1%나 되는 많은 인이 포함되어 있다. 그중에서도 유전물질인 DNA(디옥시리보핵산)분자와 몸의 에너지를 생성하는 ATP(아데노신삼인산)분자는 인의 주요 구성 성분이다. 그 밖에 비료로도 쓰이며 질소, 칼륨과 함께 비료의 3대 요소라고 불린다.

또한 1995년 일본의 옴진리교 가스 테러 사건(옴진리교 신도들이 일본 도쿄 지하철에 맹독가스를 살포한 사건)에서 살포했던 사린도 인을 함유한 화합물이다. 사린은 신경정보전달 물질인 아세틸콜린에스테라제라는 효소 활성을 억제하여 죽음에 이르게 하는 독성이 무척 강한 화합물이다. 소량일 경우 간단한 실험실에서도 생성할 수 있지만, 대단히 불안정한 물질이므로 대량 생성할 경우엔 반드시 엄격한 생산 설비가 갖추어진 환경에서 해야 한다.

Element Girls

16 S — 케미컬하고 메디컬한 로지컬 소녀

황

Sulphur(Sulfur)

원소명의 유래 : 산스크리트어의 불의 근원(sulvere)의 라틴어 「황(sulfur)」에서 유래한다.

말풍선: 나를 잘 다룰 수 있으려나...

★TRIVIA★
황은 석탄이나 석유 등의 화석 연료에 많이 포함되어 있고, 이 것들을 생성하는 사이에 폐기물 에서 대량으로 얻어질 수 있다.

SPEC

- 원자량 : 32.065
- 녹는점 : 112.8°C(α), 119.0°C(β)
- 끓는점 : 444.674°C
- 밀도 : 2070kg/m³(α), 1957kg/m³(β)
- 원자가 : 2,4,6
- 존재도 : 지표 : 260ppm 우주 : 5.15×10^5
- 주요 동위 원소 : ^{32}S(94.93%), ^{33}S(0.76%), ^{34}S(4.29%), ^{35}S(β^-,87.51일), ^{36}S(0.02%)

illustration by 充電

전자배치도 [Ne](3s)₂(3p)₄

이용사례

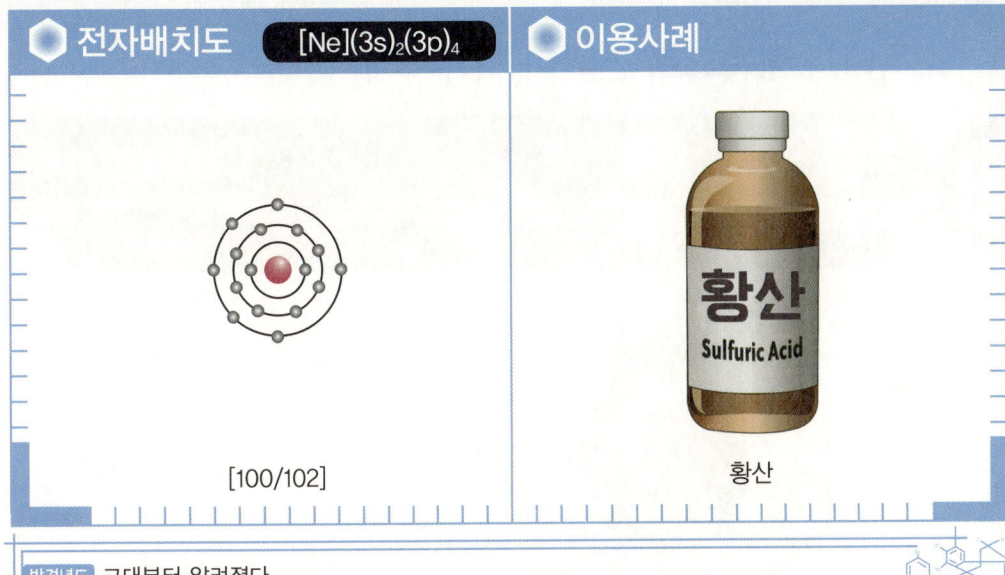

[100/102]

황산

발견년도	고대부터 알려졌다.
발 견 자	고대부터 알려졌다.
존재형태	화산의 석출물로서 존재한다. 금속의 유화물, 당근이나 양파, 모발이나 손톱에도 포함된다.
이용사례	성냥, 흑색화약, 황산(H_2SO_4), 의약품의 원료

독특한 냄새가 특징

황은 기원전부터 알려진 원소로, 화산지대에 황색의 결정으로 많이 존재하고 있는 물질이다. 황 화합물로서 온천에도 함유되어 있고, 독특하고 강한 냄새를 발생하는 원소로도 알려져 있다. 또, 당근이나 양파에도 황 화합물이 포함되어 있고, 자극적인 특유의 냄새를 발생시킨다. 모발이나 손톱을 태우면 냄새가 나는 것은, 황이 포함된 아미노산(시스테인 등)으로 만들어져 있기 때문이다.

황의 동소체*는 원소 중에서 가장 많고, α황, β황, 고무황 등이 있다. 이것들의 동소체 중에서, 안정되어 있는 것은 α황뿐이기 때문에 상온에서 방치하면, 다른 동소체는 α황으로 변한다.

고대부터 인간의 생활과 관련되어 왔다

황이 발견된 당시의 고대 그리스에서는 소독에 황을 이용해왔다. 현대에서도 피부병의 치료 약 등, 의약품의 원료로써 이용되고 있다. 또, 타는 물질로서도 알려져 있어, 화약의 원료에도 사용되고 있다. 공업 면에서는 "황산"의 제조 원료로써 이용된다. 황산은 가장 많이 생산되고 있는 화학약품으로, 농도가 약 90% 미만의 황산을 묽은 황산, 농도가 약 90% 이상을 진한 황산이라고 한다. 일반적으로 사용되고 있는 황산은 묽은 황산이고, 진한 황산은 탈수제나 건조제로 이용되고 있다. 또, 황은 아미노산으로서 인체에도 존재해, 성인의 경우 약 140g을 보유하고 있다. 그중에서도 메치오닌은 필수 아미노산*의 하나로, 생리활성물질을 생성하거나, 간장의 기능을 돕는 활동을 한다.

Element Girls

17 Cl

소독에서 맹독으로 변환이 자유자재

염소

원소명의 유래 그리스어의 「황록」에서 유래한다.

Chlorine

> 너무 믿으면 따끔한 맛을 보게 될 걸?

★ TRIVIA ★
염소를 포함한 물질의 대부분으로, 불완전연소하면 다이옥신의 발생이 확인되고 있다.

SPEC

원자량	35.453	녹는점 -101°C	끓는점 -33.97°C
밀 도	3.214kg/m³ (기체), 1507kg/m³ (액체), 2030kg/m³ (고체)	원자가 1,3,5,7	존재도 지표: 130ppm 우주: 5240

주요 동위 원소: ^{35}Cl(75.78%), ^{36}Cl(β^-, EC, β^+, 3.01×10^5년), ^{37}Cl(24.22%), ^{38}Cl(β^-, 37.24분)

illustration by 石井モモコ

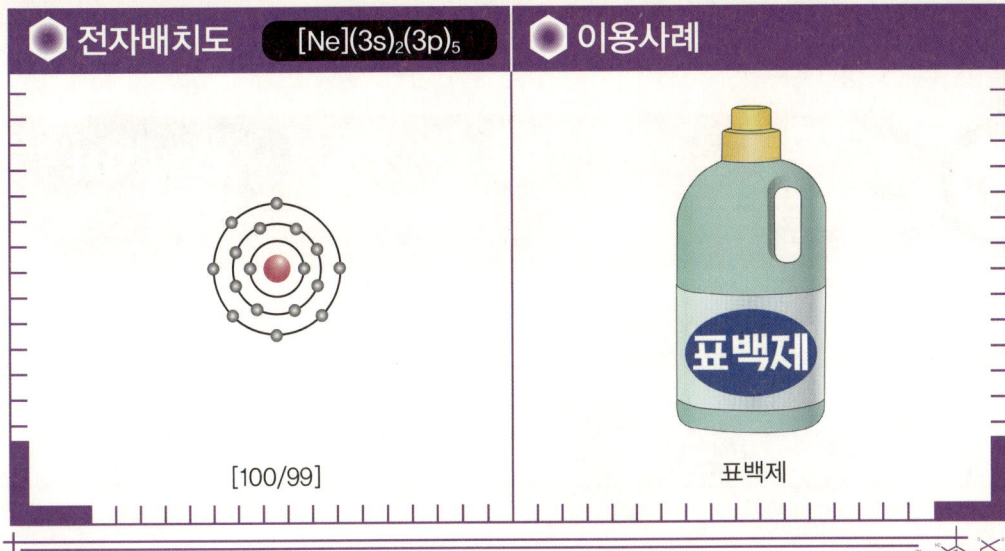

발견년도	1774년
발견자	칼 · 빌헬름 · 셸레(스웨덴)
존재형태	식염 등의 염화물, 인체 중에 존재한다. 염산은 위산의 성분으로 존재한다.
이용사례	표백제, 산화제, 살균 · 소독제, 식품용 랩, 염화비닐 등

● 황록색의 기체원소

염소(Chlorine)의 이름의 유래인 "황록(Chloros)"은 염소 기체가 황록색이라는 것에서부터 왔다. Chloros를 직역하면 "녹색"이지만, 「염소」라고 불리는 것은 「소금」의 의미이기 때문이다.

염소는 거의 모든 원소와 안정된 화합물이 될 수 있고, 유기 화합물에도 염소를 포함한 것이 많다. 그 중에서도 유기 염소 화합물은, 화합물로서 안정되어 있을 뿐만 아니라 싼 가격으로 생성할 수 있기 때문에, 클로로포름 등의 유기용매나 폴리염화비닐(플라스틱 등)으로 생산되고 있다.

● 소독일까? 맹독일까?

염소에는 소독에 꼭 필요한 성분인 반면, 맹독으로서의 특성도 가지고 있다. 염소에는 표백과 살균작용이 있기 때문에, 수산화나트륨에 염소를 녹인 차아염소산나트륨(NaClO)이 물의 살균제로 사용되고 있다. 이러한 염소를 소독에 사용함으로써, 전염병인 티푸스나 콜레라를 근절하는 것에 성공했다. 한편, 염소 단체의 염소가스에는 강한 독성이 있어, 제 1차 세계대전에서는 독일군이 독가스로 사용했다. 같은 액체 염소에서도 독성이 있어, 피부에 닿으면 염증을 일으킨다. 또한, 일산화 염소로 불리는 물질은 오존을 파괴하는 물질로, 촉매적으로 오존을 분해하기 때문에 파괴 효과도 큰 특징이 있다.

Element Girls

18 Ar

일하지 않는 것? 아니, 실은 일하고 있어요!

아르곤 — Argon

원소명의 유래: 그리스어의 「a(부정)」과 「ergon(일)」에서 "일하지 않는 것"이라는 의미에서 유래한다.

떠 있는게 내 일이니까...

★TRIVIA★
아르곤은 공기 중에서 1%밖에 존재하지 않지만, 불활성 가스로는 가장 많은 원소이다. 그 양은, 다른 불활성 가스를 합친 것의 1000배 이상이라고 한다.

SPEC

원자량	39.948		
밀도	1.784kg/m³ (기체), 1393kg/m³ (액체), 1650kg/m³ (고체)		
녹는점	-189.3°C	끓는점	-185.8°C
원자가	-	존재도	지표: - 우주: 1.04×10^5
주요 동위원소	^{36}Ar(0.3365%), ^{37}Ar(EC, 35.04일), ^{38}Ar(0.0632%), ^{40}Ar(99.6003%), ^{41}Ar(β^-, 1.827시간)		

illustration by あや

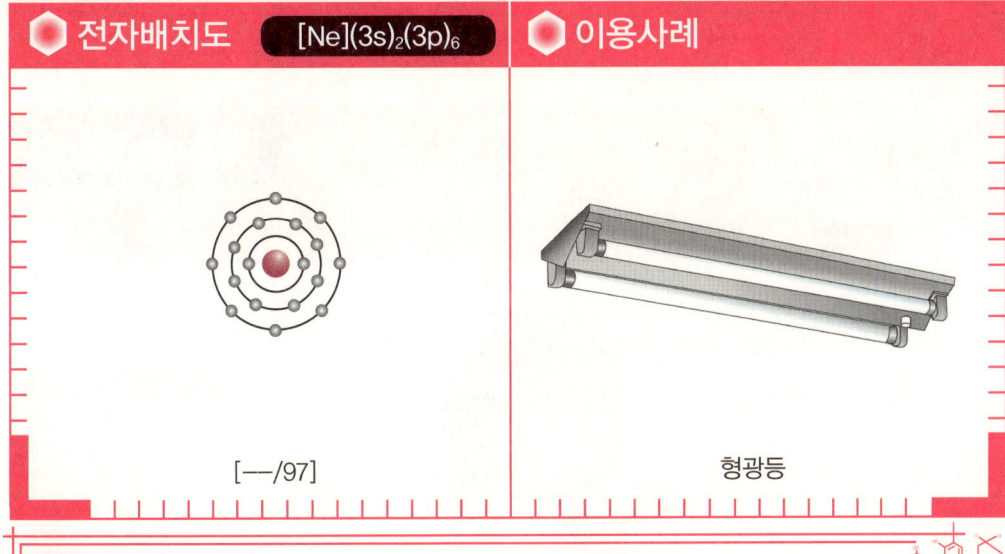

전자배치도 [Ne](3s)₂(3p)₆

[—/97]

이용사례

형광등

- **발견년도**: 1894년
- **발 견 자**: 존 윌리엄 스트라트(영국), 윌리엄 램지(영국)
- **존재형태**: 공기 중의 약 0.93%(부피비)를 차지한다.
- **이용사례**: 전구, 형광등, 산화방지 가스, 의료용 레이저, 지질 연대 측정(^{40}Ar)

● 최초로 발견된 비활성 기체

아르곤은 공기 중에 존재하고, 공기 중의 부피의 1%를 차지하는 비활성 기체*이다. 아르곤이 발견되기까지 비활성 기체는 발견되지 않고, 주기표에도 실려 있지 않았다. 1892년 레일리는 기체를 연구할 때, 암모니아에서 생성된 질소(7N)가 대기에서 분리된 질소와 밀도가 다른 것에 의문을 품었다. 그리고 그것을 들은 램지가 미지의 기체의 가능성을 제기했다. 1894년 수개월의 실험 결과, 대기에서 얻어낸 질소에 소량이 포함된 기체(아르곤)를 발견했다. 그 발견을 계기로 하여, 「주기표의 가장 끝에 기체 원소의 예가 있다」라는 것이 판명되었다.

● 아르곤의 여러 가지 사용 예

아르곤은 가까운 곳에서는 형광등에 사용되고 있다. 형광등 내에는 아르곤 가스와 수은 가스가 들어있어, 전류를 흘려 발생하는 전자가 수은 원자에 반응하여 자외선을 발생시켜, 형광등 내측에 묻어있는 형광체에 닿을 때 비로소 빛을 발한다. 그 사이 아르곤의 움직임에 의해 방전이 일정하게 보전되어, 균일한 빛의 공급이 이루어지는 구조이다. 또 화학실험에서 약품을 취급할 때, 공기 중의 반응을 피하기 위해 이용된다. 아르곤은 공기보다도 무겁기 때문에, 용기에 아르곤을 채움으로 공기를 몰아낼 수 있는 것이다. 게다가, 비활성 기체의 성질상, 반응을 신경 쓰지 않고 실험을 할 수 있다. 이 외에도 금속 주조 시에 산화방지 가스나, 금속 용접, 의료용 레이저에도 사용된다.

Element Girls

19 K

자연을 사랑하는, 세포 내의 수호자

칼륨

Potassium(Kalium)

원소명의 유래 중세 라틴어의 Kalium, 영어의 Potassium(pot ash = 냄비 속의 초목회)에서 유래한다.

> 그런식으로 사용해버리면 싫어…

★TRIVIA★

아르곤이 불활성 가스 중에서 가장 많은 것은, 칼륨(^{40}K)이 B^+붕괴함으로 아르곤(^{40}Ar)이 되어, 항상 보전되고 있기 때문이다.

─ SPEC ─

원자량	39.0983	녹는점	63.65°C	끓는점	774°C
밀도	862kg/m³	원자가	1	존재량 지표 : 9100ppm	우주 : 3770

주요 동위 원소 ^{39}K(93.2581%), ^{40}K(0.0117%, β^-, EC, β^+, 1.277×10^9년), ^{41}K(6.7302%), ^{42}K(β^-, 12.360시간), ^{43}K(β^-, 22.3시간)

illustration by ゆつき

전자배치도 [Ar](4s)₁

이용사례

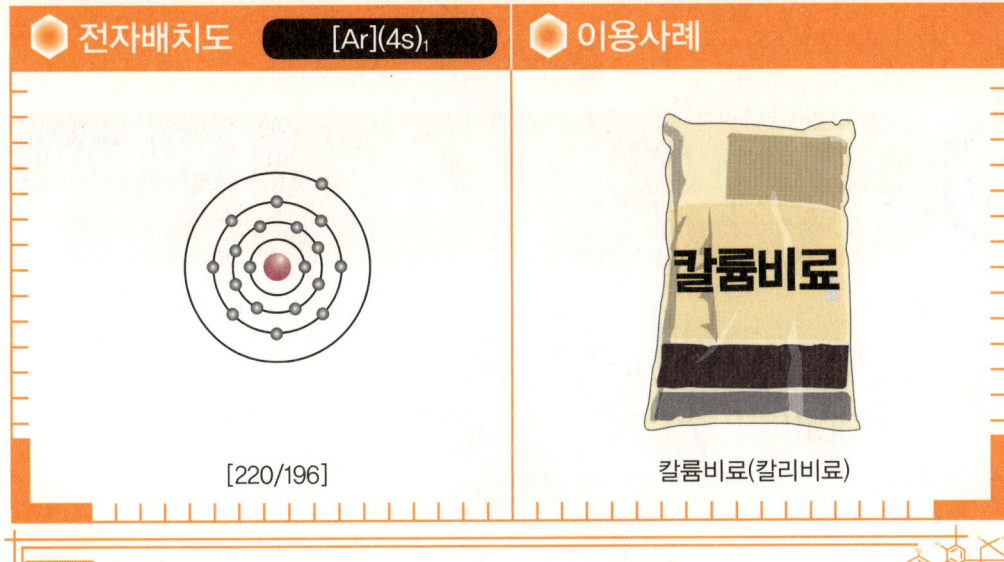

[220/196]

칼륨비료(칼리비료)

발견년도	1807년
발 견 자	데이비(영국)
존재형태	명반석, 커넬석, 실빈 등의 광물, 해수 속 등에 함유되어 있다.
이용사례	비상용 산소발생제, 광전자소자, 사진의 제판(KBr)

⬢ 인체에 불가결한 원소

칼륨은 체내에 많이 포함되어 있는 원소이다. 체내에 포함된 칼륨 중 약 98%가 칼륨이온(K^+)으로 세포 내에 있고, 나머지 약 2%가 세포 외에 존재하고 있다. 이것과 반대 위치에 있는 것이 나트륨으로, 그 대부분이 나트륨이온(Na^+)으로 세포 외에 존재하고 있다. 이러한 일이 일어나는 것은, 나트륨칼륨 ATP아제라고 하는 효소의 움직임으로 칼륨을 세포 내에 거두어들여, 나트륨을 세포 외에 배출하고, 신경자극의 전달이나 세포 내의 침투압의 유지 등을 행하고 있기 때문이다.

⬢ 사용법에 의해 성질이 180도 달라진다!

칼륨은 다양한 염(칼륨염)을 형성하는 근원이 된다. 그 염의 종류는 많고, 다양한 곳에 이용되고 있다. 예를 들어 염화칼륨(KCl)과 황산칼륨(K_2SO_4)은 칼륨 안료로서 이용되어, 안료의 삼대 요소로 불리고 있다. 초산칼륨은 연소보조제로서, 담배나 화약에 사용되고 있다.
또한 시안화칼륨(KCN)은 맹독이어서, "청산가리"라고도 불린다. 살인에 때때로 애용되어(독살), 이것이 체내에 침입하면 시안화물 이온이 헴철*에 결합해(산소의 300배 이상의 결합력), 헴철에 포함된 단백질 헤모글로빈이 작용하여, 체내로의 산소공급이 저해되어 죽음에 이르게 하는 것이다. 덧붙여 말하면 칼륨의 불꽃색은 보라색이고 불꽃놀이에도 이용된다.

Element Girls

20 Ca

이 영양소, 실은 원소입니다!

칼슘

Calcium

원소명의 유래 　라틴어의 「석회(calx)」에서 유래한다.

내가 없으면 불안할걸!!

★TRIVIA★
칼슘은 대리석이나 종유석 이외에, 석순에도 포함되어 있다. 석순이란 지면에서 성장한 결정으로, 죽순에 비유한 것이다.

─ SPEC ─

원자량 40.078　　녹는점 839°C　　끓는점 1484°C

밀　도 1550kg/㎥　　원자가 2　　존재도 지표 : 52900ppm　　우주 : 6.11×10^4

주요 동위 원소 　^{40}Ca(96.941%), ^{42}Ca(0.647%), ^{43}Ca(0.135%), ^{44}Ca(2.086%), ^{45}Ca(β^-,163.8일), ^{46}Ca(0.004%), ^{47}Ca(β^-,4.536일), ^{48}Ca(0.187%)

illustration by spaike77

전자배치도 [Ar](4s)₂

이용사례

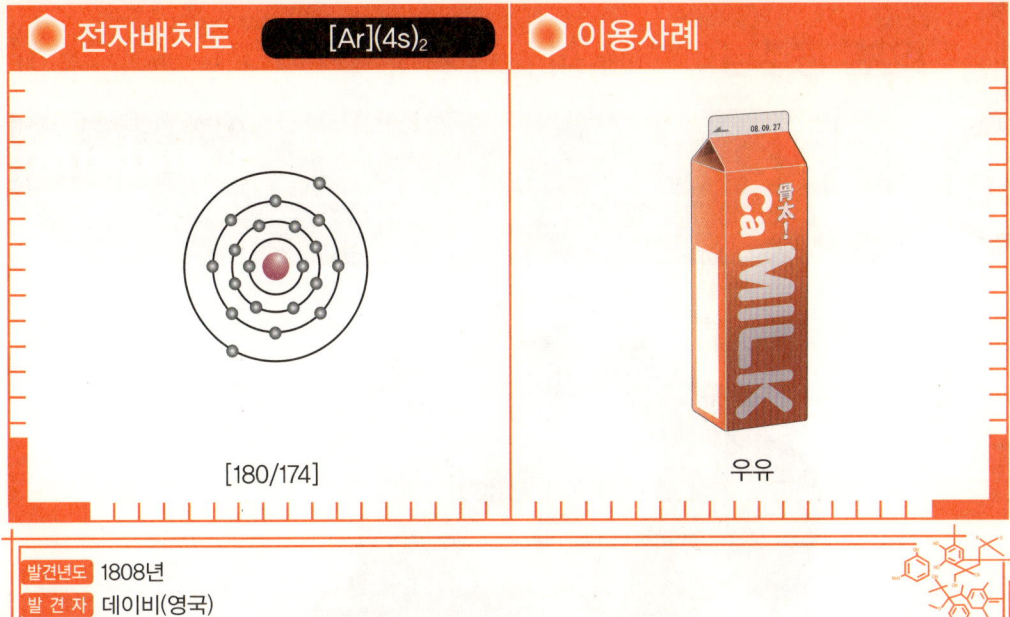

[180/174]

우유

- **발견년도**: 1808년
- **발 견 자**: 데이비(영국)
- **존재형태**: 대리석, 종유석, 산호, 진주 등에 포함되어 있다. 뼈의 주성분으로서도 존재한다.
- **이용사례**: 금속의 정련, 건조제($CaCl_2$), 카바이드 램프, 시멘트

발견부터 정제까지 100년!

칼슘은 인체에 필수인 영양분으로도 유명한 원소 중 하나이다. 1808년 데이비는 소석회를 산화제이수은과 섞어, 전기 분해를 하여 얻은「칼슘아말감」으로부터, 이것에 포함된 수은을 증유 제거해 단리하는 데에 성공했다. 그러나 얻을 수 있는 칼슘은 순수한 것이 아니었고, 순수한 칼슘을 얻은 것은 그로부터 100년 후에 공업 제법이 개발되면서부터였다.

칼슘은 뼈뿐만이 아니다

칼슘은 인체 중에서 뼈나 치아의 성분으로서 알려져, 성인의 몸에는 약 1kg이 존재하고 있다. 칼슘은 뼛속에 인산칼륨으로서 존재해, 수산화인회석($Ca_{10}(PO_4)_6(OH)_2$)라고도 불린다. 인공적으로 합성해 만들어낸 인공뼈나 인공 치아인 임플란트* 재료 등으로 이용되어, 최근 주목받고 있다. 덧붙여서 말하면 칼슘이 부족하면 신경전달이나 근육의 움직임에 악영향을 미치고, 스트레스에 약해지기도 한다고 알려져 있다.

또한 칼슘은 대리석이나 종유석 등에도 포함되어 있다. 예를 들어 종유석은 이산화탄소수에 의해, 칼슘이온(Ca^{2+})과 탄산수소이온(HCO_3^-)이 되어 녹아나온 탄산칼슘으로 형성되어있다. 종유동에 있는 고드름과 같이 달린 종유석은 탄산칼슘이 용출된 것이다. 덧붙여서, 진주는 칼슘의 결정과 유기질층이 교차로 쌓여 형성된 생체광물이다.

Element Girls

21 Sc

강인한 공주님의 빛은 식물도 기뻐해요

스칸듐 — Scandium

원소명의 유래 : 발견된 지명의 라틴어인 「남부 스칸디나비아 반도(Scandia)」에서 유래한다.

"빛을 쬐이고 싶거든 내게 오거라."

★TRIVIA★
일본에서 토르트베이타이트석은 교토(京都)의 이사나고(磯砂) 광산에서 산출된다. 일본에서 스칸듐이 주성분인 광물은 토르트베이타이트석이 유일하다.

SPEC
- 원자량 : 44.955910
- 녹는점 : 1541°C
- 끓는점 : 2831°C
- 밀도 : 2989kg/m³
- 원자가 : 3
- 존재도 지표 : 30ppm 우주 : 33.8
- 주요 동위원소 : ^{44m}Sc(IT,EC,β^+,2.442일), ^{44}Sc(β^+,EC,3.927시간), ^{45}Sc(100%), ^{46}Sc(β^-,83.83일), ^{47}Sc(β^-,3.341일), ^{48}Sc(β^-,43.7시간), ^{49}Sc(β^-,57.4분)

illustration by 猫生いづる

전자배치도 [Ar](3d)₁(4s)₂
이용사례
[160/144]
자전거 프레임

발견년도	1879년
발 견 자	라르스 닐손(스웨덴)
존재형태	토르트베이타이트석에 함유된다.
이용사례	스포츠 및 영화 촬영용 조명, 경량 자전거 프레임, 메탈핼라이드 램프, 촉매

멘델레예프가 예언한 신원소

주기율표를 발명한 멘델레예프는 칼슘(원자량 40)과 티탄(원자량 48) 사이에 미지의 원소가 있다고 예견하고 그 원소에 에카붕소라는 명칭을 붙였는데 이것이 바로 스칸듐이다.
1879년 스웨덴의 화학자 라르스 닐손 Lars Nilson은 가돌리나이트 성분에 혼재하는 새로운 원소를 발견하고 스칸듐이라고 명명했다. 하지만 그는 이 원소가 멘델레예프가 예언한 에카붕소라는 사실은 알지 못했다. 1879년 말, 닐손의 동료인 페르 테오도르 클레베 Per Teodor Cleve가 스칸듐이 에카붕소임을 밝혔다.

밝고 수명이 긴 만능 조명!

산화스칸듐이 주성분인 광물로 토르트베이타이트가 있다. 이 광물은 1910년에 노르웨이의 페그마타이트에서 발견되었는데 산출량은 극히 제한적이다. 공업용으로는 우라늄을 정제할 때 부산물로서 채취할 수 있다.
스칸듐은 야구장 조명으로 쓰이는 메탈핼라이드 램프에 이용된다. 메탈핼라이드 램프란 발광관 속에 스칸듐-나트륨(Sc-Na)계의 금속을 주입하여 방전함으로써 태양광에 근접한 빛을 내는 램프이다. 이 램프는 할로겐 램프보다 밝고 수명이 길며 소비전력도 반밖에 안되기 때문에 전시물이나 영화 촬영용 조명, 식물 재배용 조명으로도 높은 평가를 받고 있다.

Element Girls

22 Ti

빛의 힘으로 하얗게 만드는 미백 원소!

타이타늄(티탄) — Titanium

원소명의 유래: 그리스 신화의 거인족 「티탄(Titan)」에서 유래한다.

> 치타? 아냐, 아냐 티탄이야!

★ TRIVIA ★
타이타늄으로 만든 그림물감은 적외선 반사율이 높아 실외 사용에 적합하며 시멘트에도 이용된다.

SPEC

원자량	47.867
녹는점	1660°C
끓는점	3287°C
밀도	4540kg/m³
원자가	2, 3, 4
존재도	지표: 5400ppm 우주: 2400
주요 동위 원소	⁴⁴Ti(EC, 47.3년), ⁴⁶Ti(8.25%), ⁴⁷Ti(7.44%), ⁴⁸Ti(73.72%), ⁴⁹Ti(5.41%), ⁵⁰Ti(5.18%), ⁵¹Ti(β⁻, 5.76분)

illustration by 紺野賢護

전자배치도 [Ar](3d)$_2$(4s)$_2$

이용사례

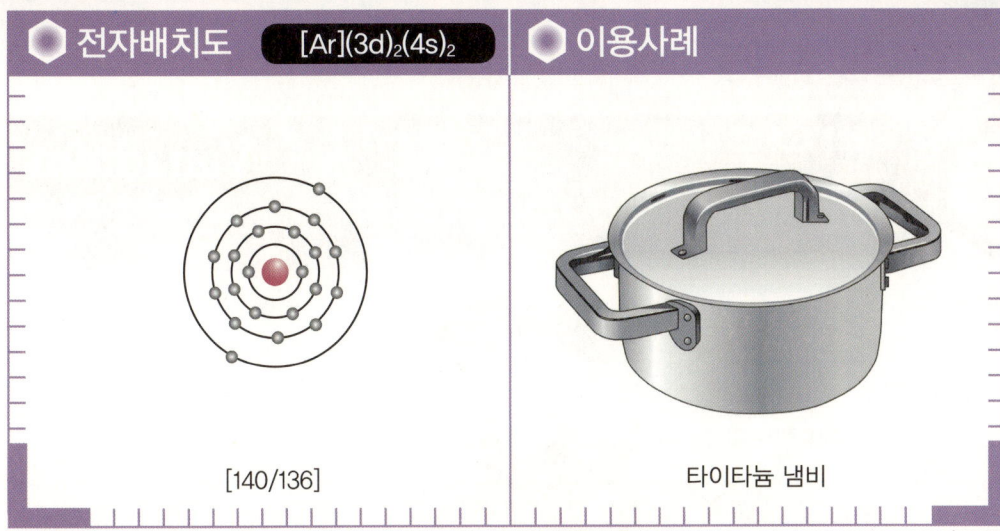

[140/136]

타이타늄 냄비

발견년도	1791년 (금속산화물로 발견)
발 견 자	윌리엄 그레거(영국)
존재형태	루틸, 아나타제, 타이타늄철석 등의 광물과 월석(月石)에 존재한다.
이용사례	항공기 엔진 및 기체, 등산용 코펠, 형상기억합금, 인쇄 잉크, 화장품 등

● 우수한 성질을 지닌 원소

타이타늄은 지각 중에서 아홉 번째로 많은 원소이며 루틸, 타이타늄 광석 등에 존재한다. 1791년 영국의 목사이자 지질학자인 윌리엄 그레거William Gregor가 검은색 자성광물 속에서 미지의 산화물(산화티탄)을 발견하고 메나친Menachin이라고 이름 지었다. 1794년, 독일의 화학자 마르틴 클라프로트Martin Klaproth가 루틸광석(금홍석)에서 재발견하여 이를 타이타늄이라고 명명했다. 그러나 두 사람 모두 홑원소물질을 얻은 것은 아니었고 100년 후인 1910년이 되어서야 처음으로 타이타늄이 분리되었다. 타이타늄이 실용화된 것은 20세기에 들어와서다. 1946년, 룩셈부르크의 야금학자 크롤이 고안한 마그네슘 환원법(크롤법)이 개발되면서부터 대량생산이 가능해졌다. 순수한 금속 타이타늄은 가공하기 쉽고 강도가 높으며 해수에 담가두어도 부식되지 않을 만큼 내식성도 뛰어나다. 잠수함 함체와 프로펠러의 축, 그 밖에도 해수에 잠기는 선박 장비에 널리 이용된다.

● 더러움을 지우고 희게 만든다!

타이타늄에는 광촉매 성질이 있다. 광촉매란 빛을 받아들여 다양한 화학반응을 촉진시키는 물질을 말한다. 타이타늄 화합물인 이산화 타이타늄은 빛을 받으면 오염물을 분해하는 광촉매 효과와 물과 쉽게 결합되는 친수성이 있기 때문에 화장실이나 외벽, 항균제 등에 이용된다. 또한, 순수한 이산화 타이타늄은 독성이 없고 선명한 흰색을 띠어서 파운데이션 등의 백색 안료로 쓰이기도 한다.

Element Girls

23 V

당뇨병 후보인 그대! 제가 치유해 드리지요♥

바나듐 — Vanadium

원소명의 유래 스칸디나비아 신화의 사랑과 미의 여신 「바나디스(Vanadis)」에서 유래한다.

> 산소를 운반해드립니다.

★ TRIVIA ★
바나듐은 혈당치를 내리고 신진대사를 촉진하는 효과가 있어서 바나듐을 함유한 지하수는 미네랄워터로 판매되고 있다.

SPEC

원자량 50.9415	녹는점 1887°C	끓는점 3377°C
밀 도 6110kg/m³	원자가 2,3,4,5	존재도 지표: 230ppm 우주: 295

주요 동위 원소: $^{48}V(EC, \beta^+, 15.976일)$, $^{49}V(EC, 330일)$, $^{50}V(0.250\%, 1.3\times10^{17}년)$, $^{51}V(99.750\%)$, $^{52}V(\beta^-, 3.75분)$

illustration by 菓浜洋子

| 전자배치도 | [Ar](3d)₃(4s)₂ | 이용사례 |

[135/125]

바나듐워터

- **발견년도**: 1801년(최초로 발견), 1830년(두 번째 발견)
- **발견자**: 안드레우 마누엘 델 리오(멕시코 : 1801년), 닐스 가브리엘 세프스트룀(스웨덴 : 1830년)
- **존재형태**: 바나디나이트, 패트로나이트, 카노타이트, 원유 등에 존재한다. 멍게의 혈액에도 축적되어 있다.
- **이용사례**: 초전도자석, 탈황, 산화반응촉매(V₂O₅ 등), 미네랄워터, 바나듐합금(V-Ti)

● 불운한 발견자로 인해 발표가 늦어진 원소

바나듐은 1801년에 안드레우 마누엘 델 리오Andrés Manuel Del Río가 발견한 연성이 풍부한 은백색 금속 원소이다. 그 당시 델 리오는 '판크로뮴Panchromium'이란 이름으로 신원소를 보고했으나 보고서가 우송 중 분실되는 등 여러 가지 불운이 겹치면서 정식으로 발표할 기회를 놓치고 말았다. 또한 '이것은 신원소가 아니라 크롬'이라는 지적을 받고 자신감을 잃은 델 리오는 발표를 철회하기에 이르렀다. 그로부터 약 30년 후 신원소는 스웨덴의 화학자 닐스 가브리엘 세프르트룀Nils Gabriel Sefström이 다시 발견하면서 '바나듐'이라 명명했다. 훗날 바나듐은 델 리오가 발견한 판크로뮴과 동일한 원소임이 확인되었고 델 리오는 최초 발견자로 인정되었다.

● 바나듐의 역할

바나듐은 당뇨병 환자의 회복을 촉진하는 작용을 한다. 그 밖에도 바나듐 합금은 충격과 진동에 잘 견디는 성질이 있어 용수철과 공구, 각종 엔진으로, 오산화바나듐은 촉매와 도자기 유약으로 쓰인다. 또한 자연계에는 특정 원소를 함유하여 농축하는 생물이 존재한다. 군소, 해우, 멍게 속에는 바나듐 세포라는 물질이 있으며 거기에 산화바나듐과 단백질이 결합되어 생긴 색소가 다량 함유되어 있다. 이 세포는 헤모글로빈처럼 산소운반 능력이 있다고 추정되고 있으나 아직 명확하게 밝혀진 것은 아니다.

Element Girls

24 Cr

빛나는 강철 검을 손에 든 요염한 무희!

크로뮴(크롬) — Chromium

원소명의 유래 그리스어의 「빛깔(chroma)」에서 유래한다.

> 내 칼은 산성에 천하무적이로다...

★TRIVIA★
크로뮴은 버리디언과 크로뮴옐로 등의 그림물감에 많이 함유되어 있다. 버리디언(청록색)은 녹색 물감이 별로 없었던 그 당시 무척 귀중한 존재였다.

SPEC
- 원자량: 51.9961
- 녹는점: 1860°C
- 끓는점: 2671°C
- 밀도: 7190kg/m³
- 원자가: (1),2,3,4,5,6
- 존재도: 지표 185ppm / 우주 1.34×10^4
- 주요 동위 원소: ^{50}Cr(4.345%), ^{51}Cr(EC, 27.704일), ^{52}Cr(83.789%), ^{53}Cr(9.501%), ^{54}Cr(2.365%)

illustration by 戸橋ことみ

전자배치도 [Ar](3d)₅(4s)₁

이용사례

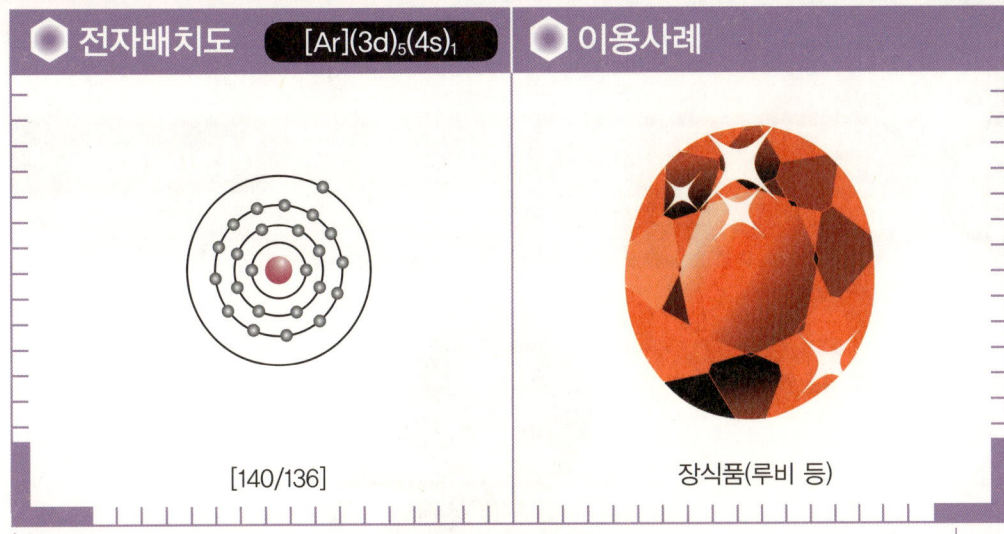

[140/136]

장식품(루비 등)

발견년도	1798년
발 견 자	루이 니콜라 보클랭(프랑스)
존재형태	크롬철광과 홍연석에 존재한다. 루비와 에메랄드에 함유되어 있다.
이용사례	스테인리스 냄비, 니크롬, 크롬 도금, 산화제

● 화합물의 종류에 따라 정반대의 작용을 하는 원소

크로뮴은 아주 단단한 은백색 금속이다. 원소명의 유래처럼 크로뮴 화합물은 선명한 색이 많다. 결합 방식에 따라 여러 가지 색으로 변화하기 때문에 예부터 안료로 쓰였다. 또 루비와 에메랄드색의 성분도 크로뮴 화합물이다.

크로뮴 화합물로서 유명한 것이 **삼가크로뮴**과 **육가크로뮴**이다. **삼가크로뮴**은 인체에 꼭 필요한 원소로 당뇨병 개선과 예방에 필수적인 존재이다. 그에 반해 **육가크로뮴**은 독성이 강하여 인체와 환경에 악영향을 주는 물질로 알려졌다. **육가크로뮴**을 취급하는 공장 현장에서는 직원이 폐암에 걸린 사건이 일어난 적도 있어서 지금은 엄격한 배출 규제가 정해졌다.

● 녹슬지 않고 더러워지지 않는 무적의 합금

크로뮴은 거의 부식이 되지 않는 성질을 타고났다. 이 녹슬지 않는 성질을 이용한 것이 **스테인리스 스틸**이다. **스테인리스 스틸**은 크로뮴이나 니켈을 첨가한 철의 합금강을 말한다. 1913년에 영국의 해리 브리얼리Harry Brearley가 개발하여 일반 가정으로 보급되었다. 크로뮴과 철을 혼합하면 표면에 부동태피막이라는 얇은 막이 형성된다. 이 막은 상처나 충격이 생겨도 곧바로 새로운 막이 생겨서 부식을 방지하는 작용을 한다.

스테인리스의 등장으로 철강 산업은 커다란 전환기를 맞이했고 지금은 부엌 싱크대와 스푼 등의 식기류, 지하철 본체 등 많은 금속제품에서 쓰이고 있다.

Element Girls

25 Mn

풍어다, 풍어! 오늘도 망가니즈를 건지러 해저로 간다

망가니즈(망간) — Manganese

원소명의 유래: 그리스어의 「깨끗이 한다(manganizo)」 또는 라틴어의 「자석(magnes)」에서 유래한다는 설이 있다.

> 오늘도 가득 잡혔네~

★ TRIVIA ★
망가니즈 단괴는 상어 이빨과 화산재 등을 핵으로 삼아 천 년에 1mm 정도씩 층층이 성장한 덩어리라고 한다.

SPEC

원자량	54.938049	녹는점	1244°C	끓는점	1962°C
밀도	7440kg/m³	원자가	(0),(1),2,(3),4,(5),6,7	존재도	지표: 1400ppm 우주: 9510

주요 동위 원소: $^{52m}Mn(\beta^+, EC, IT, 21.1분)$, $^{52}Mn(EC, \beta^+, 5.591일)$, $^{53}Mn(EC, 3.74 \times 10^6년)$, $^{54}Mn(EC, \beta^+, 312.20일)$, $^{55}Mn(100\%)$, $^{56}Mn(\beta^-, 2.5785시간)$

illustration by 白夜ゆう

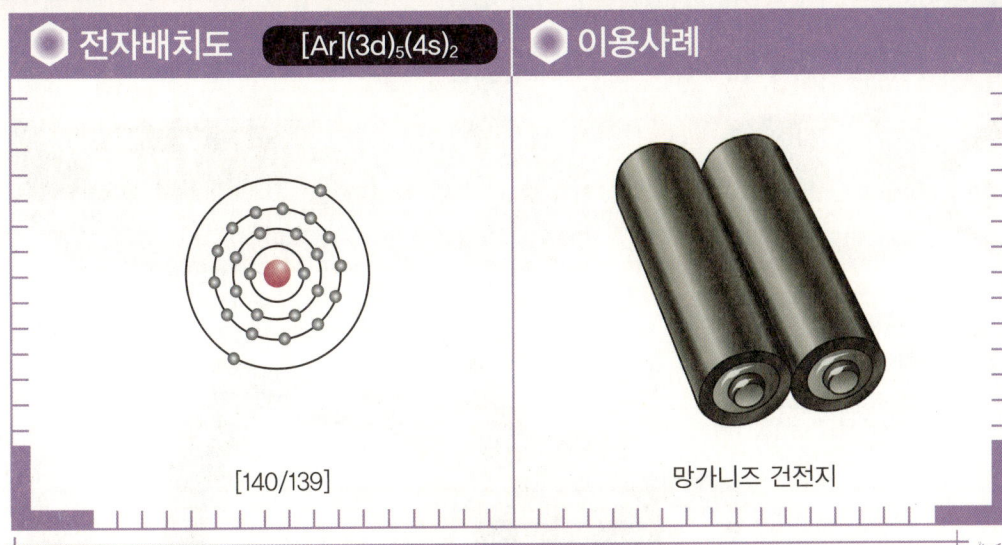

| 전자배치도 | [Ar](3d)₅(4s)₂ | 이용사례 |

[140/139]

망가니즈 건전지

- **발견년도**: 1774년
- **발 견 자**: 카를 빌헬름 셸레(스웨덴), 요한 고틀리에브 간(스웨덴)
- **존재형태**: 섬망가니즈석, 연망가니즈석, 능망가니즈석, 망가니즈중석, 망가니즈 단괴에 함유되어 있다.
- **이용사례**: 망가니즈 건전지, 망가니즈 냄비, 산화제(과망가니즈산칼륨)

고대 로마 시대부터 우리 주변에 존재했던 원소

망가니즈는 부서지기 쉬운 회백색 금속 원소로 지각에 0.01% 정도 존재한다. 연망가니즈석이라 불리는 망가니즈 광물은 고대 로마 시대부터 유리 탈색제로 이용했으며 중세 연금술사들은 산화제*로 사용했다. 1774년 스웨덴의 화학자 카를 빌헬름 셸레Carl Wilhelm Scheele는 연망가니즈석에 미지의 금속이 존재한다는 사실을 알았다. 또 같은 해 셸레의 동료인 요한 고틀리에브 간Johan Gottlieb Gahn이 그 때까지 알려지지 않은 새로운 원소로서 망가니즈를 분리하는 데 성공했고 '망가네슘'이라는 이름을 붙였다. 그런데 1808년에 발견한 마그네슘이 새롭게 발견되자 마그네슘과 혼동되는 것을 피하자는 취지에서 망가니즈로 개칭되었다.

해저에 가라앉은 금속자원

망가니즈 자체는 아주 부서지기 쉬운 금속이므로 종종 합금 형태로 이용한다. 망가니즈가 1% 포함된 합금은 강도가 증가하며 가공성과 내식성도 향상된다. 그 때문에 철도 선로와 토목기계, 형무소의 쇠창살 등에 널리 활용되고 있다. 또한 공업 분야에서 이용되는 망가니즈 화합물로 이산화망가니즈와 황산망가니즈가 있다. 이산화망가니즈는 망가니즈 건전지로, 황산망가니즈는 금속망가니즈를 제조할 때 쓰인다.

그 밖에도 해저에는 총 100억 톤 이상일 것이라고 추정되는 망가니즈 단괴라는 광물이 가라앉아 있다. 앞으로 금속이 부족할 것이라고 예상되므로 망가니즈 단괴는 대단한 주목을 받고 있다.

Element Girls

26 Fe — 철 (Iron)

기원전부터 인기 폭발이었던 팝메탈 소녀

원소명의 유래 원소명은 그리스어의 「강하다(ieros)」에서, 화학기호 Fe는 라틴어의 「철(ferrum)」에서 유래한다.

말풍선: 아침에 쓰러지기 싫으면 날 불러!

★TRIVIA★
일회용 손난로에는 철가루가 들어있다. 이것을 흔들면 뜨거워지는 현상은 철이 산소와 반응하여 산화되면서 녹슬 때 열이 발생하기 때문이다.

SPEC
- 원자량: 55.845
- 녹는점: 1535°C
- 끓는점: 2750°C
- 밀도: 7874kg/m³
- 원자가: 2, 3, 4, 6
- 존재비 지표: 70700ppm 우주: 9.0×10^5
- 주요 동위원소: ^{52}Fe(EC, β^+, 8.275시간), ^{54}Fe(5.845%), ^{55}Fe(EC, 2.73년), ^{56}Fe(91.754%), ^{57}Fe(2.119%), ^{58}Fe(0.282%), ^{59}Fe(β^-, 44.503일)

illustration by 西川淳

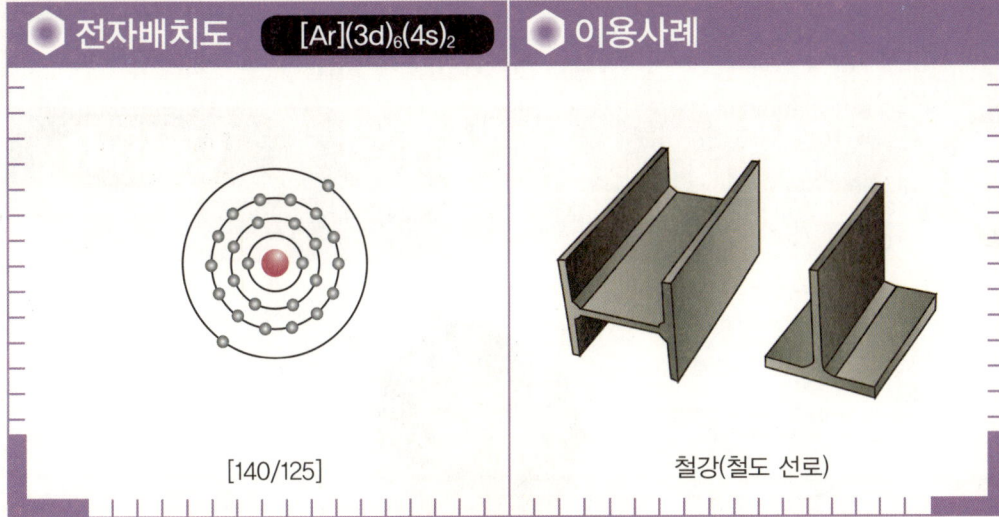

전자배치도 [Ar](3d)₆(4s)₂

이용사례

[140/125]

철강(철도 선로)

발견년도	고대부터 알려졌다.
발 견 자	고대부터 알려졌다.
존재형태	지각에는 자철석, 적철석의 형태로 존재한다. 인체에는 적혈구의 헤모글로빈에 함유되어 있다. 석철운석에도 석철 형태로 포함된다.
이용사례	강(鋼), 일회용 손난로(핫팩), 힙금, 자성제

🟣 가장 오랜 역사를 가진 금속 원소

인류 역사상 가장 많이 이용되고 있는 금속으로, 기원전 25~30년경에 이미 철로 물건을 만들었다고 전해진다. 기원전 5000년경부터 철을 일반적으로 이용하게 되었고, 철의 역사는 '산업의 역사'라고 할 만큼 오늘날까지 많은 양의 철이 사용되고 있다. 이처럼 철이 널리 쓰이는 이유는 매장량이 풍부하고 다른 금속을 첨가하거나 열처리를 해서 자유롭게 강도와 경도를 조정할 수 있기 때문이다.

산업 분야뿐만 아니라 철은 체내에서도 중요한 역할을 한다. 그중에서도 산소를 운반하는 헤모글로빈을 구성하는 헴단백질 안의 철분은 특히 중요한 존재이다. 인체에 함유된 철의 약 65%가 헤모글로빈에 존재한다. 철분 부족은 빈혈의 원인이 되며 나른함, 전신 피로 증상을 일으킨다.

🟣 핵융합으로 형성되는 최후의 원소

순수한 철은 은백색에 광택이 있는 금속으로 비교적 연해서 가공하기 쉽다. 또한 공기 중에 습기가 있으면 금방 녹이 슬며 미량의 산에도 쉽게 용해되는 성질을 지녔다.

철은 지각 속에서는 네 번째, 우주에서는 아홉 번째로 많이 존재한다. 항성 내부에서 핵융합 반응이 일어나 형성되는 최종 원소가 철이기 때문에 철의 존재량이 증가하는 것이다.

Element Girls

27 Co

예술에서 의료까지 작은 악마의 방사빔으로 해결한다

코발트 — Cobalt

원소명의 유래 독일어의 「산의 정령(Kobold)」에서 유래한다.

> 다빈치도 게오르그도 나한텐 꼼짝 못해~

★TRIVIA★
코발트는 생물에 필수적인 원소이다. 비타민 B₁₂ 등에도 들어 있으며 빈혈을 방지하는 효과가 있다.

SPEC

원자량	58.933200	녹는점	1495°C	끓는점	2870°C
밀도	8900kg/m³	원자가	2,3,(4)	존재량	지표: 29ppm 우주: 2250

주요 동위원소: ^{55}Co(EC,β^+,17.53시간), ^{56}Co(EC,β^+,77.7일), ^{57}Co(EC,271.77일), ^{58m}Co(IT,9.15시간), ^{58}Co(EC,β^+,70.916일), ^{59}Co(100%), ^{60m}Co(IT,β^-,10.47분), ^{60}Co(β^-,5.274년)

illustration by ヤナギユキ

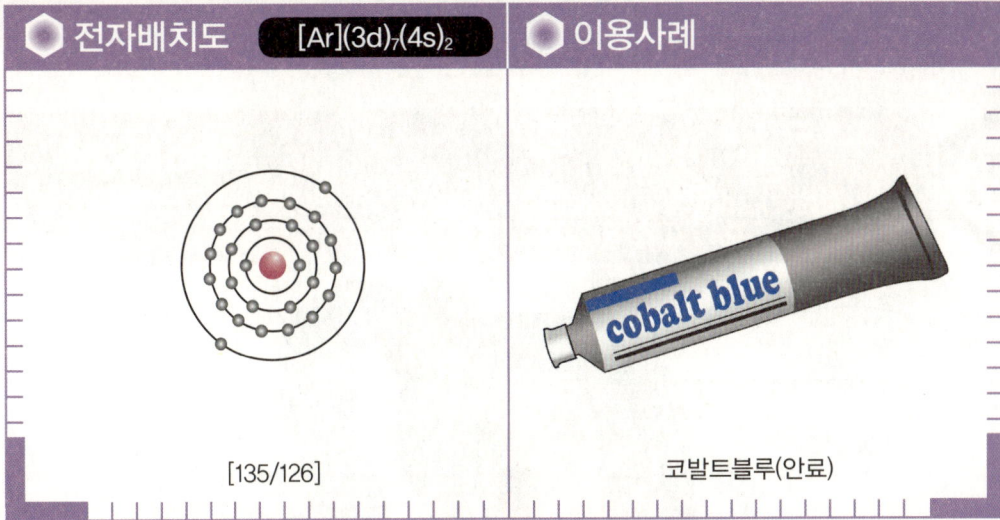

발견년도	1735년
발 견 자	게오르그 브란트(스웨덴)
존재형태	휘코발트석에 존재한다. 산업적으로는 니켈을 제련할 때 부산물로 얻어진다.
이용사례	그림물감(코발트블루), 코발트합금, 감마선(^{60}Co), 사마륨-코발트 자석(Sm-Co), 리튬이온 전지의 전극

🔵 분홍색에서 짙은 파란색까지 자유자재!

코발트는 반짝거리는 은색 금속 원소이다. 대기 중에선 안정하고 물에 반응하지 않지만 미량의 산에는 천천히 용해된다.

코발트 화합물의 대표적인 것으로 파란색인 코발트블루가 꼽힌다. 코발트블루는 고대부터 우수한 파란색 안료로 여겨졌고 이집트 투탕카멘왕의 무덤에서는 짙은 파란색 유리제품이 발굴되기도 했다. 또 레오나르도 다 빈치가 이 색을 즐겨 사용했다고 한다.

코발트 화합물은 파란색뿐 아니라 크롬처럼 다채로운 색을 표현할 수 있다. 염화 코발트를 물에 녹였을 경우 코발트의 농도가 옅을 때는 분홍색이며 농도가 진해질수록 보라색에서 파란색, 짙은 파란색으로 변한다. 이렇게 다양한 색채표현은 코발트 화합물이 여러 가지 구조(착물)를 형성하는 것과 관계가 있다.

🔵 살균 효과가 있는 동위 원소

코발트의 동위 원소*에서 중요한 역할을 하는 것이 ^{60}Co이다. ^{60}Co은 원자로 속에서 ^{59}Co에 중성자를 조사(照射)하여 얻어진 것으로 β붕괴해 니켈(^{60}Ni)이 된다. 이때 방출되는 γ선은 대단히 투과성이 높아 의료분야의 방사선요법 및 식품보존 등 여러 가지 목적의 조사선원(照射線源)으로 쓰인다. 식품에 조사하면 미생물 구제, 병원체가 되는 유해 세균류를 죽이는 효과가 있다. 하지만 방사선을 이용하기 때문에 식품에 대한 안전성이 문제시되면서 사용을 금지한 나라도 있다. 일본에서는 감자에만 이용되고 있다.

Element Girls

28 Ni

동전과 저금을 좋아하는 말괄량이 소녀

니켈 — Nickel

원소명의 유래 구리 광석을 닮은 니켈 광석을 독일 광부들이 「악마의 구리(Kupfernickel)」라고 불렀던 것에서 유래한다.

"이 돈은 아무한테도 안 줄 거야!"

★TRIVIA★
산요전기에서 발매하는 니켈수소전지 '에네루프'는 천 번이나 충전이 가능하며 메모리 효과 현상이 없어 중간에 충전할 수 있다.

SPEC
- 원자량: 58.6934
- 녹는점: 1453°C
- 끓는점: 2732°C
- 밀도: 7780kg/m³ (액체), 8908kg/m³ (고체)
- 원자가: 2,(3),(4)
- 존재도: 지표 : 105ppm   우주 : 4.93×10^4
- 주요 동위원소: ^{56}Ni(EC,β^+,6.10일), ^{57}Ni(EC,36.1시간), ^{58}Ni(68.0769%), ^{59}Ni(EC,β^+,7.5×10⁴년), ^{60}Ni(26.2231%), ^{61}Ni(1.1399%), ^{62}Ni(3.6345%), ^{63}Ni(β^-,100.1년), ^{64}Ni(0.9256%), ^{65}Ni(β^-,2.520시간), ^{66}Ni(β^-,2.275일)

illustration by 菓浜洋子

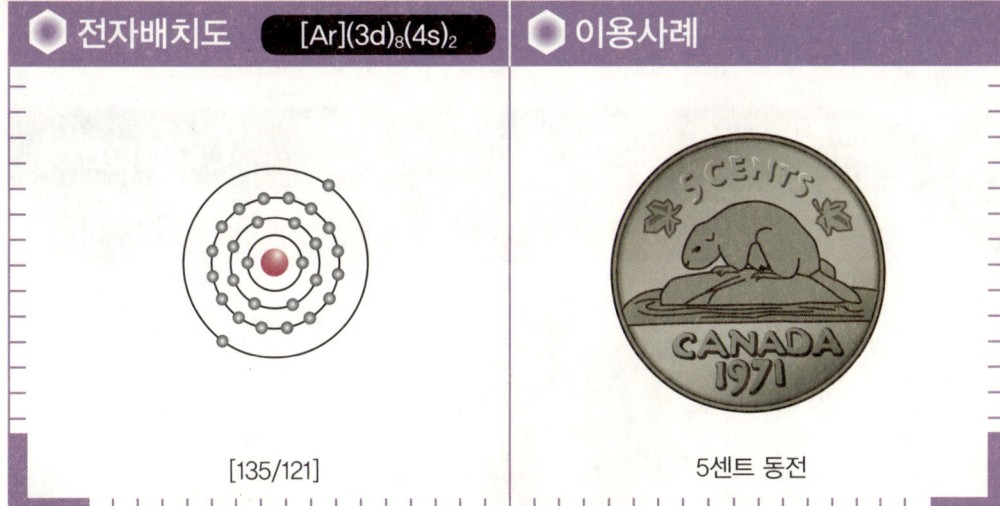

| 전자배치도 | [Ar](3d)$_8$(4s)$_2$ | 이용사례 |

[135/121]

5센트 동전

발견년도	1751년(발견), 1754년(단리)
발 견 자	악셀 프레드릭 크론스테트(스웨덴 : 1751년), 토른베른 올로프 베리만(스웨덴 : 1754년)
존재형태	펜틀란다이트, 니콜라이트, 운석 등에 존재한다.
이용사례	스테인리스 스틸(Ni-Fe 합금), 형상기억합금, 니크롬선, 니카드전지(Ni-Cd), 5센트 동전, IV 섀노마스크

자석 곁에 두면 자신도 자석이 된다!

니켈은 단단하고 광택이 있는 은백색 금속으로 얇게 펴지거나 늘어나는 성질이 풍부하여 철, 코발트와 함께 철족원소에 속한다. 철족원소인 니켈은 전자석을 가까이 두면 니켈 자신도 자석의 성질을 띠게 되어 전자석을 뗀 후에도 자기가 남는다. 이것을 강자성(強磁性)이라고 한다. 강자성과 달리 전자석을 떨어뜨리면 자기가 없어지는 성질을 상자성(常磁性)이라고 한다. 또한 니켈은 385℃를 넘어가면 강자성의 성질이 없어진다. 이처럼 물질이 자성을 잃는 온도를 퀴리온도라고 한다.

골칫거리였던 원소

독일어로 악마의 구리Kupfernickel라고 불렸던 이 광석은 예부터 겉모습은 구리를 함유한 광석을 닮았는데 전혀 구리가 나오지 않아서 독일 광부들 사이에서는 '골칫거리'로 통했다. 1751년 스웨덴의 광물학자인 악셀 프레데릭 크론스테트Axel Fredrik Cronstedt는 구리를 추출하기 위해 니콜라이트의 표면을 덮고 있는 녹색 결정에서 나온 산화물을 환원하는 실험을 했다. 그 결과, 거기서 흰색 금속을 발견했고 신원소인 니켈이 모습을 드러내게 되었다.

니켈과 구리의 합금은 주로 주화의 원료로 쓰인다. 미국의 5센트 동전은 통칭 '니켈'이라고 불리는데 이 동전도 구리와 니켈을 합금하여 만든 것이다. 100원과 500원 주화도 같은 재료로 만들어졌다. 그 밖에도 니켈타이타늄 합금이 있다. 니켈과 타이타늄이 1:1로 혼합된 합금으로, 모양을 변형시켜도 끓는 물 등으로 일정 온도 이상의 열을 가하면 원래의 형상으로 되돌아가는 성질이 있다. 이 같은 합금을 형상기억합금이라 한다.

Element Girls

29 Cu

찌릿찌릿 전기를 통과시키는 멋쟁이 원소
구리
Copper

원소명의 유래 라틴어의 「구리(cúprum)」는 옛날 구리의 산지였던 키프로스 섬에서 유래한다.

> 네가 있는 곳까지 전기를 운반해줄게!

★ TRIVIA ★
카펫이나 매트에는 구리가 들어간 제품이 있다. 구리는 정전기 발생을 억제하기 때문에 호텔 로비 등에서 주로 이용된다.

─ SPEC ─
원자량 63.546	녹는점 1083.4°C	끓는점 2567°C	
밀 도 7940kg/㎥ (액체), 8920kg/㎥ (고체)		원자가 1,2	존재도 지표 : 75ppm 우주 : 522

주요 동위 원소 $^{61}Cu(EC, \beta^+, 3.408시간)$, $^{62}Cu(EC, \beta^+, 9.74분)$, $^{63}Cu(69.17\%)$, $^{64}Cu(\beta^-, EC, \beta^+, 12.701시간)$, $^{65}Cu(30.83\%)$, $^{66}Cu(\beta^-, 5.10분)$, $^{67}Cu(\beta^-, 61.9시간)$

illustration by 充電

- **전자배치도** [Ar](3d)$_{10}$(4s)$_1$
  [135/138]
- **이용사례**
  일본의 10엔 동전

발견년도	고대부터 알려졌다.
발견자	고대부터 알려졌다.
존재형태	천연구리로 존재하지만, 주로 황동석, 적동석, 사면동석 같은 광물로 산출된다. 또한 새우, 문어, 오징어 등의 연체동물의 혈액의 주성분인 헤모시아닌에도 많이 함유되어 있으며 아몬드, 호두 등의 견과류에도 들어있다.
이용사례	주화, 전선, 동상, 청동

인류의 진보를 도와준 원소

구리는 붉은색 금속으로 연성과 전성이 뛰어나며 은 다음으로 전기전도율이 높다. 구리의 전자배치를 보면 다른 원소들과 달리 3d궤도가 10개 전부 채워져 있다. 금, 은도 같은 구조로 형성되어 있는데 이런 구조인 원소는 전기전도성이 매우 높다.

지금으로부터 만 년 전 북이라크의 유적에서 자연 구리를 이용한 귀걸이가 발굴될 정도로 인류와 동은 대단히 오래된 관계이다. 얼마 후 구리보다 훨씬 단단하고 연마와 주조, 압연 가공이 가능한 청동(구리와 주석의 합금)이 널리 쓰이게 되었다. 구리는 철이 보급되기 전의 청동기 시대에 가장 널리 이용된 금속이었다.

동전의 원료인 친근한 존재

현재 우리들의 일상생활에서 쓰이는 구리를 살펴보면 동전이 있다. 일본의 10엔 동전에는 청동이 원료로 쓰이고 있고 1원 이외의 모든 한국의 주화에는 구리가 들어가 있다. 이처럼 화폐를 주조할 때 구리를 쓰는 이유는 내식성이 강하고 각종 금속과 섞여서 합금이 되며 값이 싸기 때문이다. 하지만 근래 들어 2008년 베이징 올림픽 개최를 목적으로 인프라(복지와 경제 발전에 필요한 공공시설)를 정비한 것 때문에 구리의 가격이 폭등하기도 했다. 또한 구리는 소량이지만 인체에도 꼭 필요한 존재이다. 주로 산소를 운반하는 헤모글로빈 합성에 필수적인 역할을 한다. 한편 녹청 같은 구리 화합물을 한꺼번에 많이 섭취하면 그 자리에서 구토를 하는 등 독성이 있으므로 과잉 섭취하지 않도록 주의해야 한다.

Element Girls

30 Zn

생명의 성장제이지만, 과잉섭취는 금물!

아연 — Zinc

원소명의 유래 아연이 화로 밑에서 식을 때의 모양이 「포크 끝부분(Zinken)」과 비슷한 데에서 유래된다.

★TRIVIA★
아연은 알루미늄이나 주석과 같이 양쪽성원소이다. 양쪽성원소란 산과 알칼리 양쪽에 반응하여 용해되는 원소를 말한다.

> 섭취하지 않으면 어떻게 되어도 몰라.

SPEC
- 원자량: 65.409
- 녹는점: 419.53°C
- 끓는점: 907°C
- 밀도: 7134kg/m³
- 원자가: 2
- 존재도: 지표 80ppm 우주: 1260
- 주요 동위 원소: ⁶²Zn(EC, β⁺, 9.26시간), ⁶³Zn(EC, β⁺, 38.1분), ⁶⁴Zn(48.63%), ⁶⁵Zn(EC, β⁺, 244.1일), ⁶⁶Zn(27.90%), ⁶⁷Zn(4.10%), ⁶⁸Zn(18.75%), ⁶⁹ᵐZn(IT, β⁻, 13.76시간), ⁶⁹Zn(β⁻, 55.6분), ⁷⁰Zn(0.62%)

illustration by 中山かつみ

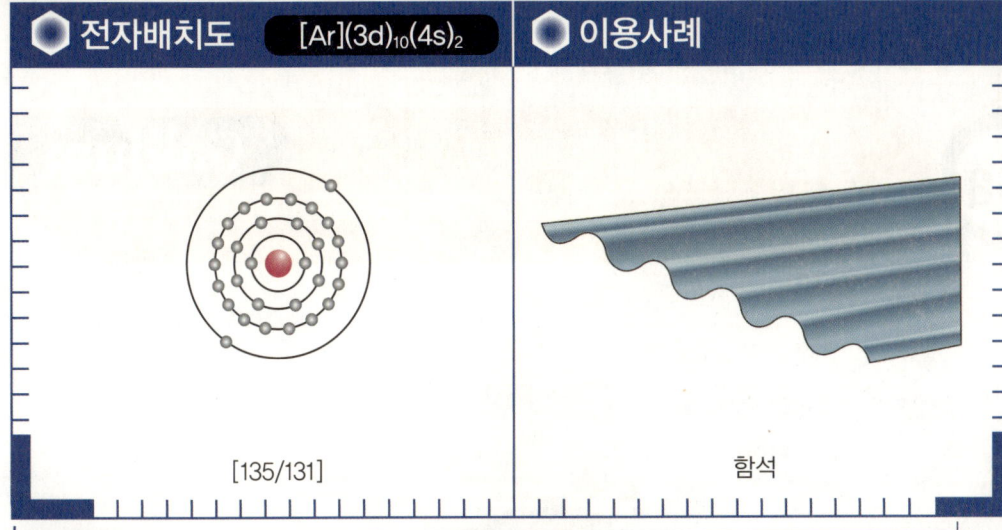

전자배치도 [Ar](3d)₁₀(4s)₂
이용사례

[135/131]

함석

발견년도	1746년
발 견 자	안드레아스 · 마르크그라프(독일)
존재형태	섬아연광, 섬유아연석, 능아연석 등의 광물에 포함되어 있다.
이용사례	놋쇠(황동), 함석(아연도금), 청색 발광 다이오드(산화아연 ZnO), 화장품(ZnO)

🔷 생명에 필요한 성장제!

아연은 푸른빛이 깃든 백색의 금속으로, 오래전부터 알려진 원소이다. 1746년에 마르크그라프에 의해 아연의 단리에 성공하고부터, 대규모의 아연 공업생산이 행해지게 되었다. 사람이나 동물, 식물에 있어서도 아연은 필수적인 원소로 효소나 단백질을 구성하는 성분이다. 아연을 포함한 효소는, 성장이나 발육, 수정 능력 등의 조정을 행하는 것으로, 그중에서도 탄산탈수효소가 중요한 역할을 한다. 이것이 기능하지 않으면, 체내에 쌓인 탄산이온을 방출하는 것이 불가능하게 되어버리는 것이다. 최근, 정력 강화제로서 아연의 서플리먼트도 이용되고 있지만, 과잉섭취를 하면 경련이나 설사, 발열 등 인체에 악영향을 미치는 것도 있기 때문에 주의가 필요하다.

🔷 철을 지키는 역할 & 차세대의 청색 발광 다이오드

아연이 이용되고 있는 것에, 철과 아연의 합금을 이용한 함석 지붕이 있다. 함석 지붕은 장시간 풍우에 견딜 수 있는 강판으로, 이것은 아연이 철보다도 이온이 되기 쉬운 성질(이온화 경향)을 이용하고 있다. 철이 산화하기 전에 표면의 아연이 녹아 미끼가 되므로 내부의 철을 지켜주는 것이다. 게다가, 아연은 산화해도 백색이기 때문에 그 정도로 눈에 띄지 않는다. 그 외에는, 산화아연을 사용한 청색 발광 다이오드가 근래 주목받고 있다. 종래의 질화갈륨을 사용한 것에 비해 비용이 10분의 1밖에 들지 않아 차세대의 청색 발광 다이오드의 원료로 크게 기대되고 있다.

Element Girls

31 Ga

LED 풀컬러, 원소의 톱 아이돌

갈륨

Gallium

원소명의 유래 발견자 부아보드랑의 모국, 프랑스의 고명 「갈리아」에서 유래한다.

"디스플레이의 역사에 내가 있어!"

★TRIVIA★

갈륨은 녹는점이 약 28℃로 낮아, 손으로 쥐기만 해도 녹아버리지만, 끓는점은 약 2400℃로 높기 때문에, 액체로서 존재하는 범위가 넓다.

SPEC

원자량 69.723		녹는점 27.78°C	끓는점 2403°C
밀도 6113.6kg/㎥ (액체), 5904kg/㎥ (고체)		원자가 2,3	존재도 지표 : 18ppm 우주 : 37.8
주요 동위 원소	^{66}Ga(EC,β^+,9.49시간), ^{67}Ga(EC,78.3시간), ^{68}Ga(EC,β^+,68.1분), ^{69}Ga(60.108%), ^{70}Ga(β^-,EC,21.15분), ^{71}Ga(39.892%), ^{72}Ga(β^-,14.10시간)		

illustration by 鍋島テツヒロ

전자배치도 [Ar](3d)₁₀(4s)₂(4p)₁

이용사례

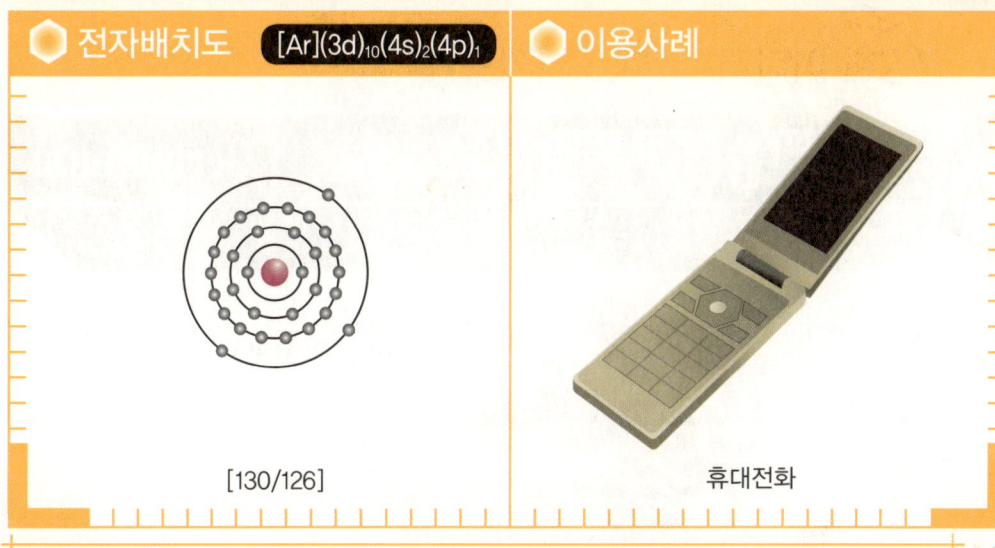

[130/126]

휴대전화

발견년도	1875년
발견자	폴 부아보드랑(프랑스)
존재형태	보크사이트, 저마나이트, 섬아연광에 포함된다.
이용사례	슈퍼컴퓨터, 휴대전화, 전자기기, 청색 발광 다이오드의 재료

주기표의 신빙성을 결정했다!

1870년, 당시의 주기표는 원소를 원자량 순으로 늘어놓아 분류하고 있던 것이었지만, 러시아의 화학자 멘델레예프는 성질이 닮은 원소를 세로로 배열해 주기표를 작성했다. 이때까지 발견된 원소는 65종이었기 때문에 주기표에는 많은 공란이 생겨, 멘델레예프는 이 공간에 미발견의 원소가 들어간다고 생각했다. 그리고 공란에 들어가는 원소의 성질을 예언하기도 했다.

1875년, 부아보드랑이 섬아연광을 스펙트럼* 분석 중에서 미지의 스펙트럼을 발견했다. 이것을 단리해 얻은 원소가 갈륨이다. 성질을 분석하자 멘델레예프가 예언한 공란의 원소와 일치해, 주기표의 신빙성을 높이게 되었다. 그 후, 1879년에 스칸듐($_{21}$Sc), 1868년에 게르마늄($_{32}$Ge) 등 공란의 원소가 발견되어, 멘델레예프의 주기표의 신빙성을 의심하지 않게 되었다.

LED의 청색을 가능하게 했다

공업적으로는 비소나 인과의 화합물 반도체*로서 이용되고 있는 것 외에, 청색 LED(발광 다이오드)에 사용된다. LED는 1993년에, 전자공학자인 나카무라 슈지가 질화갈륨(GaN)을 주성분으로 청색 LED를 개발하기까지, 빨강이나 녹색을 이용했었다. 청색 LED의 탄생에 의해 빛의 삼원색(적, 청, 록)이 갖춰져, 지금까지는 만들 수 없었던 색을 표현할 수 있게 되었고, 현재는 대형 디스플레이의 풀컬러 표시 등을 가능하게 해, 최신 박형 액정 텔레비전에도 이용되고 있다.

Element Girls

32 Ge — 건강한 이미지, 하지만 실제는?

저마늄 (게르마늄) — Germanium

원소명의 유래 발견자 윙클러의 모국 독일의 고명인 라틴어의 (Germania)에서 유래한다.

"건강한 캐릭터로 분발하겠습니다!!"

★ TRIVIA ★
발견자인 윙클러는, 당초 게르마늄은 비금속이라고 생각했지만, 실제는 멘델레예프가 「에카규소」라고 예언했던 금속이었다.

SPEC

원자량	72.64	녹는점	937.4°C	끓는점	2830°C
밀도	5323kg/m³	원자가	2,4	존재비	지표 : 1.8ppm 우주 : 119

주요 동위 원소: ^{68}Ge(EC,270.8일), ^{69}Ge(EC,β⁺,39.0시간), ^{70}Ge(20.84%), ^{71}Ge(EC,11.15일), ^{72}Ge(27.54%), ^{73}Ge(7.8%), ^{74}Ge(36.28%), ^{75}Ge(β⁻,82.78분), ^{76}Ge(7.61%), ^{77m}Ge(β⁻,IT,52.9초), ^{77}Ge(β⁻,11.30시간)

illustration by 久保わこ

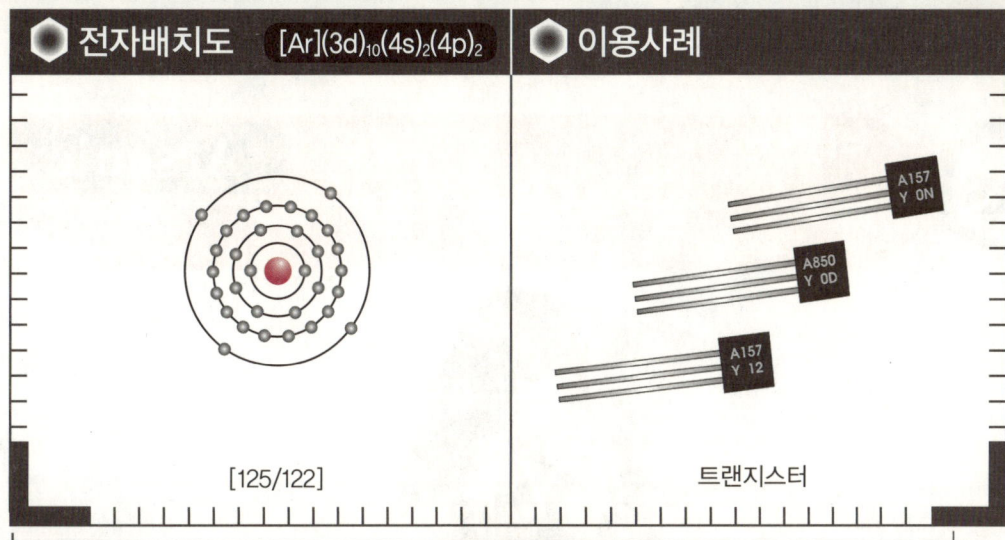

전자배치도 [Ar](3d)₁₀(4s)₂(4p)₂

이용사례

[125/122]

트랜지스터

발견년도	1886년
발견자	클레멘스 윙클러(독일)
존재형태	저마나이트, 섬아연광 등에 포함된다
이용사례	트랜지스터, 광다이오드, 적외선렌즈, 건강식품

⬢ 전자재료로서 기대를 모았다

1886년, 독일의 윙클러가 은광석 아지로다이트에서 게르마늄을 단리하는데 성공했다. 게르마늄은 반도체* 등 전자기기의 급소가 된다고 생각해, 고체물질 중 최고의 순도(99.99999999999% : 일레븐나인)까지 높일 수 있는 등 큰 기대를 모았다. 그러나 그 후, 규소가 소자의 온도특성으로 게르마늄을 이긴 것으로 판명되어 현재는 규소가 전자기기의 급소를 담당하고 있다. 그렇지만 완전히 사용되지 않는 것은 아니고, 최근 규소에 대응해 소량의 게르마늄을 첨가한 것으로, 소비전력을 억제하는 전도성을 높일 수 있는 것을 발견하여, 반도체 재료로 사용되고 있다. 그 외에 적외선렌즈나 광화이버의 핵 등에도 이용되어, 세계최초의 트랜지스터 라디오(소니)에는 게르마늄이 사용되었다.

⬢ 건강에 효과가 있는지는……

1964년에 유기 게르마늄제제에 항균작용이나 항종양작용이 있는 것으로 확인되었다. 그 후, 화합물 그대로의 약리작용이 주목되어, 최근 게르마늄은 건강식품의 성분이나 건강제품으로써 사용되는 경우가 많다. 그러나 건강에 유익을 주는지 어떤지는 과학적으로 근거가 없는 것으로 여겨지고 있다. 게르마늄은 마늘이나 인삼 등 건강에 효과가 있다고 여겨지는 식품에도 함유돼있기 때문에 적량이라면 건강증진에 효과가 있을지도 모른다.

Element Girls

눈치채지 못하게 살며시 다가오는, 가면의 암살자

비소 — Arsenic

원소명의 유래 그리스어의 「강한 독을 작용한다(arsenikos)」라는 설과, 「남성적, 강함(assen)」이라는 설 등 여러 설이 있다.

> 나는 독만이 아니야…

★TRIVIA★

비소는 유럽 알프스에서 발견된 것으로, 기원전 3300년경의 냉동 미라 「아이스맨」의 모발에서도 검출되었다.

SPEC

원자량 74.92160	녹는점 817°C (단, 36.6기압)	끓는점 616°C (상압)
밀 도 5780kg/m³	원자가 3,5	존재도 지표:1.0ppm 우주:6.56

주요 동위 원소 $^{71}As(EC, \beta^+, 64.8시간)$, $^{72}As(EC, \beta^+, 26.0시간)$, $^{73}As(EC'\ 80.30일)$, $^{74}As(\beta^-, EC, \beta^+, 17.78일)$, $^{75}As(100\%)$, $^{76}As(\beta^-, 26.3시간)$, $^{77}As(\beta^-, 38.83시간)$

illustration by キョウシン

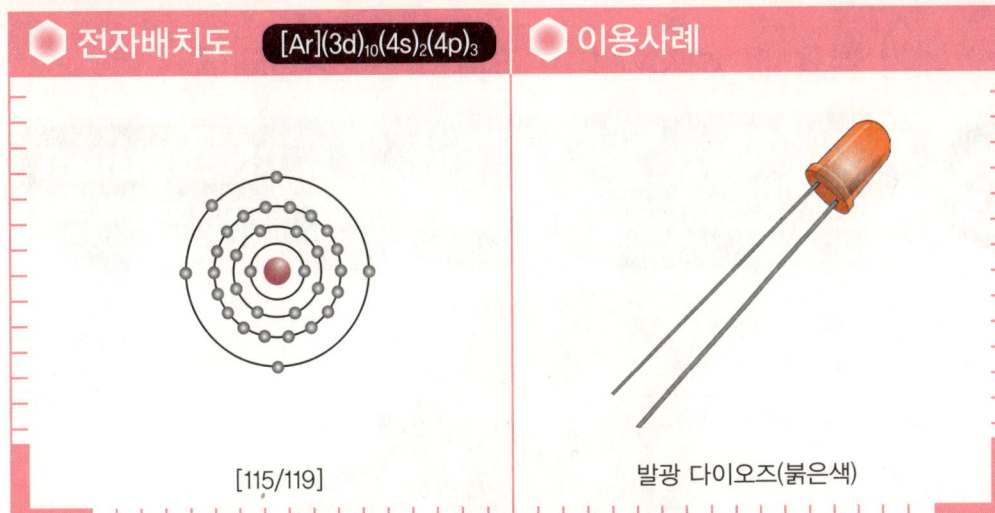

전자배치도 [Ar](3d)₁₀(4s)₂(4p)₃

이용사례

[115/119]

발광 다이오드(붉은색)

발견년도	1250년 경
발견자	앨베르투스 · 마그너스(독일)
존재형태	자연비소로 존재하는 것 외에, 유비철광, 계관석 등에 포함된다. 톳, 김, 보리새우 등의 해산물에도 포함된다.
이용사례	갈륨비소, 인듐비소 등의 반도체 재료, 휴대전화, 발광 다이오드

🔶 비소는 독만은 아니다

비소의 발견은 1250년, 독일의 연금술사 마그너스가 유화비소(As_2S_3)를 비누와 가열해 단리한 것이 처음이었지만, 확증은 아니다. 비소가 발견되고부터 원소로 인지되기 전까지는, 성질이 수은의 원광과 닮았기 때문에 수은의 일부라고 여겨졌다.

비소는 독으로서 알려져 있지만, 1910년에 유기 비소 화합물의 살바르산은 당시 난치병이라고 여겨졌던 매독의 치료약으로 사용되었다. 현재에는 갈륨비소로서 고속통신용 반도체*소자의 재료에 이용되는 것 외에 적색 LED(발광 다이오드)에도 포함되어 있다. 또, 톳이나 보리새우 등의 해산물에도 무독한 형태로 포함된다.

🔶 오래전부터 사용된 독

비소 화합물은 독으로 사용되어, 서양에서는 르네상스 시대의 로마 교황, 알렉산더 6세가 비소가 든 와인을 이용해 정적을 암살했다고 한다. 동양에서는 14세기에 쓰인 「수호전」에 등장, 일본에서는 1825년에 에도 나카무라좌에서 초연된 『도카이도 요쓰야 괴담』에서 괴물에게 뿌려진 독(아비산〈삼산화이비소As_2O_3의 수용액〉)으로 알려져 있다.

최근에도 비소의 독에 관한 사건은 때때로 일어나고 있다. 1955년에 분유에 불순물로 들어간 비소가 원인으로, 유아 130명 이상이 사망한 모리나가 비소분유사건, 1998년에 일어난 와카야마 비소카레 사건 등이 있다.

Element Girls

34 Se — Selenium

네가 필요해! 하지만 너무 의지하는 건 안돼!

셀레늄(셀렌)

원소명의 유래: 그리스의 달의 여신 「셀레네(Selene)」에서 유래한다.

정말, 생활습관병에는 주의하세요.

★TRIVIA★

셀레늄이 발견된 당시 텔루륨과 착각한 이유의 하나로, 냄새가 있다. 셀레늄은 불꽃으로 가열하면, 텔루륨과 비슷한 냄새가 난다.

SPEC

원자량 78.96	녹는점 217°C	끓는점 684.9°C
밀도 4790kg/m³	원자가 2,4,6	존재비 지표: 0.05ppm 우주: 62.1

주요 동위 원소: ^{72}Se(EC,8.40일), ^{74}Se(0.89%), ^{75}Se(EC,119.77일), ^{76}Se(9.37%), ^{77m}Se(IT,17.45초), ^{77}Se(7.63%), ^{78}Se(23.77%), ^{80}Se(49.61%), ^{82}Se(8.73%)

illustration by 鈴眼依縫

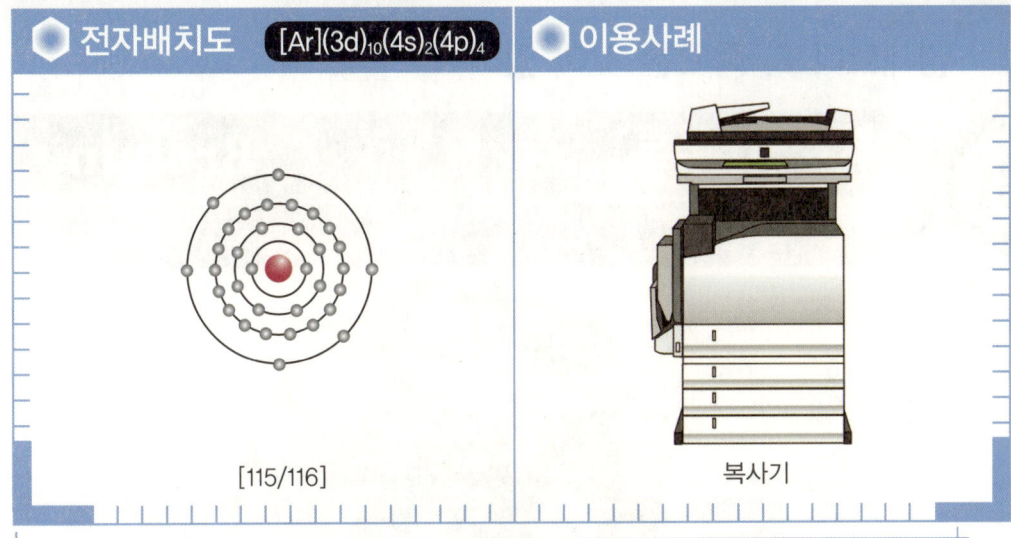

| 전자배치도 | [Ar](3d)₁₀(4s)₂(4p)₄ | 이용사례 |

[115/116]

복사기

발견년도	1817년
발 견 자	얀스 야코브 베르셀리우스(스웨덴), 요한 고틀리에브 간(스웨덴)
존재형태	자연 셀레늄으로서 존재하는 것 외에, 유황의 광석에도 함께 산출된다.
이용사례	복사기, 탈모방지 샴푸, 산화제(이산화셀레늄), 카메라의 촬상관

🔷 빛과 셀레늄의 관계

1817년, 베르셀리우스와 간은 황산 속에 텔루륨과 닮은 원소를 발견한다. 텔루륨이라고 착각할 정도로 닮은 그 원소는 지구의 의미를 가진 텔루륨에 대해, 달의 의미를 가진 셀레늄이라고 이름 붙여졌다. 셀레늄은 **광전도성**이라고 불리는, 빛에 의해 전기가 흐르게 되는 성질을 가지고 있다. 이 성질을 이용해서 복사기 등에 사용되고 있다. 먼저, 복사기의 드럼이라는 부분에 칠해진 셀레늄을 대전시킨다. 이 대전하고 있는 부분에 원고를 복사할 때 반사광이 닿는 것에 의해, 빛을 받은 부분만 전도체가 된다(대전은 아니게 된다). 문자의 부분은 반사하지 않기 때문에, 빛이 닿지 않는 부분만 대전한 그대로 남아, 그곳이 토너를 빨아당겨 인쇄되는 것이다.

🔷 과대 섭취에 주의!

셀레늄은 인체의 필수 원소이다. 적량(0.03~0.1mg)의 셀레늄을 섭취하는 것으로, 생활습관병을 예방할 수 있게 되어, 인체에 유해한 금속물질을 차단하는 효과가 있다. 하지만 부족하면 빈혈이나 고혈압 외에 암의 원인이 되기도 하고, 거꾸로 과다 섭취해 버리면 중독증상을 일으켜 죽음에 이르기도 한다. 또 환경에도 악영향을 미쳐, 법으로 배출을 제한하고 있다. 발견자의 한 사람인 베르셀리우스는 셀레늄화수소를 실험 중에 취급하다 의식불명이 되었다고 한다.

Element Girls

35 Br — 브로민(브롬) / Bromine

> 냄새보다도, 중요한 것이 있어!

원소명의 유래 그리스어의 「냄새(bromos)」에서 유래한다.

> 응? 냄새가 특종감인데?

★TRIVIA★
19세기에는 취화물이 의약품으로서 사용되었다. 예로 흥분성 정신병 치료약이나 진정제 등이 있다. 그러나 독성 때문에 현재는 거의 사용되지 않고 있다.

SPEC
- 원자량 79.904
- 녹는점 -7.2°C
- 끓는점 58.78°C
- 밀도 7.59kg/㎥ (기체), 3122.6kg/㎥ (액체)
- 원자가 1,3,5,7
- 존재도 지표: 0.37ppm 우주: 11.8
- 주요 동위 원소 ^{77}Br(EC,β^+,57.036시간), ^{79}Br(50.69%), ^{80m}Br(IT,4.42시간), ^{80}Br(β^-,EC,β^+17.68분), ^{81}Br(49.31%), ^{82}Br(β^-,35.30시간)

illustration by 西川淳

전자배치도 [Ar](3d)$_{10}$(4s)$_2$(4p)$_5$

이용사례

[115/114]

사진 감광제

발견년도	1825년(발표는 1826년)
발 견 자	앙투안 제롬 발라르(프랑스)
존재형태	해수 중 이온, 취은광, 권패 등에 포함된다
이용사례	사진 감광제, 보라색 염료

🟣 브로마이드의 이름의 유래

브로민은 그 이름처럼, 자극적인 냄새를 풍기는 액체이다. 그 원소의 발견자는 발라르라고 되어있지만, 원소의 발견을 먼저 발표한(1826년) 것이 발라르이고, 실제로 발견한 것은 독일의 대학생 리비히 쪽이 빨랐다고 한다. 브로민은 비금속 원소 중 유일하게 상온에서 액체로 존재한다.
거의 없어졌지만 쇼와 시대에는 여배우나 아이돌 사진을 브로마이드라고 불렀다. 이것은 사진의 필름에 감광제로 취화은, 영어명으로 실버 브로마이드가 사용되면서부터였다.

🟣 고급 염료에 포함된다

브로민은 해수 중에 브로민이온으로서 포함되어 있는 것 외에 자패 등의 권패에도 포함되어있다. 조개에서 추출된 보라색 염료는, 디브로모 인디고라고 하는 브로민을 포함한 유기물이다.
또한 지중해에서 얻어진 권패에서 추출된 염료는, 티리언 퍼플이라고 불린다. 8000개의 조개에서 약 1g만을 얻을 수 있어 매우 고가의 염료이다. 이집트 중 왕국시대의 영왕 클레오파트라 7세의 기함의 돛도 그 보라색으로 염색되었다고 하고, 구약성서에도 등장하기 때문에, 오래전부터 이용되고 있는 것을 알 수 있다. 일본에서는 사가현 간자키의 요시노가리 유적에서 발견된 미생시대의 천에서 이 염료가 검출되고 있다.

Element Girls

36 Kr — 숨어서 빛을 밝히다

크립톤 — Krypton

원소명의 유래: 그리스어의 「숨겨진 것(kryptos)」에서 유래한다.

"당신의 미래는 언제까지나 제가 밝혀드리죠."

★TRIVIA★

비활성기체에 대한 연구가 진행됨에 따라 크립톤도 화합물을 형성한다는 사실이 밝혀졌다. 이제 명실공히 비활성기체인 원소는 헬륨과 이온뿐이다.

SPEC

원자량	83.798	녹는점 −156.66°C	끓는점 −152.3°C
밀도	3.7493kg/㎥ (기체), 2410kg/㎥ (액체), 2823kg/㎥ (고체)	원자가 -	존재도 지표: - 우주: 45

주요 동위 원소: ^{78}Kr(0.35%), ^{79}Kr(EC, β^+, 35.0시간), ^{80}Kr(2.28%), ^{81m}Kr(IT, β^-, 13초), ^{81}Kr(EC, 2.10×10^5년), ^{82}Kr(11.58%), ^{83m}Kr(IT, 1.86시간), ^{83}Kr(11.49%), ^{84}Kr(57.00%), ^{85m}Kr(β^-, IT, 4.480시간), ^{85}Kr(β^-, 10.72년), ^{86}Kr(17.30%)

illustration by 大吉

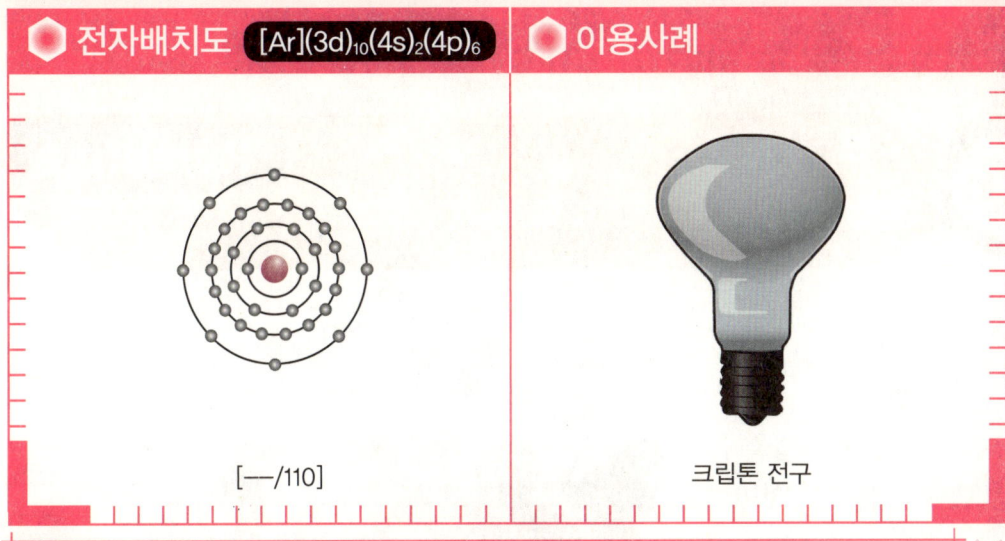

전자배치도	[Ar](3d)₁₀(4s)₂(4p)₆
	[—/110]
이용사례	크립톤 전구

- 발견년도: 1898년
- 발 견 자: 램지(영국), 모리스 트래버스(영국)
- 존재형태: 대기 중에 0.0001% (부피비)를 차지한다.
- 이용사례: 자동차의 크립톤 전구, 고속도촬영 플래시, 스트로브(strobe)

● 힘들게 발견한 원소

헬륨과 아르곤을 발견한 영국의 화학자 램지와 트래버스는 그 두 가지 원소의 원자량인 4와 40 사이에 희소가스 원소가 또 있을 것이라 예상하고 연구를 계속했다. 1898년 두 사람은 소량의 액화공기를 열에 달군 구리와 마그네슘을 통해 증류한 결과, 새로운 녹색 원소를 발견했다. 다른 희소가스 원소보다 더 힘들게 발견했다 하여, 이 녹색 원소에는 그리스어로 '숨겨진 것'을 뜻하는 'kryptos'를 따서 크립톤krypton이란 이름이 붙었다.

크립톤은 대기 중에 존재하며 부피비는 0.0001%를 차지한다. 또한 아르곤과 네온과 같은 부류인 비활성 기체*로 분류되며 다른 원소와 반응성이 없다고 해서 비활성이라고 불렸다. 하지만 연구가 진행됨에 따라 특수한 환경에서는 비활성 기체도 다른 원소와 반응을 한다는 사실이 발견되었다. 1963년에는 크립톤이 플루오린과 반응한다고 밝혀졌고, 2000년에는 아르곤도 플루오르린과 반응한다는 보고가 있었다.

● 전구가 오래간다!

크립톤의 공업적인 용도를 살펴보면 크립톤 전구가 있다. 비활성 기체인 크립톤을 전구 안에 주입하면 필라멘트의 증발을 억제하여 수명을 연장시킬 수 있다. 또 크립톤 전구는 아르곤을 주입한 기존의 백열등보다 훨씬 발광효율이 높다고 한다. 그럼 가스를 주입하지 않고 진공 상태인 유리구 속에 필라멘트를 넣은 진공전구의 수명은 어떨까? 고온 상태에서 필라멘트가 빨리 증발하기 때문에 가스를 주입한 전구보다 수명이 짧아지게 된다.

Element Girls

37 Rb

지구 탄생의 시간을 새기다

루비듐   Rubidium

원소명의 유래 라틴어의 「붉다(rubidus)」에서 유래한다.

> 시간을 속일 순 없는 법이지!

★TRIVIA★

분젠 버너의 불꽃은 공기 유입구로 들어오는 공기의 양에 따라 변화한다. 소량일 땐 주황색이지만 양이 많아지면 무색의 불꽃으로 변한다.

SPEC

원자량	85.4678	녹는점	39.31°C	끓는점	688°C
밀도	1475kg/㎥ (액체), 1532kg/㎥ (고체)			원자가	1	존재도	지표 : 32ppm 우주 : 7.09

주요 동위원소: ^{81m}Rb(IT,EC,β^+,30.6분), ^{81}Rb(4.58%, EC, β^+), ^{82}Rb(EC, β^+, 1.273분), ^{83}Rb(EC, 86.2일), ^{84}Rb(β^-, EC, β^+, 32.87일), ^{85}Rb(72.17%), ^{86}Rb(β^-, EC, 18.66일), ^{87}Rb(27.83%, β^-, 4.80×10^{10}년), ^{88}Rb(β^-, 17.8분)

illustration by 大槻満奈

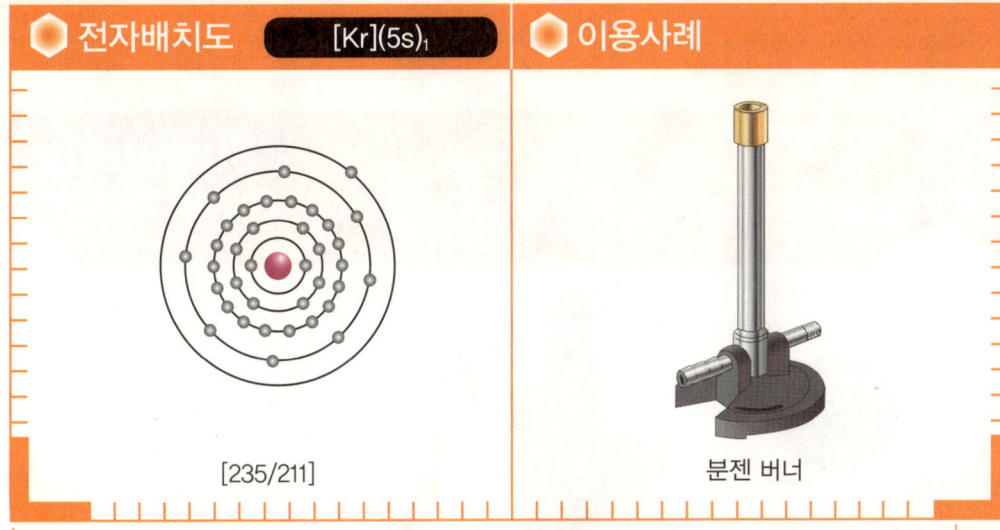

발견년도	1861년
발 견 자	로베르트 분젠(독일), 구스타프 키르히호프(독일)
존재형태	리티아운모 · 폴류사이트 · 카널라이트 등의 광물에서 산출된다.
이용사례	진공관 속에 남아 있는 기체를 연소하여 없애는 게터(getter), 루비듐 발진기, 원자시계, 분센 버너

루비가 어원인 붉은 색 원소

루비듐은 로베르트 분젠Robert Bunsen과 구스타프 키르히호프Gustav Kirchhoff가 레피돌라이트(홍운모)를 분광분석 하다가 발견한 암적색을 띤 원소이다. 고체 상태에서는 은백색이지만 공기 중에서 연소하면 적자색 불꽃을 낸다. 이 발견으로 소위 분센 버너라고 불리는 무색 불꽃의 가스 버너가 탄생했고 화학 실험을 할 때 없어선 안 될 도구가 되었다. 그런데 분센 버너는 분젠이 발명한 것이 아니다. 실제로 초기설계를 한 것은 영국의 물리학자인 마이클 패러데이Michael Faraday라고 한다.

시간을 알리는 원소

루비듐에서 가장 많이 쓰이는 동위 원소*는 방사성 동위 원소인 ^{87}Rb이다. ^{87}Rb가 알파 붕괴를 거쳐 스트론튬(^{87}Sr)이 되기까지는 약 488억 년이라는 엄청난 세월이 걸릴 정도로 반감기(半減期)가 길다. 이 성질을 잘 이용하면 지구가 형성된 시대나 광석의 연대측정이 가능해진다. 광석을 예로 들자면 광석 속에 있는 ^{87}Sr과 안정 동위 원소(stable isotope)인 ^{86}Sr의 존재 비율을 계산하면 광석의 연대를 알 수 있다. 또한 연대측정방법은 이 밖에도 칼륨-아르곤법이나 우라늄 동위 원소 방법 등이 있으며 측정 대상이나 연대에 따라 다른 방법을 적용한다.

또한 루비듐은 원자 시계에도 쓰이는데 뉴스의 시보(時報)와 세슘 시계와 함께 GPS(Global Positioning System)에도 쓰이고 있다. 루비듐 원자 시계는 비록 다른 원자 시계보다는 정확도가 다소 떨어지지만 3천 년에서 30만 년에 1초의 오차에 그치고 가격 면에서 훨씬 싸고 소형화할 수 있다는 장점 때문에 널리 쓰이고 있다.

Element Girls

38 Sr

스트론튬 — Strontium

하늘을 물들인 붉은 꽃, 그 뒷모습은?

원소명의 유래 원소를 발견한 스코틀랜드의 「스트론티안(Strontian) 광산」에서 유래했다.

축제 때 불꽃놀이는 내게 맡기시라!

★TRIVIA★

스트론튬 분리에 성공한 사람은 데이비이지만 새로운 원소일지도 모른다고 생각하여 최초로 스트론티아나이트를 연구한 것은 아일랜드의 과학자 아데어 크로포드였다.

SPEC

원자량 87.62	녹는점 769°C	끓는점 1384°C
밀도 2540kg/m³	원자가 2	존재도 지표: 260ppm 우주: 23.5

주요 동위 원소: $^{82}Sr(EC, 25.55일)$, $^{83}Sr(\beta^+, EC, 32.41시간)$, $^{84}Sr(0.56\%)$, $^{85}Sr(EC, 64.84일)$, $^{86}Sr(9.86\%)$, $^{87m}Sr(IT, EC, 2.795시간)$, $^{87}Sr(7.00\%)$, $^{88}Sr(82.58\%)$, $^{89}Sr(\beta^-, 50.55일)$, $^{90}Sr(\beta^-, 28.5년)$

illustration by sango

전자배치도　[Kr](5s)₂

이용사례

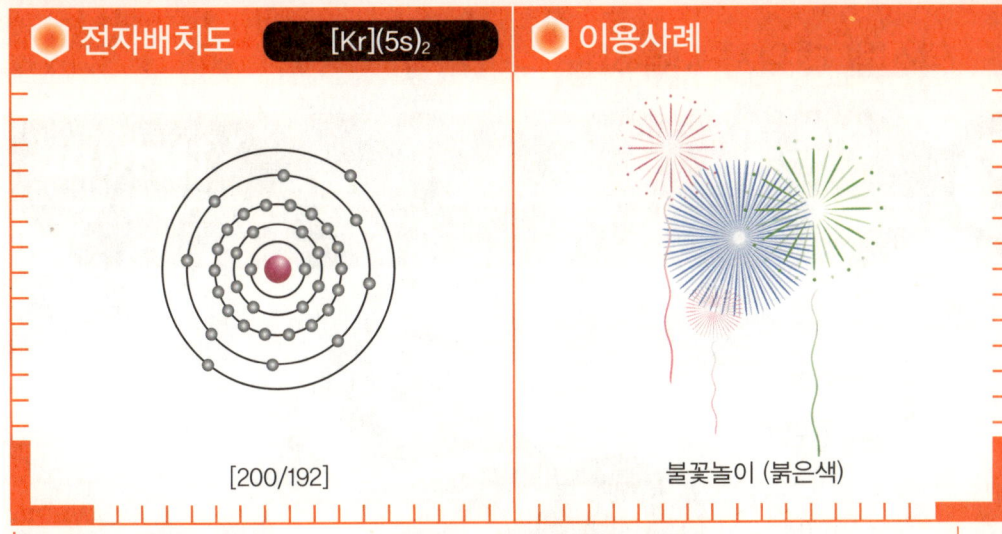

[200/192]

불꽃놀이 (붉은색)

발견년도	1808년 (분리)
발 견 자	데이비(영국)
존재형태	스트론티아나이트와 청천석에 함유되어 있다.
이용사례	불꽃놀이의 붉은색 불꽃 부분, 경비용 신호등, 텔레비전 브라운관, 컴퓨터 모니터에 사용하는 유리의 원료.

방사능 원소에 주의하자!

1808년에 데이비는 스트론티아 광산에서 발견한 스트론티아나이트에서 전기 분해*하여 스트론튬을 분리하는 데 성공했다. 자연계에서 존재하는 스트론튬은 인체에 해가 없지만 인공적으로 형성된 ^{90}Sr 은 방사성 동위 원소로서 인체에 가장 위험한 방사성 핵종 중 하나이다. 1986년에 일어난 소련의 체르노빌 원전 사고*에서는 ^{90}Sr을 함유한 방사능이 방출되었다. ^{90}Sr의 반감기는 29년이나 되어서 장기적인 토양오염이 우려되었다. 하지만 지금은 상당히 자연이 회복되었고 사고 직후에 자취를 감추었던 동물들도 돌아온 상태이다. 아마도 사람보다 동물이 방사선을 견디는 내성이 더 강해서 그 땅에 돌아올 수 있었다고 추정된다.

선명한 붉은색 불꽃의 스트론튬

불꽃놀이에서 보이는 붉은색 불꽃에는 스트론튬 화합물, 염화스트론튬($SrCl_2$)이나 질산스트론튬($SrNO_3$) 등을 이용해 만든다. 화염반응을 이용해서 만들며 다른 물질의 화염반응을 살펴보면 나트륨($_{11}$Na)이 노란색, 세슘($_{55}$Cs)이 청자색, 칼슘($_{20}$Ca)이 감귤색, 바륨($_{56}$Ba)이 녹색, 리튬($_3$Li)이 진홍색, 칼륨($_{19}$K)이 자주색, 라듐($_{88}$Ra)이 분홍색 등 물질마다 다른 색으로 화염반응을 일으킨다.
또 ^{90}Sr은 강한 독성의 방사성 핵종이지만 다른 종류의 스트론튬은 의료분야에서 쓰이기도 한다. 특히 ^{89}Sr은 골종양을 치료할 때 쓰인다.

Element Girls

당신을 태워서 치유하는 레이저빔

이트륨 — Yttrium

원소명의 유래 / 원소를 발견한 스웨덴의 「이테르비(Ytterby)」라는 광산촌에서 유래했다.

> 레이저가 좋긴 좋구나~

★ TRIVIA ★
전성 및 연성이 없고 공기 중에서 표면이 쉽게 산화된다. 산에는 녹지만 알칼리에는 녹지 않는 성질을 갖고 있다.

SPEC

원자량 88.90585	녹는점 1522°C	끓는점 3338°C
밀도 4470kg/㎥	원자가 3	존재도 지표: 20ppm 우주: 4.64

주요 동위 원소: $^{87}Y(EC, \beta^+, 80.3시간)$, $^{88}Y(EC, \beta^+, 106.61일)$, $^{89}Y(100\%)$, $^{90}Y(\beta^-, 64.1시간)$, $^{91}Y(\beta^-, 58.51일)$

illustration by spaike77

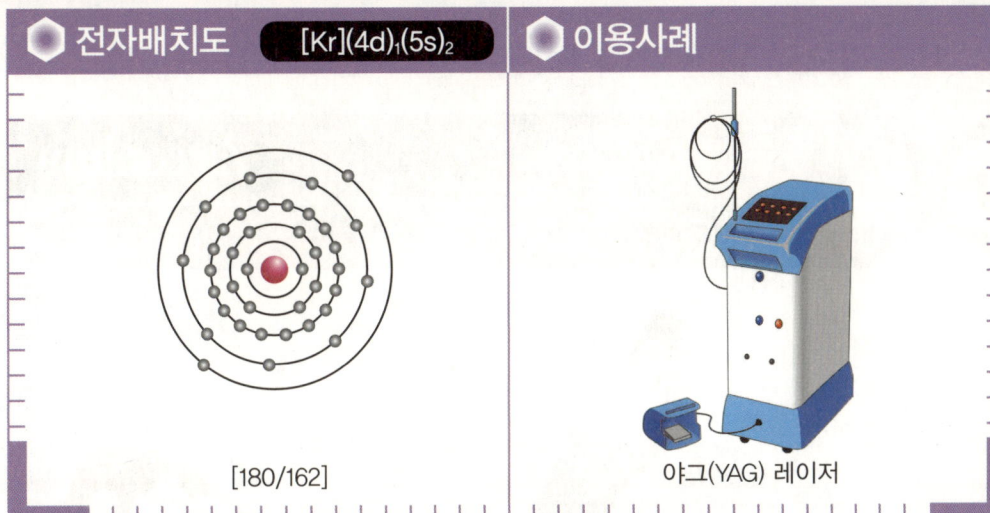

| 전자배치도 | [Kr](4d)₁(5s)₂ | 이용사례 |

[180/162]

야그(YAG) 레이저

발견년도	1794년 (금속 산화물로 발견함), 1843년 (단리)
발견자	요한 가돌린(핀란드 : 1794년), 카를 구스타프 모잔더(스웨덴 : 1843년)
존재형태	모나자이트(Monazite), 제노타임(Xenotime), 바스트네사이트(Bastnaesite) 등의 광물에 함유되어 있다.
이용사례	레이서 새료, 영구자식, 형광체, 산화물 조진도제

◆ 희토류 원소의 역사가 시작되다

이트륨은 1794년에 발견된 최초의 희토류 원소*이다. 연성이 있는 은백색 금속으로 공기 중에서는 산화물 보호막이 생기기 때문에 안정성을 띠고 있지만 불을 붙이면 쉽게 발화하는 성질을 갖고 있다. 스웨덴의 스톡홀름 근교의 광산촌 이테르비에서 채취한 신종 광석을 핀란드의 화학자 요한 가돌린 Johan Gadolin이 분석하여 거기서 미지의 원소(이트륨)의 산화물인 이트리아 yttria를 발견했다. 처음에는 이트리아가 한 종류로 이루어진 화합물이라고 생각했었지만 나중에 다양한 희토류 원소의 혼합물로 밝혀졌다. 이트리아를 발견한 지 50년 뒤인 1843년, 스웨덴의 광물학자 카를 구스타프 모잔더 Carl Gustaf Mosander가 이트리아에서 순수한 이트륨을 분리하는 데 성공했다. 이테르비는 이트륨 외에도 터븀, 이터븀, 어븀 이렇게 네 가지 원소가 발견된 마을로도 유명하다.

◆ 레이저의 대표주자

요즘 레이저 기술이 발달함에 따라 이트륨에 대한 관심이 뜨겁다. 고체 레이저의 대표주자인 야그(YAG) 레이저에는 이트륨(Yttrium)·알루미늄(Aluminium)·가넷(Garnet, 석류석)의 산화물이 쓰인다. 야그 레이저는 빛을 효율적이면서 세게 방출할 수 있는 고체 레이저로서 용접, 자기헤드, 레이저 치료 등 여러 방면에서 이용하고 있다.

Element Girls

40 Zr

지르코늄 — Zirconium

세라믹으로 뭐든지 다 만드는 만능 소녀! 크리에이터!

원소명의 유래 보석 지르콘에서 유래하며, 어원은 아라비아어의 「금(zar)」 + 「색(qun)」으로 금색을 의미한다.

다이아몬드도 만들 수 있어!

★TRIVIA★
금속 지르코늄은 합금 재료나 사진용 플래시 밸브(지르코늄 선과 산소를 봉입하여 순간적으로 발광하는 사진 촬영용 조명)에 이용하기도 한다.

SPEC

원자량	91.224	녹는점	1852°C	끓는점	4377°C
밀도	6506kg/m³	원자가	(2),(3),4	존재도	지표: 100ppm 우주: 11.4

주요 동위 원소: $^{89}Zr(\beta^+, EC, 78.43시간)$, $^{90}Zr(51.45\%)$, $^{91}Zr(11.22\%)$, $^{92}Zr(17.15\%)$, $^{93}Zr(\beta^-, 1.53 \times 10^6년)$, $^{94}Zr(17.38\%)$, $^{95}Zr(\beta^-, 64.02일)$, $^{96}Zr(2.80\%, 4 \times 10^{17}년)$, $^{97}Zr(\beta^-, 16.90시간)$

illustration by アザミユウコ

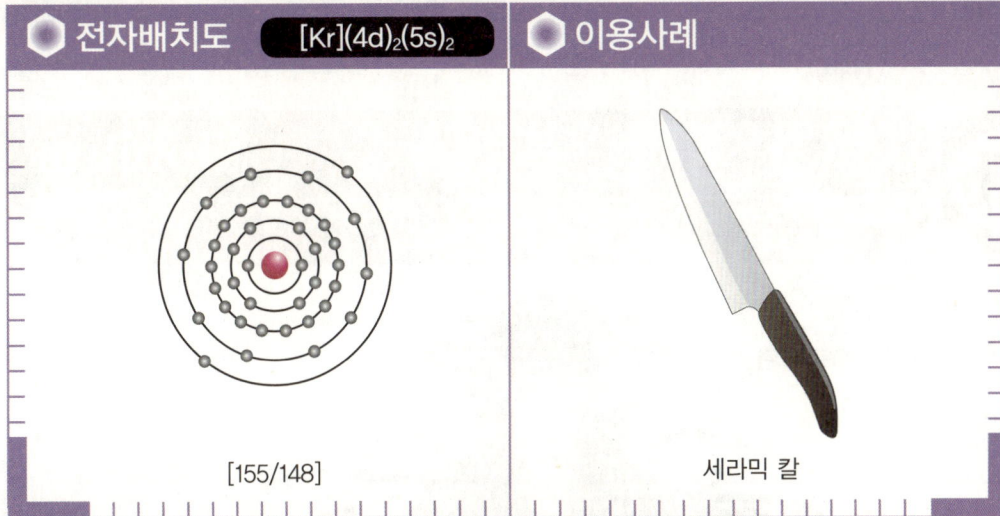

| 전자배치도 | [Kr](4d)$_2$(5s)$_2$ | 이용사례 |

[155/148]

세라믹 칼

발견년도	1789년(산화물로 발견), 1824년(단리)
발 견 자	마르틴 하인리히 클라프로트(독일 : 1789년), 얀스 야코브 베르셀리우스(스웨덴 : 1824년)
존재형태	지르콘, 바데라이트 등의 광물, 석철 운석 및 월석에도 함유되어 있다.
이용사례	원자로의 연료봉, 부엌칼, 가위, 우주선의 끝부분, 도자기 유약

● 중성자를 흡수하지 않는 금속 원소

지르코늄을 함유한 광물은 고대부터 알려졌다. 그 당시에는 '히아신스'나 '지르콘' 등 갖가지 이름으로 불렸는데, 그 광물이 알루미늄 산화물과 비슷했기 때문에 광물 속에 신원소가 들어있으리라고는 아무도 생각하지 못했다. 1789년 독일의 화학자 마르틴 클라프로트가 지르콘에서 지르코늄의 산화물을 발견했지만 단리하는데 성공하진 못했다.

지르코늄은 내식성, 흡착성, 침투성이 뛰어나기 때문에 내화물 재료로써 우주선의 끝부분 등에 쓰인다. 또한 천연 금속 중에서 중성자 흡수면적이 가장 작으므로 원자로의 재료로도 이용된다. 원자로는 중성자를 이용하여 핵분열을 일으키므로 지르코늄처럼 내열성이 있고 중성자를 흡수하지 않는 성질이 요구된다. 실제로 금속 지르코늄의 90%가 원자로의 재료로 쓰인다.

● 부엌칼에서 인조 다이아몬드까지!

지르코늄은 금속뿐 아니라 산화물로도 많이 이용한다. 산화지르코늄은 녹는점이 높기 때문에 내열성 세라믹 재료로 많이 쓰인다. 도자기는 물론이고 금속색이 아닌 흰색 가위와 부엌칼, 내열 냄비 등도 전부 세라믹이다. 여기에 희토류 원소*의 산화물이나 마그네슘 등을 첨가하면 안정화 지르코니아라는 정방정계나 입방정계의 결정으로 변화한다. 특히 입방정계 지르코니아는 다이아몬드와 비슷해서 모조품으로도 이용되고 있다.

Element Girls

41 Nb

강력한 자력으로 세상을 지배하는 원소마법사!

나이오븀 (니오브) — Niobium

원소명의 유래 원소 탄탈럼에서 분리되어 발견했으므로 그리스 신화에 나오는 탄탈로스의 딸 「니오베(Niobe)」의 이름을 땄다.

초전도 수정으로 자력을 지배한다.

★TRIVIA★
전해 콘덴서의 전극에는 주로 알루미늄과 탄탈럼을 이용하지만 나이오븀도 콘덴서 재료로 많이 쓰인다.

SPEC

원자량 92.90638	녹는점 2468°C	끓는점 4742°C
밀도 8570kg/㎥	원자가 (1),(2),(3),4,5	존재도 지표: 11ppm 우주: 0.698

주요 동위 원소: ^{90}Nb(EC,β^+,14.60시간), ^{92m}Nb(EC,β^+,10.15일), ^{93m}Nb(IT,13.6년), ^{93}Nb(100%), ^{94}Nb(β^+,2.03×10^{4}년), ^{95m}Nb(IT,β^-,86.6시간), ^{95}Nb(β^-,34.97일), ^{97}Nb(β^-,72.1분)

illustration by 瑠璃石

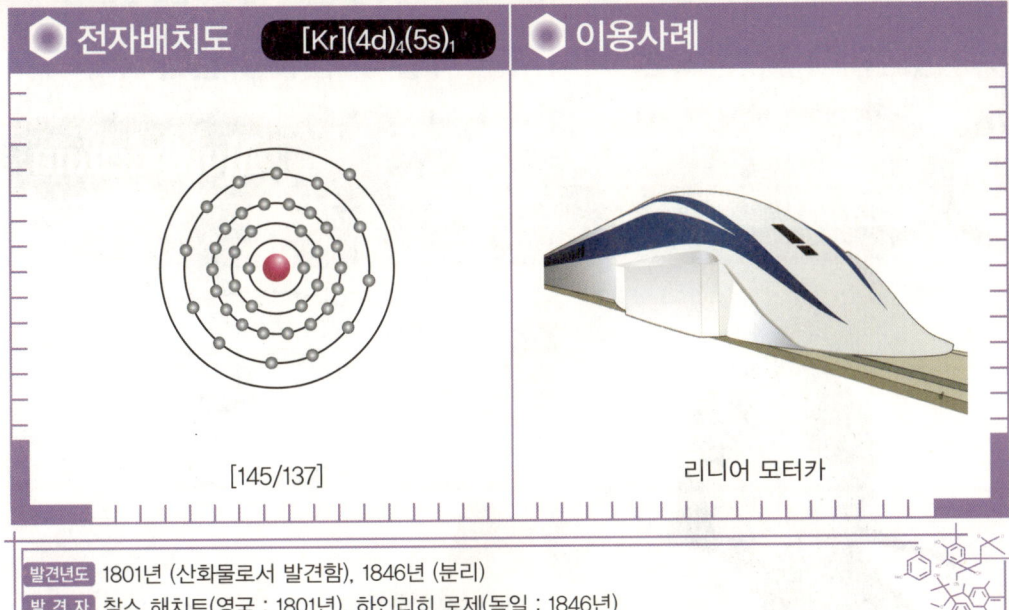

● 전자배치도 [Kr](4d)$_4$(5s)$_1$
● 이용사례

[145/137]

리니어 모터카

발견년도	1801년 (산화물로서 발견함), 1846년 (분리)
발 견 자	찰스 해치트(영국 : 1801년), 하인리히 로제(독일 : 1846년)
존재형태	컬럼바이트(Columbite)라는 광물에 함유되어 있다.
이용사례	리니어 모터카, MRI

● 콜룸븀? 탄탈? 아니면 나이오븀? 이름이 많기도 해라

나이오븀을 발견한 경위는 상당히 복잡하다. 1801년 영국의 화학자 찰스 해치트Charles Hatchett는 미국의 코네티컷주(州)에서 채취한 컬럼바이트에서 미지의 원소가 포함되어 있는 것을 발견하여, 이를 콜룸븀이라고 명명했다. 그 다음 해인 1802년, 스웨덴에서 새로운 원소인 탄탈럼이 발견되었지만 콜룸븀과 성질이 흡사했기 때문에 콜룸븀과 탄탈럼은 같은 원소라고 간주되었다.

하지만 1846년에 독일의 화학자 하인리히 로제Heinrich Rose가 콜룸븀은 단일 원소가 아니라 탄탈 산화물이 섞여 있다는 사실을 발견했고 탄탈럼과 다른 새로운 금속을 추출했다. 이것이 바로 신원소인 나이오븀이다. 그 후 1865년 콜룸븀과 나이오븀은 완전히 동일한 원소라는 사실이 확인되면서 신원소를 발견한 사람은 해치트가 되었다. 한동안 영국과 미국에서는 나이오븀을 콜룸븀으로 불렀지만 1949년 나이오븀이라는 국제적 명칭이 최종적으로 확정되었다.

● 초전도 상태가 되어 강력한 자석으로 변신

나이오븀은 광택이 있는 회백색 금속으로 예로부터 초전도 원소로 알려졌다. 초전도 물질을 이용한 것 중 가장 유명한 것은 전자석(電磁石)이다. 보통 전자석은 전류가 흐르면 전기저항이 작용해서 열이 발생하기 때문에 냉각재로 코일을 냉각시켜야 한다. 그러나 초전도 물질은 전기저항이 거의 없어서 큰 전류를 계속해서 흘릴 수 있다. 이 때문에 전자석보다 매우 강한 자기장을 얻게 되어 강력한 전자석이 형성된다. 이 강력한 전자석을 초전도 자석이라 하며 리니어 모터카에 탑재하여 핵심적인 역할을 한다.

Element Girls

42 Mo

생물에게 꼭 필요한 에너지를 재빨리 만들어낸다

몰리브데넘(몰리브덴) — Molybdenum

원소명의 유래 그리스어의 「납(molybdos)」에서 유래한다.

"몰리브데넘 정식 드시겠어요?"

★TRIVIA★

몰리브데넘을 함유한 키산틴옥시다제는 키산틴이라는 물질을 산화하여 요산(尿酸)을 생성하는 작용을 하지만 지나치면 통풍에 걸릴 수도 있다.

SPEC

- 원자량: 95.94
- 녹는점: 2617°C
- 끓는점: 4612°C
- 밀도: 10220kg/㎥
- 원자가: (0), 2, 3, 4, 5, 6
- 존재도: 지표 1000ppm, 우주 2.55
- 주요 동위원소: ^{92}Mo(14.84%), ^{94}Mo(9.25%), ^{95}Mo(15.92%), ^{96}Mo(16.68%), ^{97}Mo(9.55%), ^{98}Mo(24.13%), ^{99}Mo(β^-, 65.94시간), ^{100}Mo(9.63%)

illustration by フヅキリコ

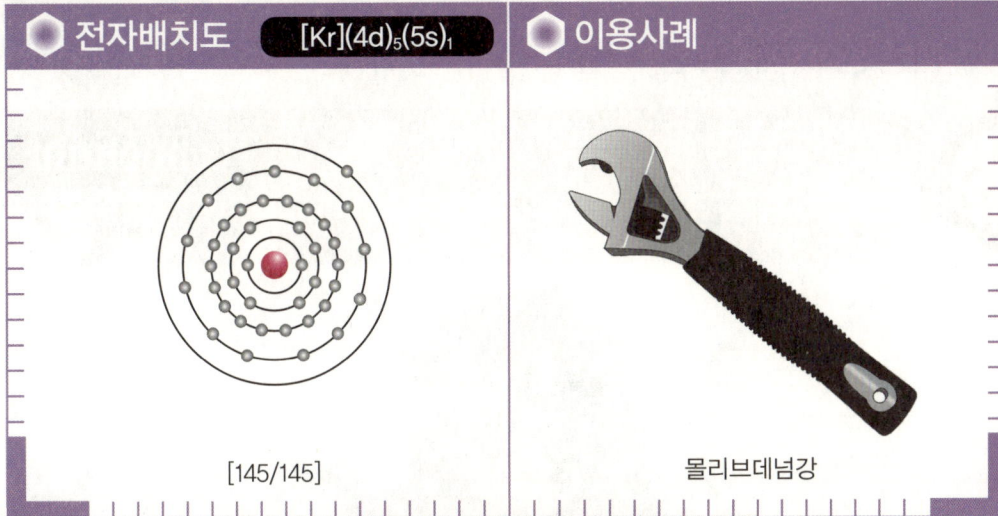

- **전자배치도** [Kr](4d)$_5$(5s)$_1$
- **이용사례**

[145/145]

몰리브데넘강

발견년도	1778년(산화물로서 발견함), 1782년(단리)
발 견 자	카를 빌헬름 셸레(스웨덴 : 1778년), 페테르 야코프 옐름(스웨덴 : 1782년)
존재형태	휘수연석, 몰리브데넘강에 함유되어 있다.
이용사례	오일 첨가제(MoS_2), 몰리브데넘강(합금), 니트로게나아제(몰리브덴 함유 효소)

납과 비슷한 신원소

몰리브데넘은 단단한 은백색 금속이다. 천연 몰리브데넘 광석인 휘수연석(이황화몰리브덴)은 흑연과 겉모습이 비슷해서 오랫동안 흑연이라고 여겨졌다. 1778년 스웨덴의 화학자 셸레가 몰리브데넘 광석과 흑연은 다른 물질임을 밝히고 광물에서 새로운 토류 금속을 분리하여 산화몰리브데넘이라는 이름을 붙였다. 그리고 1782년 셸레의 동료인 페테르 야코프 옐름Peter Jacob Hjelm이 산화몰리브데넘에서 최초로 순수한 몰리브데넘을 분리하는 데 성공했다.

인체에서 중요한 효소를 담당한다!

몰리브데넘은 모든 생물에게 필수적인 원소로 20여 종이나 되는 효소를 함유하고 있다. 그중에서도 특히 유명한 것이 질소고정작용을 하는 니트로게나아제는 대기 중에 있는 질소를 암모니아로 변환하는 역할을 한다. 그 밖에도 몰리브데넘 함유 효소로는 유해한 아황산이온을 산화하여 무해한 황산이온으로 바꾸는 아황산 옥시다제, 유해한 알데히드를 산화하여 무해한 카르복시산으로 바꾸는 알데히드 옥시다제 등이 있다. 알데히드 옥시데이스는 알코올 분해에 무척 중요한 효소이며 세포 에너지의 근원인 질산으로 변화시키는 역할을 한다.

또한 몰리브데넘 금속을 강철에 첨가하면 강도나 내열성, 내식성을 증가시키는 귀중한 존재이다. 특히 스테인리스에 소량의 몰리브데넘을 첨가한 몰리브데넘강은 이 성질이 훨씬 향상되므로 몰리브데넘의 90%가 이 용도로 이용되고 있다.

Element Girls

43 Tc

인공원소 제 1호란 이름답게 열심히 일하겠습니다!

테크네튬 — Technetium

원소명의 유래: 그리스어의 「인공의(technetos)」에서 유래한다.

"내가 암을 찾아내지요!"

★TRIVIA★
테크네튬을 발견한 세그레는 양성자와 질량이 같지만 기본 전하량의 부호가 반대인 '반양성자'를 발견하여 1959년 노벨 물리학상을 수상했다.

SPEC

원자량	[98]	녹는점	2172°C
밀도	11500kg/m³ (계산치)	원자가	(1),(2),(3),4,5,6,7
끓는점	4877°C	존재도	지표: - 우주: -

주요 동위원소: $^{99m}Tc(IT, \beta^-, 6.006$시간$), ^{99}Tc(\beta^-, 2.13 \times 10^5$년$)$

illustration by たはるコウスケ

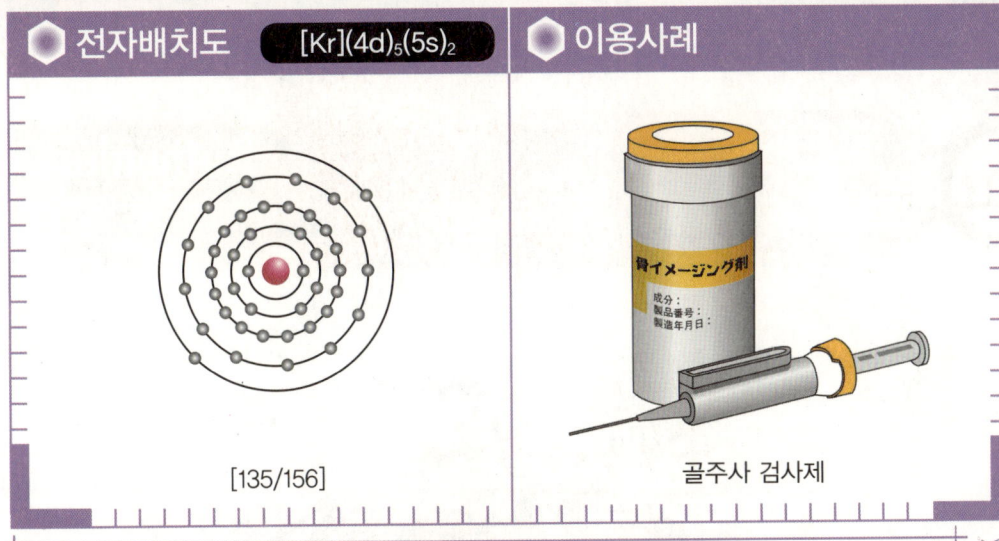

- 전자배치도 [Kr](4d)₅(5s)₂
- 이용사례

[135/156]

골주사 검사제

발견년도	1937년(사이클로트론으로 인공적으로 만들었음)
발견자	카를로 페리에르(이탈리아), 세그레(이탈리아)
존재형태	우라늄의 핵분열로 생긴다. 발전용 원자로에서 사용한 핵연료에서 추출한다.
이용사례	골주사 검사, 종양 진단제 등의 방사선 진단약

● 인류 최초의 인공 방사성 원소!

테크네튬은 세상에서 처음으로 만들어진 인공 방사성 원소*이다. 주기율표에서는 망간 아래에 위치하는데 수많은 연구자들이 이 위치에 존재하는 미지의 원소를 찾아내려고 노력했다. 일본에서도 1908년 일본의 화학자 오가와 마사타카(小川 正孝)가 천연 광석 속에서 43번 원소를 발견했다고 발표하고 이를 니포늄이라고 명명했다. 하지만 다른 연구자들의 재현 실험에서 발견되지 않기 때문에 그 존재를 인정받지 못했다.

테크네튬을 처음으로 발견한 사람은 이탈리아의 화학자 카를로 페리에르Carlo Perrier와 세그레Segrè이다. 1937년 사이클로트론*으로 핵반응 실험을 하다가 몰리브덴 편향판 속에서 중양자와 중성자가 우연히 충돌하며 미지의 원소 테크네튬이 발견되었다. 천연 형태로는 거의 존재하지 않으나 1961년 우라늄의 자발핵분열로 생긴 극소량의 테크네튬이 우라늄 광석에서 나오기도 한다.

● 의료 분야에서 본 테크네튬의 효과

테크네튬의 주된 이용분야는 의료분야이다. 동위 원소*인 ^{99m}Tc는 면역신티그라피Immunoscintigraphy 라는 진료법에 이용된다. 이 진료법은 몇 시간 만에 병이 있는 위치를 특정할 수 있어 잘 검출되지 않는 암을 진단하는 데 매우 효과적이다.

또한 주석 화합물과 ^{99m}Tc를 함께 정맥주사하면 순환기 계통 장애를 검출할 수 있다. ^{99m}Tc를 써서 진단하면 괴변생성물인 ^{99m}Tc가 체내에 남는다. 하지만 대부분 빠른 시간 내에 배출되며 체내에 남아있어도 반감기가 길기 때문에 방사능으로 인한 영향은 거의 없다.

Element Girls

44 Ru

가련한 요정의 집이 하드디스크 자성층이라고!?

루테늄 — Ruthenium

원소명의 유래 라틴어의 「러시아(Ruthenia)」에서 유래한다.

> 픽시 더스트라고 불린답니다.

★ TRIVIA ★

노란빛을 띤 결정이며 녹는점이 약 25.5℃로 낮은 산화루테늄은 일본의 여름 기온에서는 금방 녹아버린다. 또 오존처럼 자극적인 냄새가 난다.

SPEC

원자량	101.07	녹는점	2310°C	끓는점	3900°C
밀도	12370 kg/m³	원자가	2,3,4,5,6,7,8	존재도	지표 : 1ppb 우주 : 1.86

주요 동위 원소: $^{96}Ru(5.54\%)$, $^{98}Ru(1.87\%)$, $^{99}Ru(12.76\%)$, $^{100}Ru(12.60\%)$, $^{101}Ru(17.06\%)$, $^{102}Ru(31.55\%)$, $^{103}Ru(\beta^-, 39.254일)$, $^{104}Ru(18.62\%)$, $^{105}Ru(\beta^-, 4.47시간)$, $^{106}Ru(\beta^-, 372일)$

illustration by 八幡絢

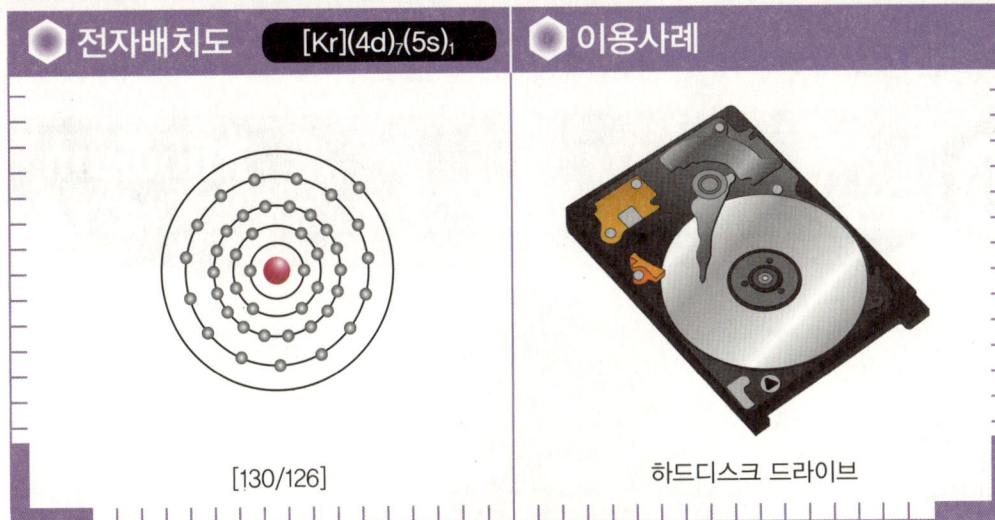

발견년도	1844년
발견자	카를 카를로비치 클라우스(러시아)
존재형태	천연 상태로는 아주 소량 존재하며 로우라이트에도 존재한다. 산업분야에서는 니켈 제련 시 부산물로 추출한다.
이용사례	파리딘 제조 촉매, 하드디스크 원판, 저한온도계, 산하제, 전자회로의 접점, 만년필 펜촉

🔷 백금을 닮은 원소

루테늄은 지구상에서 아주 조금 존재하는 금속 중 하나이다. 은백색이고 녹는점이 높으며 산화 및 부식에 강한 점 등 백금과 비슷한 성질을 띤다. 그래서 루테늄을 백금족*원소라고 한다.

1825년 러시아의 화학자 고트프리트 빌헬름 오산Gottfried Wilhelm Osann은 백금족 원소에 미지의 세 가지 원소가 존재할 것이라고 예견하여 각각 플라늄, 폴리늄, 루테늄이라고 명명했다. 1844년, 오산의 동료인 카를 카를로비치 클라우스Karl Karlovich Klaus가 세 가지 중 두 가지는 발견하지 못했지만 실험을 통해 루테늄을 분리하여 그 존재를 입증했다.

🔷 휴대용 기기에 꼭 들어가요!

근래 금속 루테늄의 수요가 증가하는 경향이 있어, 전자공업 분야에서만 생산량의 반을 차지하게 되었다. 컴퓨터, 휴대용 오디오 등에 들어가는 하드디스크의 자성층에 루테늄을 이용하게 되었기 때문이다. 기존의 하드디스크는 자기 밀도를 높이는 방법으로 용량을 늘렸지만 밀도를 계속 높이다 보니 데이터를 안정된 상태로 저장할 수 없는 한계에 다다랐다. 그때, IBM사가 루테늄을 이용한 반강자성 결합(AFC)미디어라는 신기술을 개발했고, 자기밀도의 상한선을 종래의 4배까지 올림으로써 더 많은 데이터를 저장할 수 있게 되었다. 연구자들은 이 기술에 이용되는 루테늄층을 '요정의 먼지'라는 의미인 '픽시 더스트pixie dust'라고 부른다.

Element Girls

45 Rh — 진홍빛 장미처럼 아름다운 공주님

로듐 — Rhodium

원소명의 유래: 그리스어의 「장미(rhodon)」에서 유래한다.

> 전, 백금처럼 반짝거리기도 해요.

★TRIVIA★

로듐처럼 잘 녹지 않는 금속을 녹이려면 융제라는 화합물을 금속에 섞어서 용해한 후 물에 녹이는 융해라는 방법을 이용한다.

SPEC

원자량	102.90550	녹는점	1966°C	끓는점	3695°C
밀도	12410kg/m³	원자가	1,(2),3,(4),(5),(6)	존재도	지표: 0.2ppb 우주: 0.344

주요 동위원소: ^{99}Rh(EC, β^+, 16일), ^{103m}Rh(IT, 56.12분), ^{103}Rh(100%), ^{105m}Rh(IT, 45초), ^{105}Rh(β^-, 35.36시간), ^{106}Rh(β^-, 29.80초)

illustration by sango

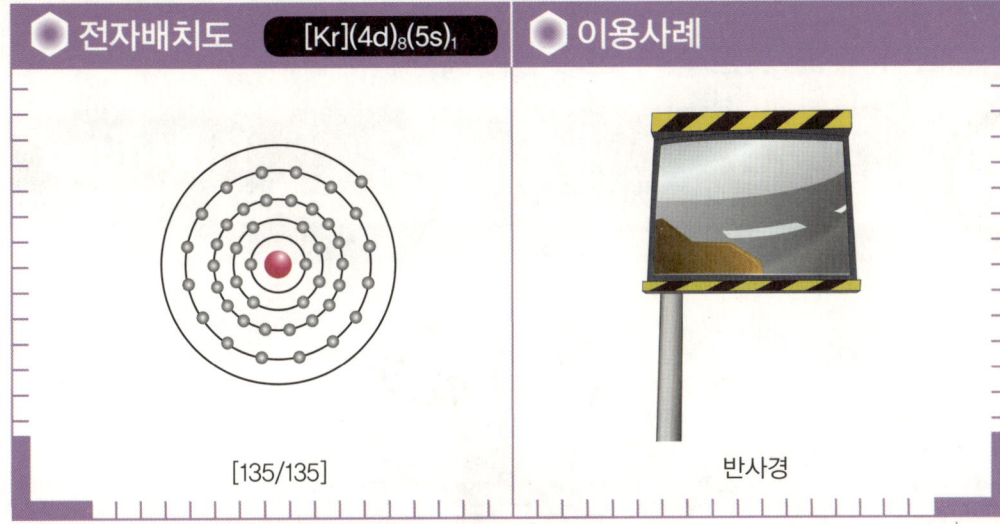

전자배치도 [Kr](4d)$_8$(5s)$_1$

[135/135]

이용사례

반사경

발견년도	1803년
발 견 자	윌리엄 하이드 울러스턴(영국)
존재형태	천연 로듐이 극소량 존재하며 로드플럼사이트에도 함유되어 있다(지각 속에 0.2ppb). 니켈과 백금, 구리 정련 시 부산물로서 산출된다.
이용사례	삼원촉매, 도금, 열전대, 반사경

🔷 새빨간 장미라는 뜻의 원소

1803년 로듐은 영국의 화학자 윌리엄 하이드 울러스턴William Hyde Wollaston이 발견했다. 울러스턴은 자연산 백금광석을 염산과 질산을 혼합한 왕수(王水)*에 녹여서 백금과 팔라듐을 분리했다. 그 후 남은 용액에서 암적색 분말을 추출한 후 환원하는 방법으로 금속 로듐을 분리하는 데 성공했다. 수용액이 붉은 장미색을 띠고 있었기 때문에 로듐이란 이름이 붙었다.

로듐은 단단하지만 부서지기 쉬운 은백색 금속으로 녹는점이 높고 산에 강한 성질을 지녔다. 또한 내식성, 내마찰성이 뛰어나서 도금에 널리 쓰인다. 은이나 화이트골드를 로듐으로 도금하면 백금 같은 하얀색으로 변하기 때문에 로듐 도금처리를 한 액세서리를 많이 볼 수 있다.

🔷 새빨간 장미라는 뜻의 원소

로듐은 백금족* 원소 중 하나이다. 팔라듐, 백금, 로듐 이 3원소는 배출 가스를 제거하는 촉매로서 이용된다. 3원소를 함유한 알루미늄 합금을 삼원촉매라 하여 유해물질을 산화 환원 반응으로 제거하는 작용을 한다. 로듐은 주로 배출 가스 속의 질소산화물 Nox(녹스)를 감소시키는 성질이 있어서 로듐의 이용량은 매년 증가하는 추세이다. 그 밖에도 탄화수소유의 수소첨가 촉매로 이용하거나 뛰어난 반사율을 살려 반사경이나 헤드라이트 거울에도 쓰인다.

Element Girls

46 Pd 팔라듐 — Palladium

신녀의 일은 원소와 원소 맺어주기

원소명의 유래 그 당시 발견되었던 소행성 「팔라스(Pallas)」에서 유래하며 그 어원은 그리스 신화의 여신인 「팔라스 아테네」이다.

"오늘은 누구의 인연을 맺어줄까나?"

★TRIVIA★
수소를 흡수하는 팔라듐처럼 고체 속에 작은 기체 형태의 원자가 들어가서 형성되는 화합물을 '침입형 화합물'이라 한다.

SPEC
- 원자량: 106.42
- 밀도: 10379kg/㎥ (액체), 12020kg/㎥ (고체)
- 녹는점: 1552°C
- 원자가: 2,4,(5),(6)
- 끓는점: 3140°C
- 존재도: 지표 : 1ppb 우주 : 1.39
- 주요 동위 원소: $^{102}Pd(1.02\%)$, $^{103}Pd(EC,16.97일)$, $^{104}Pd(11.14\%)$, $^{105}Pd(22.33\%)$, $^{106}Pd(27.33\%)$, $^{108}Pd(26.46\%)$, $^{109}Pd(\beta^-,13.7시간)$, $^{110}Pd(11.72\%)$

illustration by 充電

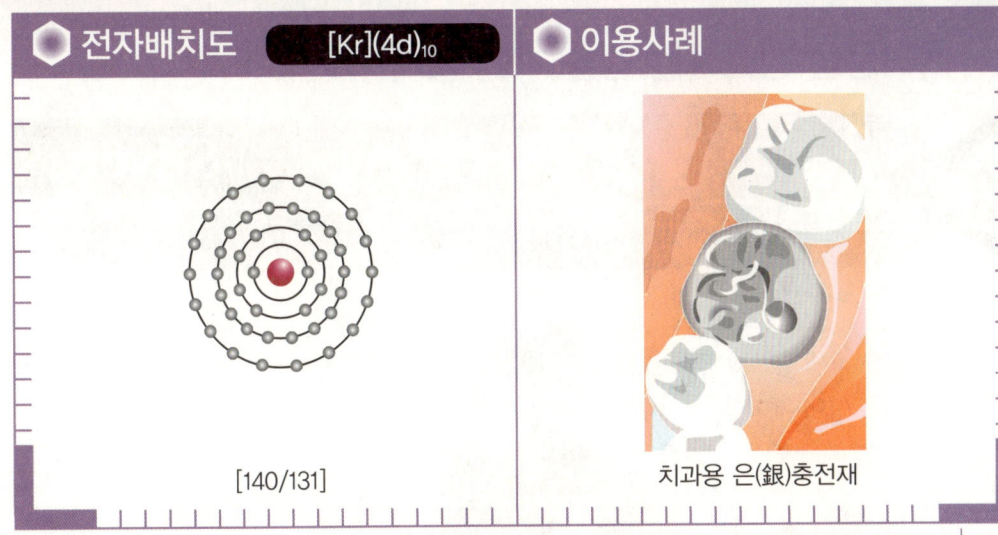

전자배치도 [Kr](4d)₁₀

이용사례

[140/131]

치과용 은(銀)충전재

- **발견년도** 1803년
- **발 견 자** 윌리엄 하이드 울러스턴(영국)
- **존재형태** 천연 팔라듐 형태로 극소량 존재하며 스티비오팔라디나이트(Pd_5Sb_2)와 금, 구리, 니켈 광석에도 함유되어 있다.
- **이용사례** 합성반응의 촉매, 수소흡장합금, 삼원촉매, 은니

🟣 원자를 필터에 거르다!

팔라듐은 광택이 있는 은백색 금속으로 연성과 전성이 뛰어나다. 주로 치과용 합금으로 쓰이는 은 충전재에는 20% 이상의 팔라듐이 함유되어 있다. 그 밖에도 상온에서 금속 팔라듐은 자신의 부피의 900배나 되는 수소를 흡수하는 특징이 있어, 효율적으로 수소를 저장할 수 있는 수소저장합금으로 쓰인다. 팔라듐 합금은 다른 기체는 통과시키지 않고 수소만 통과시키는 '원자 필터' 역할을 한다. 이 기능은 가까운 미래형 클린 에너지로 주목받고 있는 수소 에너지를 활용하는데 대단히 효과적인 저장법이다.

🟣 팔라듐을 이용한 반응

위와 같은 팔라듐의 성질은 수소화반응 같은 화학반응에 탁월한 촉매 역할을 한다. 공업적인 사례를 들자면, 염화 팔라듐을 촉매로 하여 에틸렌을 산화시켜 아세트알데하이드를 합성하는 워커법*이 있다. 또한 두 개의 화학물질을 선택적으로 결합시키는 커플링 반응*에서 팔라듐이 탄소와 탄소를 결합시키는 효과적인 촉매 역할을 한다는 것도 밝혀졌다. 커플링 반응 중에서도 가장 대표적인 것이 1979년에 발견된 스즈키 커플링 반응 Suzuki coupling reaction이다. 팔라듐을 촉매로 이용해 붕소 화합물과 할로겐 화합물을 반응시키는 것으로, 바이아릴계(系) 방향족 화합물을 합성하는 방법으로 널리 쓰인다. 이것은 생리활성물질 및 의약품, 액정 등의 재료가 되는 중요한 화합물이다. 그래서 스즈키 커플링 반응은 여러 방면에서 이용되고 있으며 노벨화학상 후보에 오르기도 했다.

Element Girls

47 Ag — 은 (Silver)

더러움을 정화하는 힘을 가진 긍지 높은 미녀

원소명의 유래: 앵글로색슨어의 「은(seolfor)」에서 유래한다.

> 이 은이 들어간 물로 씻어내거라.

★TRIVIA★
은 정련의 시초는 기원전 2500년 경 바빌로니아 남부의 카르디아인이었다고 한다. 〈구약성서〉에도 은의 존재가 나온다.

SPEC
- 원자량: 107.8682
- 녹는점: 951.93° C
- 끓는점: 2212° C
- 밀도: 10500kg/㎥
- 원자가: 1, (2)
- 존재도: 지표: 0.08ppm / 우주: 0.486
- 주요 동위 원소: $^{105}Ag(EC, \beta^+, 41.29일)$, $^{107m}Ag(IT, 44.3초)$, $^{107}Ag(51.839\%)$, $^{109m}Ag(IT, 39.6초)$, $^{109}Ag(48.161\%)$, $^{110m}Ag(\beta^-, IT, 249.76일)$, $^{110m}Ag(\beta^-, EC, 24.6초)$, $^{111}Ag(\beta^-, 7.45일)$

illustration by あや

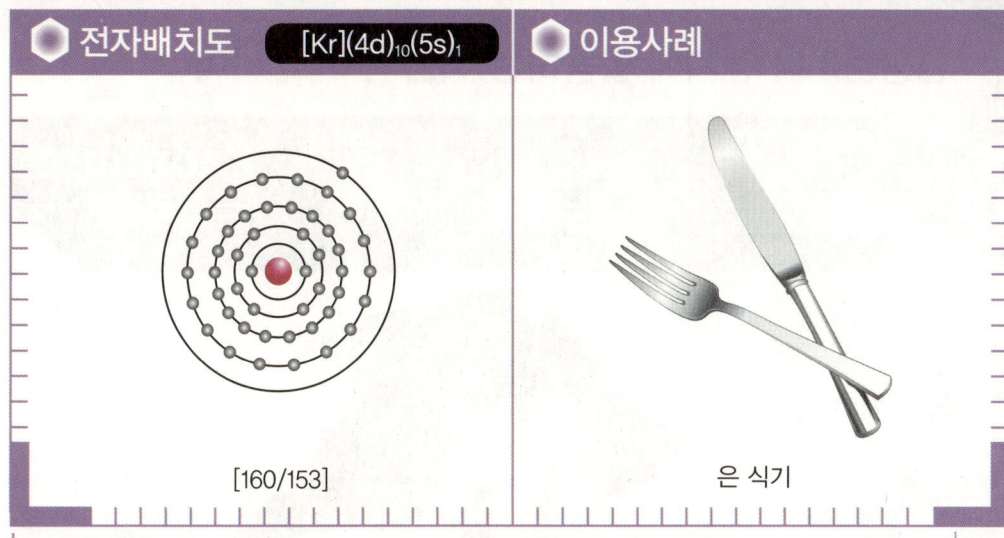

전자배치도 [Kr](4d)₁₀(5s)₁

[160/153]

이용사례

은 식기

발견년도	고대부터 알려졌다.
발 견 자	고대부터 알려졌다.
존재형태	천연 은, 휘은석, 금, 구리 광석에 존재한다.
이용사례	귀금속, 항균제, 은 식기, 감광 재료(인화지, 사진 필름 등)

균으로부터 우리 몸을 지킨다

아름다운 청백색 광택을 지닌 은(銀)은 전기전도율과 열전도성이 뛰어난 금속 원소이다. 연성과 전성이 금 다음으로 높다. 은은 예로부터 잘 알려진 원소이지만 금과 달리 지각에서 산출되는 양이 적기 때문에 고대 이집트 문명에서는 은이 금보다 더 값비싼 물질이었다. 하지만 16세기에 들어와 서양 세력이 신대륙으로부터 대량의 은을 산출해서 유럽으로 유입한 뒤 은의 가치는 급속히 하락했다.

현재 은이온의 살균 및 탈취효과를 이용한 항균 스프레이 같은 상품이 늘어나고 있는데 은의 살균 효과는 고대 사람들도 잘 알고 있었다. 샘이나 우물 바닥에 은을 넣는 것은 단순한 풍습이 아니라 물이 오염되는 것을 막기 위해서였다. 식기 및 의료 기구에 은제품이 많은 것도 살균효과 때문이다. 물을 살균하는데 필요한 은의 양은 겨우 10ppb 정도이며 염소 소독보다 훨씬 강력한 위력이 있다.

변색에 주의합시다!

은(銀)은 귀금속 등 다양한 분야에서 이용되고 있다. 그런데 은 제품은 시간이 지나면 표면이 검게 변색하는 현상이 일어난다. 은이 대기 중의 수분과 황화수소나 아황산가스와 반응하여 산화하기 때문이다. 그 밖에도 유황분이 많이 함유된 온천에 은 제품을 걸치고 들어가면 눈 깜짝할 새에 검게 변색된다. 하지만 요즘에는 은 식기에 도금 처리를 해서 은을 산화로부터 지켜주고 있는 제품도 많이 나오고 있다.

Element Girls

48 Cd — 카드뮴 / Cadmium

형광등이나 전지에 활용하는 어둠의 여자 아이

원소명의 유래 칼라민(calamine)의 옛 이름이다. 라틴어의 「cadmia(철이 들어간 산화아연의 어원)」에서 유래한다.

"몸에는 나쁘지만 일상생활에는 도움을 주지."

★TRIVIA★
카드뮴을 발견한 스트로마이어는 독일 하노버 공원의 약국 감독 장관이었던 시절, 독일 전역을 시찰하다가 카드뮴의 존재를 발견했다.

SPEC
원자량 112.411	녹는점 321°C	끓는점 765°C
밀도 8650kg/㎥	원자가 (1),2	존재도 지표: 0.098ppm 우주: 1.61

주요 동위 원소: $^{106}Cd(1.25\%)$, $^{107}Cd(EC, \beta^+, 6.50시간)$, $^{108}Cd(0.89\%)$, $^{109}Cd(EC, 462일)$, $^{110}Cd(12.49\%)$, $^{111}Cd(12.80\%)$, $^{112}Cd(24.13\%)$, $^{113}Cd(\beta^-, 12.22\%, 9.3 \times 10^{15}년)$, $^{114}Cd(28.73\%)$, $^{115m}Cd(\beta^-, 44.6일)$, $^{115}Cd(\beta^-, 53.5시간)$, $^{116}Cd(7.49\%)$, $^{117m}Cd(\beta^-, 3.36시간)$, $^{117}Cd(\beta^-, 2.49시간)$

illustration by ゆつき

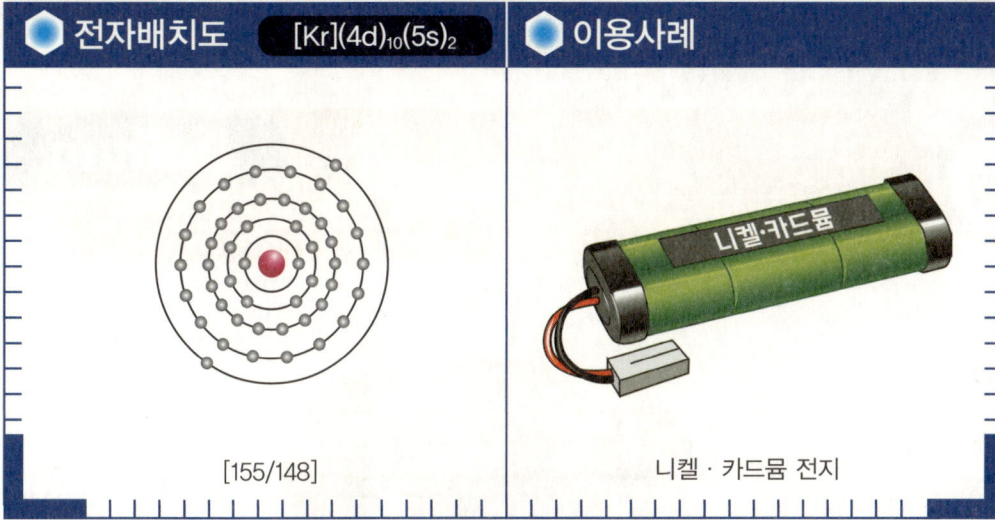

발견년도	1817년 (산화물로 분리)
발견자	프리드리히 스트로마이어(독일)
존재형태	그리녹카이트, 아연석에 존재한다. 아연 정련 시 부산물로 산출된다.
이용사례	니켈·카드뮴전지(Ni-Cd), 도금, 안료, 도료, 납땜, 형광등, 태양전지(결정성 CdTe)

공해병의 원인이 된 원소

카드뮴은 은백색 금속으로 금속 자체는 칼로 절단할 수 있을 만큼 무르다. 또한 인체에 대단히 유해한 존재로 카드뮴을 흡입하면 호흡 곤란이나 간 기능 장애 증상이 일어난다.

일본의 4대 공해병 중 하나인 이타이이타이병도 카드뮴 때문에 일어났다. 일본 도야마현(富山県)의 진즈(神通)강 하류에서는 1920년대부터 기이한 병이 발생했다. 주로 농촌의 나이든 여성이 이 병에 많이 걸렸는데 처음에는 약간 아플 뿐이지만 조금 움직이만 해도 골절이 일어나 걷지도 못하게 되어, 나중에는 '아프다 아프다(이타이 이타이)'라고 호소하며 죽어가는 병이었다. 이 병은 오랫동안 원인이 밝혀지지 않아 이 지역의 풍토병이라고 알려져 있었다. 그러나 미쓰이(三井) 금속광업 가미오카 광산에서 광석에 포함되어 있던 카드뮴을 제거하지 않고 그대로 강에 버린 것이 카드뮴 중독의 원인이었음이 밝혀졌다. 카드뮴은 인체에 대단히 유해하다. 그런데 인체에 필요한 아연처럼 체내에 쌓이는 성질이기 때문에 간장 장애 및 골연화증을 일으킨 것이다.

나쁜 이미지만 있는 건 아냐! 카드뮴 활용법!

카드뮴 화합물은 인체에 악영향을 끼치는 존재로서 엄격한 규제를 받고 있다. 하지만 근래 들어 새로운 용도로도 개발되었는데 그중 하나가 수천 번이나 충전이 가능한 '니켈·카드뮴 전지'이다. 이 전지는 전동 공구, 라디오 콘센트뿐 아니라 100% 전력으로 달리는 전기 자동차에도 사용하고 있다. 그 밖에도 실리콘 태양전지보다 더 효율적인 태양전지나 원자로의 제어봉으로도 이용하고 있다.

Element Girls

49 In

하이테크 기술에 안성맞춤인 공학 소녀!

인듐 — Indium

원소명의 유래: 인듐 원소의 스펙트럼선이 라틴어로 「남색(Indicum)」인 것에서 유래한다.

자아, 최신 기기를 만들어볼까!

★TRIVIA★
투명도전막은 IPO막이라고도 하며 액정 디스플레이뿐 아니라 태양전지용 투명 도전 유리에도 쓰인다.

SPEC

원자량	114.818	녹는점	156.6°C	끓는점	2080°C
밀도	7310kg/m³	원자가	1,2,3	존재도	지표 : 0.05ppm 우주 : 0.184

주요 동위 원소: ^{109}In(EC, β^+, 4.2시간), ^{110}In(EC, β^+, 4.9시간), ^{111}In(EC, β^+, 2.807일), ^{112}In(EC, β^-, 14.97분), ^{113m}In(IT, 99.5분), ^{113}In(4.29%), ^{114m}In(IT, 49.51일), ^{114}In(β^-, EC, β^+, 71.9초), ^{115m}In(IT, β^-, 4.486시간), ^{115}In(95.1%, β^-, 4.41×10^{14}년), ^{116m}In(β^-, EC, 54.41분), ^{117m}In(β^-, IT, 1.942시간), ^{117}In(β^-, 43.8분), ^{119m}In(β^-, IT, 18.0분), ^{119}In(β^-, 2.4분)

illustration by 紺野賢護

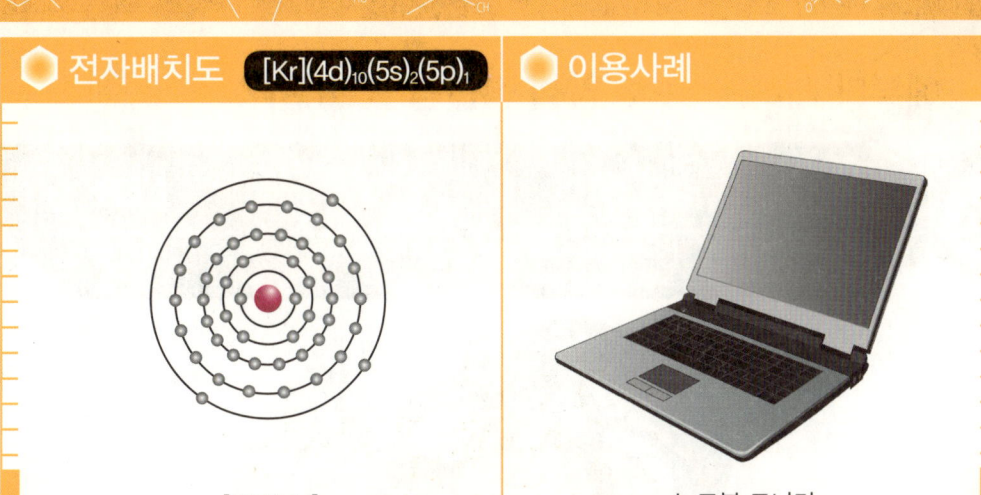

| 전자배치도 [Kr](4d)₁₀(5s)₂(5p)₁ | 이용사례 |

[155/144] | 노트북 모니터

- **발견년도** 1863년(섬아연석의 산화물 속에서 발견)
- **발 견 자** 페르디난드 라이히(독일), 테오도르 리히터(독일)
- **존재형태** 로퀘사이트, 인다이트, 자린다이트에 존재한다. 섬아연석, 방연석, 아연 등을 정련할 때 부산물로도 산출된다.
- **이용사례** 액정 모니터, 태양전지, 발광다이오드, 도전성 유리, 화합물 반도체 원료

🔶 한때는 일본이 세계 제일의 산출국이었다!

인듐은 녹는점이 낮은 흰색의 무른 금속으로 칼로도 쉽게 잘린다. 1863년 독일의 페르디난드 라이히 Ferdinand Reich 교수는 섬아연석 정련 과정에서 나온 잔류물을 분석하던 중 보리 색깔의 침전물을 얻는 데 성공했다. 색맹이었던 라이히는 조수인 테오도르 리히터Theodor Richter에게 스펙트럼 측정*을 맡겼고 그 결과 독특한 남색indigo 스펙트럼선을 발견했다. 이것이 바로 신원소인 인듐이다. 한때 세계 제일의 인듐 산출 광산은 일본 삿포로(札幌)시의 도요하(豊羽)광산이었다. 하지만 채산성 악화와 금속 자원 고갈로 인해 2006년 3월 31일자로 채굴을 중지했다. 지금은 중국이 세계 최대의 생산국이며 일본은 인듐의 최대 소비국이다.

🔶 하이테크 산업의 핵심적인 존재!

액정 텔레비전이나 노트북의 액정 모니터에 인듐 산화물이 이용되고 있는 등 인듐은 현재 하이테크 기술에는 핵심적인 존재이다. 액정 디스플레이는 액정 패널에 전압을 가하여 액정분자의 방향을 바꾸는데 그 움직임으로 백라이트 같은 빛을 제어하고 화상을 표현하는 원리로 작용된다. 이 액정에 전압을 가하기 위한 도선(導線)이 인듐 산화물이다. 통상적으로 금속은 전기를 통과시키지만 빛은 통과시키지 않는다. 그래서 보통 도선을 사용하면 화상에 도선의 그림자가 비친다. 하지만 인듐 산화물은 전기뿐 아니라 빛도 통과시키는 투명도가 높은 물질이다. 이 성질을 이용하여 액정에는 인듐 산화물을 얇게 편 투명 도전막을 사용한다.

Element Girls

50 Sn 주석 — Tin

예부터 내려온 보석 '양철 장난감'을 발굴!?

원소명의 유래 라틴어의 「Stannum(납과 은의 합금)」에서 유래하며, stan의 어원은 '단단하다'라는 의미의 산스크리트어이다.

> 수수께끼의 유적에서 이런 걸 발견했어요!

★TRIVIA★

주석은 많은 동위 원소를 가진 것으로 알려져 있는데, 천연 주석은 10종, 인공 주석까지 합하면 무려 20종이나 되는 동위 원소가 존재한다.

SPEC

원자량 118.710	녹는점 231.97°C	끓는점 2270°C
밀도 5750kg/m³ (α), 7310kg/m³ (β)	원자가 2, 4	존재도 지표: 2.5ppm 우주: 3.82

주요 동위 원소: ^{112}Sn(0.97%), ^{113}Sn(EC, β⁺, 115.09일), ^{114}Sn(0.66%), ^{115}Sn(0.34%), ^{116}Sn(14.54%), ^{117m}Sn(IT, 13.6일), ^{117}Sn(7.68%), ^{118}Sn(24.22%), ^{119m}Sn(IT, 293일), ^{119}Sn(8.59%), ^{120}Sn(32.8%), ^{121m}Sn(IT, β⁻, 55년), ^{121}Sn(β⁻, 27.06시간), ^{122}Sn(4.63%), ^{123m}Sn(β⁻, 40.08분), ^{123}Sn(β⁻, 129.2일), ^{124}Sn(5.79%)

illustration by よつ葉真澄

전자배치도 [Kr](4d)₁₀(5s)₂(5p)₂

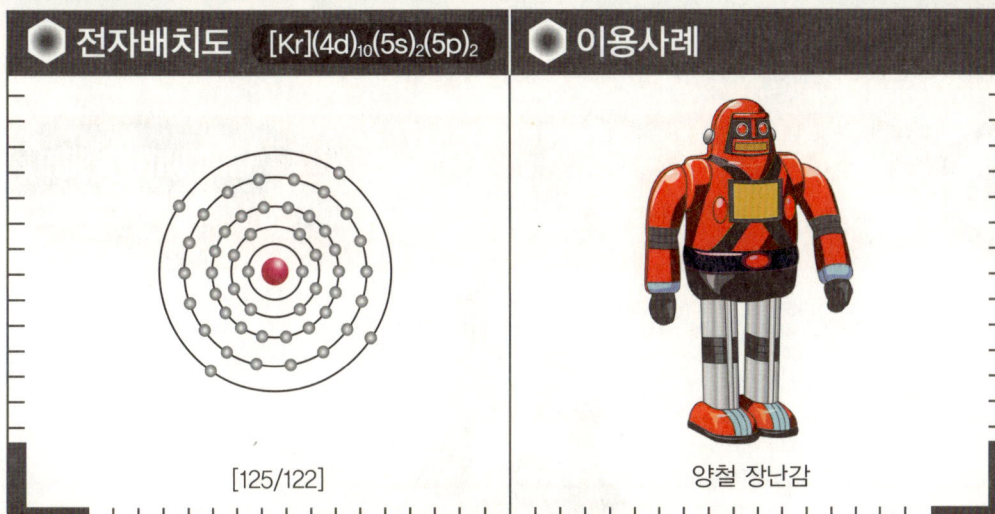

[125/122]

이용사례

양철 장난감

발견년도	고대부터 알려졌다.
발 견 자	고대부터 알려졌다.
존재형태	주석석에서 산출된다.
이용사례	합금(양철, 땜납, 청동), 불투명 유리(산화인듐-주석), 항진균제, 방부제, 해충 구세제(유기 쭈식 화합물)

● 인류 문명을 구축한 금속

은백색의 무른 금속인 주석은 아주 오래전부터 이용된 금속 원소 중 하나이다. 구리와 주석의 합금인 청동이 탄생하면서 무기와 기구 제조에 적합한 성질인 이 물질은 단기간에 널리 보급되었고 청동기 시대라는 문명의 막이 열렸을 정도로 인류에게는 빼놓을 수 없는 존재였다.

그 밖에도 주석은 다양한 종류의 금속과 합금을 형성하는데 그중에서도 양철과 땜납에 요긴하게 쓰인다. 철과 주석의 합금인 양철판은 양철 장난감이나 통조림 용기 등으로 쓰인다. 한편 땜납은 아연과 주석이 주성분인 합금으로 금속을 접합하거나 전자회로에서 각 소자를 기판에 고정시키는 데 쓰인다. 투탕카멘왕의 무덤에서 납땜한 장식품이 출토되는 등 오랜 역사를 가진 합금이다.

● 주석 전염병으로 참사가 벌어지다!

1850년 러시아에 엄청난 한파가 닥쳤을 때 대참사가 러시아를 덮쳤다. 교회의 주석으로 만든 파이프 오르간이 반점이 생기면서 엄청난 소리를 내며 부서진 것이다.

주석의 두 가지 동소체* 중 흰색 결정성인 β주석은 기온이 내려가면 α주석이라는 회색의 무정형 주석으로 변화한다. 이 현상이 한파가 들이닥친 러시아에서 일어나 흰색 주석이 서서히 회색 주석으로 변하면서 조각조각 부서진 것이다. 이 현상은 주석 제품의 일부에서 일어나 서서히 전체로 퍼지기 때문에 전염병에 비유하여 주석 페스트라고 불렸다.

Element Girls

51 Sb

독성을 지닌 역사상 최초의 화장품!

안티모니(안티몬)

Antimony(Stibium)

원소명의 유래 그리스어의 「고독을 싫어하는(anti-monos)」에서 유래한다.

> 요염하게……
> 그리고 교활하게
> 해치우는 거지.

★ TRIVIA ★

중세에 안티모니는 약으로 쓰였다. 「영원환」이란 금속 안티모니 정제를 복용하면 설사를 하게 되어 변비인 사람들이 애용했다.

SPEC

원자량	121.760	녹는점	630.63°C	끓는점	1635°C
밀도	6691kg/m³	원자가	3,5	존재량	지표 : 0.2ppm 우주 : 0.309

주요 동위원소: ^{121}Sb(57.21%), ^{122}Sb(β^-,EC,β^+,2.70일), ^{123}Sb(42.79%), ^{124}Sb(β^-,60.20일), ^{125}Sb(β^-,2.73년)

illustration by 大槻満奈

| 전자배치도 | [Kr](4d)₁₀(5s)₂(5p)₃ |

[145/138]

이용사례

인주

발견년도	고대에 알려졌다.
발 견 자	고대에 알려졌다.
존재형태	휘안석, 버시어라이트에 함유되어 있다. 사면동광에서 구리를 정련할 때 부산물로 산출된다.
이용사례	방연재, 반도체 재료, 연축 진지, 합금, 인주

화장을 전파한 원소!

안티모니는 고대부터 쓰였다고 하나 명확한 기록은 남아 있지 않으며, 안티모니가 순수한 형태로 추출된 시기는 17세기에 들어서였다.

고대에는 안티모니와 납($_{82}$Pb)이 혼동되었기 때문에 명확한 기록이 남아 있지 않다. 하지만 예로부터 안티모니가 쓰였다는 것을 나타내는 물품이 발굴된 것도 사실이다. 고대 이집트에서는 안티모니로 도금한 도구가 쓰였고 안티모니 산화물인 산화안티모니(Sb_2S_3)은 여성들의 화장품 아이섀도로 사용되었다. 이 아이섀도가 화장품의 시초라고도 한다. 현재 안티모니는 비소처럼 독성을 지닌 물질이란 것이 판명되어 화장품 재료로 사용하지 않는다. 또한 확실히 밝혀지진 않았지만 모차르트가 요절했을 때의 상황이 안티모니 중독 증상과 일치하여, 독살되었다는 설이 있기도 하다.

안티모니는 잘 타지 않는다고?

열에 약한 플라스틱과 고무에 안티모니 화합물인 삼산화안티모니를 몇 % 첨가하면 쉽게 타지 않게 된다. 또한 안티모니는 환경의 변화나 시간의 경과에도 강하기 때문에 난연조제로서 이용되었다. 근래 들어서는 안티모니가 가진 독성이 문제로 떠오르면서 대체 소재 개발을 진행하고 있다.

또한 안티모니의 원소명은 영어인「Antimony」로 'A'로 시작하지만 원소기호는 'S'로 시작한다. 원소기호인 'Sb'는 산화안티모니를 포함한 휘안석을 뜻하는 라틴어「Stibium」에서 딴 것이다. 그렇기 때문에 원소명과 원소기호의 첫 글자가 일치하지 않는 것이다.

Element Girls

52 Te

기억력이 끝내주는 희소 금속!

텔루륨(텔루르) — Tellurium

원소명의 유래 라틴어의 「지구(tellus)」에서 유래한다.

> 당신의 열로 나를 바꿔주세요.

★TRIVIA★

텔루륨은 희소금속으로 수요량과 매장량이 모두 적은 원소이지만, 일본의 텔루륨 생산량(2000년 기준)은 상위 5개국에 들어간다.

SPEC

원자량	127.60	녹는점	449.5°C	끓는점	990°C
밀도	6240kg/m³	원자가	2,4,6	존재도	지표: ~5ppb 우주: 4.81

주요 동위 원소: ^{120}Te(0.09%), ^{121}Te(EC, β^+, 16.8일), ^{122}Te(2.55%), ^{123m}Te(IT, 119.7일), ^{123}Te(0.89%, EC, β^+, 1.3×10^{13}년), ^{124}Te(4.74%), ^{125m}Te(IT, 58일), ^{125}Te(7.07%), ^{126}Te(18.84%), ^{127m}Te(IT, β^-, 109일), ^{127}Te(β^-, 9.35시간), ^{128}Te(31.74%, $\beta^-\beta^-$, 5.5×10^{24}년), ^{129m}Te(β^-, IT, 33.6일), ^{129}Te(β^-, 69.6분), ^{130}Te(34.08%, $\beta^-\beta^-$, 2.5×10^{21}년), ^{132}Te(β^-, 78.2시간)

illustration by 石井モモコ

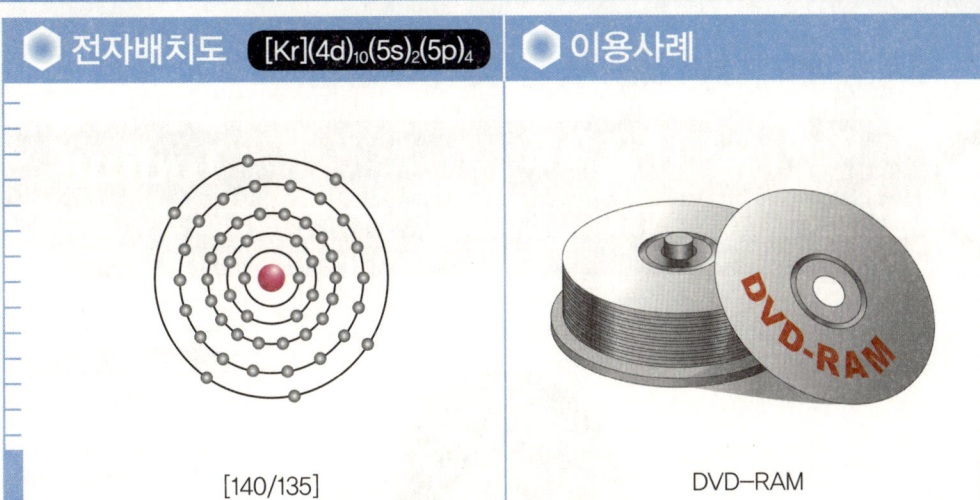

전자배치도 [Kr](4d)$_{10}$(5s)$_2$(5p)$_4$

[140/135]

이용사례

DVD-RAM

발견년도	1782년 (광석 속에서 발견), 1798년 (분리)
발견자	프란츠 요제프 뮐러 폰 라이헨슈타인(오스트리아 : 1783년), 마르틴 하인리히 클라프로트 (독일 : 1798년)
존재형태	칼라버라이트에 존재한다. 구리 정련 시 부산물로 얻어진다.
이용사례	DVD-RAM, 김핑 드림, 발광 다이오드(Zn-Te)

● 다른 물질로 잘못 알려졌던 원소

1782년 광물학자인 프란츠 요제프 뮐러 폰 라이헨슈타인Franz-Joseph Müller von Reichenstein은 지금까지 천연 안티모니라고 알려졌던 은백색 광석이 산화비스무트일 가능성이 있다고 발표했다. 연구를 계속한 라이헨슈타인은 그 은백색 광석에는 산화비스무트가 아닌 미지의 금속이 존재한다는 것을 발견했으나 분리하지는 못했다. 그 후 독일의 마르틴 하인리히 클라프로트Martin Heinrich Klaproth가 라이헨슈타인의 의뢰를 받고 금속을 분석했고, 마침내 텔루륨 분리에 성공했다.

텔루륨의 특징 중 하나는 냄새이다. 동족원소인 황, 셀레늄과 마찬가지로 텔루륨에도 특유의 고약한 냄새가 있으며 특히 텔루르화수소(H_2TE)는 마늘과 비슷한 냄새가 난다.

● 정보 기억의 전문가?

텔루륨은 열에 의해 결정성 상과 비정질상으로 변화하는 성질을 갖고 있는데, 이러한 소재를 상변화 메모리재료라고 한다.

상변화메모리재료는 DVD-RAM 등의 기억매체로 이용된다. 기록한 뒤에도 레이저로 정보의 추가, 변경, 삭제가 가능한 것이 특징이다. 같은 DVD라도 DVD-R과 DVD-ROM은 상변화가 아니므로 한 번 입력한 정보는 다시 변경할 수 없다.

또한 텔루륨은 반도체*에도 쓰인다. 텔루륨에 비스무트($_{83}$Bi)와 셀레늄($_{34}$Se)과 합금한 반도체는 제베크 효과Seebeck effect* 및 펠티에 효과Peltier effect*를 효율적으로 작용시키는 전자디바이스로 이용된다.

Element Girls

53 I

해조류에도 들어있는 녹말 찾기의 달인

아이오딘(요오드)

Iodine

원소명의 유래 | 그리스어의 「보라색(iodos)」에서 유래한다.

★TRIVIA★
현재 아이오딘 산출량 1위인 국가는 칠레이지만 지역별로 보면 일본의 치바(千葉)현이 산출지 1위를 차지한다.

"이래 뵈도 일본을 대표하는 원소예요."

SPEC

원자량	126.90447	녹는점	113.7°C	끓는점	184.3°C
밀도	4930kg/m³	원자가	1,3,5,7	존재도	지표: 0.14ppm 우주: 0.90

주요 동위 원소: ^{121}I(EC, β^+, 2.12시간), ^{123}I(EC, 13.2시간), ^{124}I(EC, β^+, 4.18일), ^{125}I(EC, 60.14일), ^{126}I(β^-, EC, β^+, 13.02일), ^{127}I(100%), ^{128}I(β^-, EC, β^+, 24.99분), ^{129}I(β^-, 1.57×10⁷년), ^{130}I(β^-, 12.36시간), ^{131}I(β^-, 8.040일), ^{132}I(β^-, 2.284시간), ^{133}I(β^-, 20.8시간)

illustration by 戸橋ことみ

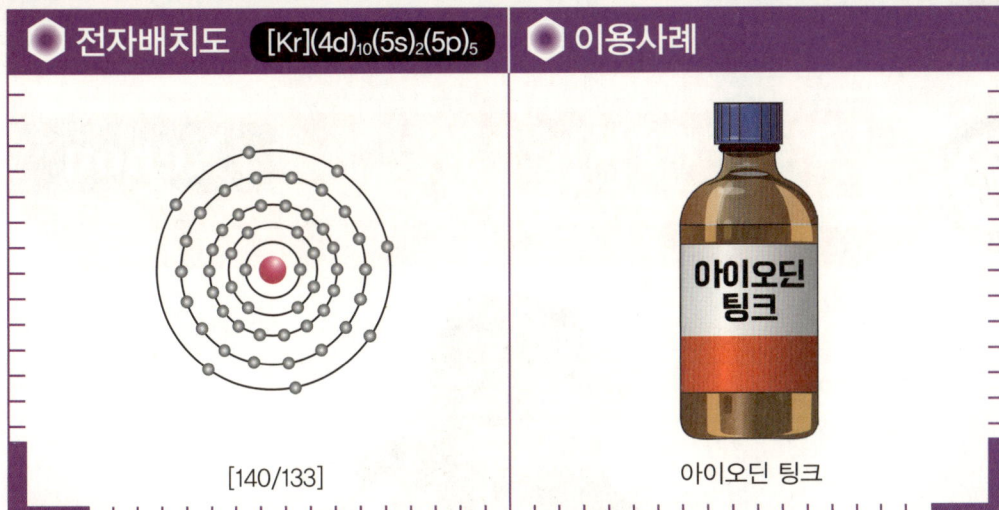

| 전자배치도 | [Kr](4d)$_{10}$(5s)$_2$(5p)$_5$ | 이용사례 |

[140/133]

아이오딘 팅크

발견년도	1811년
발견자	베르나르 쿠르투아(프랑스)
존재형태	지하수, 해조류에서 발견된다. 라우타라이트, 아이오딘 각은석에도 존재한다.
이용사례	소독약(아이오딘팅크), 방부제, 할로겐램프, 아이오딘 녹말반응, 갑상선 호르몬제, 갑상선 기능 진단제(^{131}I), 항암제(^{175}I)

🔷 일본이 세계에 자랑하는 원소!

1811년 해조류를 연구하던 프랑스 제조업자 베르나르 쿠르투아Bernard Courtois는 해조류의 재를 녹인 액체에서 염화칼륨을 분리했다. 남아있는 액체에 황을 첨가했더니 자극적인 냄새를 풍기는 보랏빛 증기가 발생했는데 열이 식자 그 증기는 응축된 금속결정으로 변했다. 이 현상을 발견한 쿠르투아는 연구를 거듭했지만 그것이 새로운 원소임을 증명하지는 못했다. 결국 쿠르투아는 동료인 니콜라 클레망Nicolas Clement과 샤를 베르나르 데조름Charles Bernard Desormes에게 연구를 맡겼다. 그로부터 2년 뒤, 두 사람은 신원소 아이오딘의 존재를 입증·발표했다.

아이오딘은 천연자원이 별로 없는 일본에서 다량으로 채취되는 원소이며 몇 년 전에는 아이오딘 산출량 세계 1위기도 했다. 현재는 1위가 칠레, 2위가 일본이다. 일본에서 아이오딘은 대부분 치바(千葉)현에서 산출되기 때문에 치바현은 아이오딘 관련 기업의 거점으로 자리 잡았고 수많은 아이오딘 관련 제품이 생산되고 있다.

🔷 녹말의 존재를 확인한다

아이오딘은 원래 물에 잘 녹지 않지만 요오드화칼륨의 수용액에는 잘 녹는다. 이 수용액에 아이오딘을 녹인 것을 아이오딘액이라고 한다.

아이오딘액은 녹말과 쉽게 반응하는 성질이 있어서 녹말의 존재여부를 확인할 때 쓰인다. 아이오딘액을 녹말에 떨어뜨리면 녹말 분자 구조 속에 아이오딘이 끼어들면서 용액의 색깔이 파란색에서 보라색으로 변하는데 이를 아이오딘 녹말반응이라고 한다. 녹말은 설탕 성분인 글루코스가 연결된 것으로 연결된 수에 따라서(즉, 녹말의 종류에 따라) 다른 색으로 반응하는 것이다.

Element Girls

마취 작용을 하는 희소가스의 이단아

제논[크세논]

Xenon

원소명의 유래 그리스어의 「낯선·이방인(xenos)」에서 유래한다.

이단아라고? 괜찮은 별명이네.

★ TRIVIA ★
이온엔진은 미국의 우주선 딥 스페이스 1호와 일본의 우주선 하야부사에도 탑재되었다.

SPEC

원자량 131.293	녹는점 -111.9°C	끓는점 -107.1°C
밀 도 5.8971kg/㎥ (기체), 2939kg/㎥ (액체), 3540kg/㎥ (고체)	원자가 2,4,6,8	존재도 지표 : 2ppt 우주 : 4.7

주요 동위원소 ^{124}Xe(ECEC,0.09%), ^{126}Xe(0.09%), ^{128}Xe(1.92%), ^{129}Xe(26.44%), ^{130}Xe(4.08%), ^{131m}Xe(IT,11.9일), ^{131}Xe(21.18%), ^{132}Xe(26.89%), ^{133m}Xe(IT,2.19일), ^{133}Xe(β^-,5.245일), ^{134}Xe(10.44%), ^{136}Xe(8.87%)

illustration by 冬屑

전자배치도 [Kr](4d)₁₀(5s)₂(5p)₆

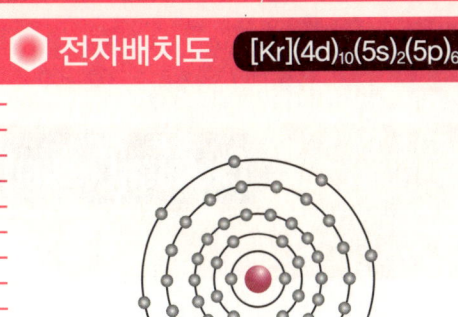

[--/130]

이용사례

헤드라이트(제논램프)

발견년도	1898년
발 견 자	윌리엄 램지(영국), 모리스 트래버스(영국)
존재형태	대기 중에 0.000008%(부피비) 존재하며 액화공기를 분별증류하여 얻는다.
이용사례	자동차 헤드라이트, 이온엔진(제논가스), 단열재, 플라즈마 디스플레이

● 가장 적게 존재하는 고급스러운 비활성 기체

1898년, 램지와 트래버스는 새로운 비활성 기체*원소를 발견하기 위해 액화공기제조기로 다량의 네온과 크립톤에서 비활성 기체 원소를 분리하는 실험을 했다. 그러자 극소량이지만 크립톤에서 새로운 원소를 분리하는 데 성공했다. 이 원소는 엄청난 고생 끝에 발견했다고 하여 '이방인'이란 뜻의 '제논Xenon'이라고 이름 붙였다.

제논은 천연 상태로는 가장 적게 존재하는 비활성 기체 원소이므로 아르곤이나 네온보다 사용 용도가 적은 편이다. 또한 미량으로 존재하여 값이 비싸기 때문에 제논램프, 이온엔진 등 고가제품에 주로 쓰인다.

● 비싸서 널리 쓰이지 않지만 기능은 뛰어난 원소

제논을 사용한 제품인 이온엔진은 전기장 안에서 가속시킨 이온 입자를 초속 30~40km로 분사하여 그 때 생긴 반동으로 추진력을 얻는 엔진이다. 이온엔진은 우주선이나 인공위성을 쏘아 올리는 데 쓰인다. 기존의 로켓엔진보다 10배 이상 효율이 높아서 적은 연료로도 더 멀리 발사할 수 있다. 제논은 이 이온엔진의 추진제로 이용된다.

제논은 인체의 지방에 쉽게 녹는 성질을 지녔다. 뇌조직 속으로 단시간에 확산, 용해되어 X선 전자파가 침투하는 것을 막아주는 효과가 있기 때문에 CT스캐너로 인체를 촬영할 때 혈관에 주입하는 조영제로 이용된다. 또한 제논은 마취작용을 일으킨다. 현재 마취제로 쓰이는 아산화질소보다 진통 작용이 뛰어나고 부작용도 없어서 높은 주목을 받고 있지만 가격이 비싸서 일반에 보급되진 않고 있다.

Element Girls

55 Cs

시간을 지배하여 정확한 시각을 새긴다

세슘

Caesium(Cesium)

원소명의 유래 : 라틴어의 「푸른 하늘(caesius)」에서 유래한다.

> 시간에 늦다니 어떻게 된거야?

★ TRIVIA ★

길이를 나타내는 단위 1m는 1초와 광속으로 정의되기 때문에 1m의 기준을 정할 때도 세슘이 쓰였다고 한다.

SPEC

원자량	132.90545	녹는점	28.4°C	끓는점	678°C
밀도	1873kg/m³	원자가	1	존재도	지표 : 1ppm 우주 : 0.372

주요 동위 원소 : ^{129}Cs(β^+,EC,32.06시간), ^{130}Cs(β^-,EC,β^+,29.21분), ^{131}Cs(EC,9.69일), ^{132}Cs(β^-,EC,β^+,6.475일), ^{133}Cs(100%), ^{134m}Cs(IT,2.91시간), ^{134}Cs(β^-,EC,2.062년), ^{135}Cs(β^-,3.0×10⁶년), ^{137}Cs(β^-,30.0년)

illustration by 白夜ゆう

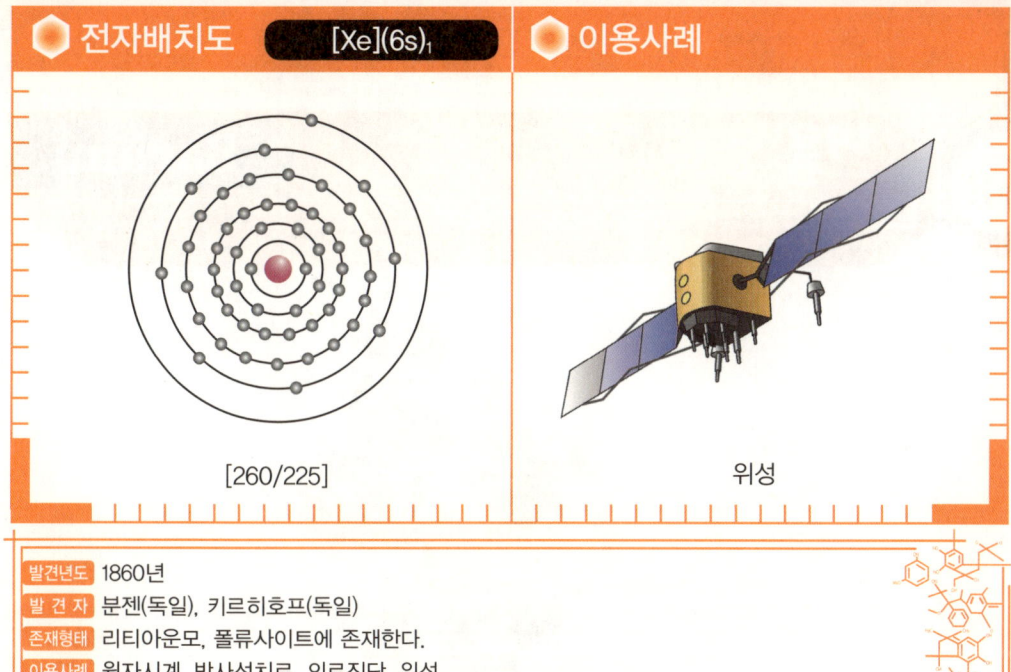

발견년도	1860년
발 견 자	분젠(독일), 키르히호프(독일)
존재형태	리티아운모, 폴류사이트에 존재한다.
이용사례	원자시계, 방사선치료, 의료진단, 위성

위험물로 지정된 원소!

1859년 분젠과 키르히호프는 금속의 불꽃 반응에서 나오는 빛을 파장(스펙트럼*)별로 분류할 수 있는 분광기라는 광학기기를 발명했다. 이 분광기를 이용하여 광천수의 불꽃 반응을 조사하다가 기존의 파란색 파장과 무척 비슷한 파란색 선을 발견했다. 연구를 거듭한 끝에 마침내 파란색 파장을 내는 원소가 알칼리 금속*임을 알아냈고, 스펙트럼선이 파란색이라 하여 세슘이라고 명명했다. 모든 금속 중에서 반응성이 가장 큰 세슘은 공기 중에서는 급속히 산화하며 분말 상태일 때는 자연발화한다. 또 물과 폭발적으로 반응하여 자연발화하기 때문에 소방법에서 위험물로 지정되어 있다.

시간을 정하는 원소

세슘은 우리 생활의 기준인 '시간'과 밀접한 관련이 있는 원소이다. 현재 국제표준단위계에서 정의하는 1초는 세슘(^{133}Cs) 원자가 방출하는 전자파가 91억 9263만 1770회 진동하는 시간이다. 세슘을 이용한 원자시계는 30만 년에 1초 오작동하는 가장 정밀한 원자시계이다. 현재 일본에서는 문부과학성 국립천문대와 독립행정법인 정보통신연구기구에 설치되어 있다. 한국에도 한국표준과학연구원에 세슘원자시계가 표준시계로 작동하고 있다.

세슘의 동위 원소*인 ^{137}Cs는 파장이 짧고 침투능력이 뛰어나서 항암치료 및 세균감소 처리에 쓰인다. 그러나 체내에 들어가면 인체의 필수원소인 칼륨을 대체하는 성질이 있어 대단히 위험한 물질이기도 하다. ^{137}Cs과 달리 아이오딘화세슘과 플루오린화세슘은 X선, γ선의 입자를 흡수하여 섬광을 방출하는 신틸레이션scintillation 효과가 있어 방사선측정과 의료 진단용으로 널리 쓰이고 있다.

Element Girls

56 Ba

바륨 — Barium

X선 검사 때 마시는 하얀 연인!

원소명의 유래 / 그리스어의 「무겁다(barys)」에서 유래한다.

좀 마시기 쉽지 않네요……

★TRIVIA★
알칼리 토금속인 바륨은 물과 알코올에 반응한다. 또 공기 중에서는 산화하는 성질 때문에 보통 석유 속에 보존된다.

SPEC
원자량	137.327	녹는점	729°C	끓는점	1637°C
밀도	3594kg/m³	원자가	2	존재도	지표 : 250ppm 우주 : 4.49

주요 동위원소: ^{130}Ba(0.106%), ^{131}Ba(EC,β^+,11.8일), ^{132}Ba(0.101%), ^{133m}Ba(IT,EC,38.9시간), ^{133}Ba(EC,10.54년), ^{134}Ba(2.417%), ^{135}Ba(6.592%), ^{136}Ba(7.854%), ^{137m}Ba(IT,2.552분), ^{137}Ba(11.232%), ^{138}Ba(71.698%), ^{139}Ba(β^-,84.6분), ^{140}Ba(β^-,12.746일)

illustration by ヤナギユキ

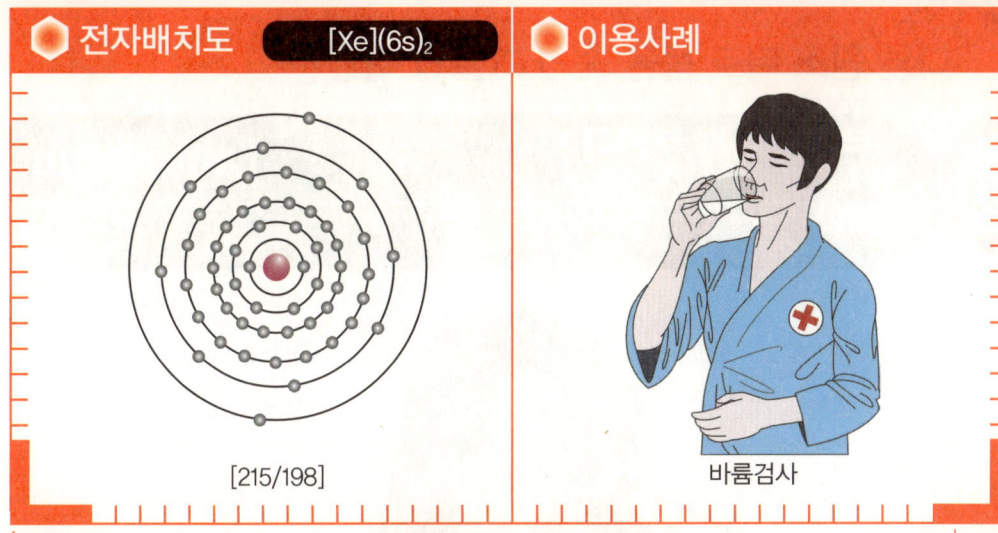

전자배치도 [Xe](6s)₂

[215/198]

이용사례

바륨검사

발견년도	1774년(산화바륨을 발견), 1808년(단리)
발 견 자	카를 빌헬름 셸레(스웨덴 : 1774년), 험프리 데이비(영국 : 1808년)
존재형태	중정석, 위더라이트에 함유된다.
이용사례	조영제(황산바륨), 불꽃(황산바륨), 유전체(誘電體)재료(타이타늄산바륨)

● 사실은 그렇게 무겁지 않아

1774년 스웨덴의 화학자 셸레는 연망가니즈석에서 황산에도 거의 녹지 않고 바닥에 가라앉은 흰색의 바리타라는 중토(重土), 즉 산화바륨을 발견했으나 순수한 바륨을 분리하진 못했다. 1808년 험프리 데이비가 칼륨과 스트론튬을 분리한 것과 같은 방식으로 산화바륨을 다량으로 함유한 중정석을 전기 분해*하여 바륨을 원소 상태로 분리하는 데 성공했다.

바륨은 원소명의 유래를 봐도 알 수 있듯이 알칼리 토금속* 중에서는 무겁지만 사실은 비교적 가벼운 금속이다. 또 바륨 화합물은 녹색 불꽃 반응을 일으키기 때문에 불꽃놀이의 원료로도 이용된다.

● X선 검사 때 복용하는 흰색 액체

건강 검진에서 X선 검사를 하기 전에 복용하는 흰색 액체로 잘 알려진 바륨. 바륨은 인체에 들어있는 원소보다 더 많은 전자를 가지고 있기 때문에 X선을 통과시키지 않는다. 그래서 바륨을 복용하고 X선 촬영을 하면 소화기관 등의 윤곽이 찍히는 것이다.

홑원소물질인 바륨은 인체에 유해한 물질이 많다. 이온 상태로 체내에 들어가면 근육마비와 호흡정지가 일어나기도 한다. X선 검사를 할 때 마시는 바륨은 황산바륨($SaSO_4$)에 물과 향료를 혼합한 것이다. 무척 안정한 원소인 황산바륨은 물이나 위산에 녹지 않고 쉽사리 이온으로 변하지 않기 때문에 인체에 해가 없는 물질이다.

Element Girls

57 La

다른 원소 뒤로 몸을 숨긴 그늘의 여인?

란타넘(란탄) — Lanthanum

원소명의 유래 그리스어의 「감추어져 있는 것(lantanein)」에서 유래한다.

> 렌즈가 아니라 저를 보세요……

★TRIVIA★
란타넘을 함유한 란타노이드는 원래 '란타넘을 닮은 것'이란 의미이며, 세륨부터 루테튬까지 란타넘을 제외한 나머지 14원소를 지칭하는 용어이기도 하다.

SPEC

원자량	138.9055	녹는점	921°C	끓는점	3457°C
밀도	6145kg/m³	원자가	3	존재도 지표	16ppm	우주	0.4460

주요 동위 원소: ^{138}La(0.090%, β^-, EC, β^+, 1.06×10^{11}년), ^{139}La(99.910%), ^{140}La(β^-, 40.27시간)

illustration by 猫生いづる

·전자배치도 [Xe](5d)₁(6s)₂

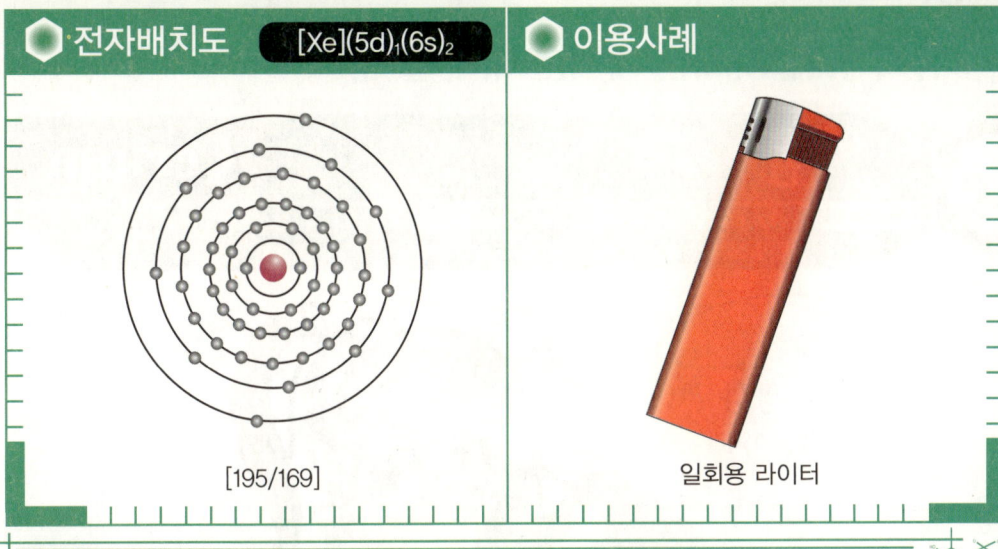

[195/169]

이용사례

일회용 라이터

발견년도	1839년
발 견 자	카를 구스타프 모잔더(스웨덴)
존재형태	모나자이트와 바스트네뇌사이트에서 산출된다.
이용사례	수소저장합금($LaNi_5$), 광학렌즈(La_2O_3), 라이터의 부싯돌

● 골치 아픈 원소?

1839년 모잔더는 질산세륨을 가열, 분해하여 묽은 질산으로 처리한 추출물에서 새로운 산화물, 란타나를 발견했다. 그런데 란타나는 순수한 물질이 아니라 사마륨, 유로퓸, 프라세오디뮴, 네오디뮴 등이 섞여있다는 것이 판명되었다. 모잔더는 란타나에서 순수한 란타넘을 분리했다.

란타넘은 주기율표에서 란타넘족*원소(란타노이드)의 15원소 중 첫 번째 원소이며 희토류 원소* 중에서 세륨 다음으로 많이 존재한다.

그런데 주기율표에서 란타넘족*원소에 속하는 15원소를 서양에서는 란타니드라고 부른다. 란타노이드와 란타니드 중 무엇이 정확한 명칭일까? 국제순수 및 응용화학연맹(IUPAC*)은 란타노이드와 란타니드 양쪽 다 정식명칭으로 인정하고 있으므로 둘 다 맞는 명칭이며 한국에서도 책에 따라서 다른 명칭을 쓰고 있다.

● 분리하지 않고 그대로 사용한다!

란타넘은 부드러운 은백색 금속으로 희토류 원소 중에서 두 번째로 많다. 란타넘 발견에 얽힌 이야기처럼 다른 희토류와 혼재되어 분리하기 어렵기 때문에 세륨이나 네온 등의 혼합물인 미시메탈misch metal 원소로 이용하는 경우가 많다. 미시메탈에 철을 첨가한 발화합금은 라이터의 부싯돌 등에 쓰이며, 연마제와 철강의 첨가제로도 쓰인다. 또한 산화물인 La_2O_3(산화란타넘)는 광학렌즈 재료로서 카메라 렌즈, 현미경 렌즈에 사용한다.

Element Girls

58 Ce

유리 닦기, 자외선 대책은 내게 맡겨!

세륨

Cerium

원소명의 유래 | 1801년에 발견한 소행성 「세레스(ceres)」에서 유래한다. 또 셀레스의 어원은 로마 신화의 농작의 여신 케레스(Ceres)에서 왔다.

휴~, 오늘의 유리창 청소가 다 끝났어요!

★TRIVIA★

세륨은 유리와 렌즈를 연마할 때 쓰인다. 그 밖에도 영구자석 및 산화세륨은 배출가스 정화용 촉매의 주성분으로 이용된다.

SPEC

원자량 140.116	녹는점 799°C	끓는점 3426°C
밀도 8240kg/m³	원자가 3,4	존재도 지표: 33ppm 우주: 1.136

주요 동위 원소: ^{136}Ce(0.185%), ^{138}Ce(0.251%), ^{139}Ce(EC,137.66일), ^{140}Ce(88.450%), ^{141}Ce(β^-,32.50일), ^{142}Ce(11.114%,) 5×10^{16}년), ^{143}Ce(β^-,33.0시간), ^{144}Ce(β^-,284.9일)

illustration by 菓浜洋子

전자배치도 [Xe](4f)₁(5d)₁(6s)₂

이용사례

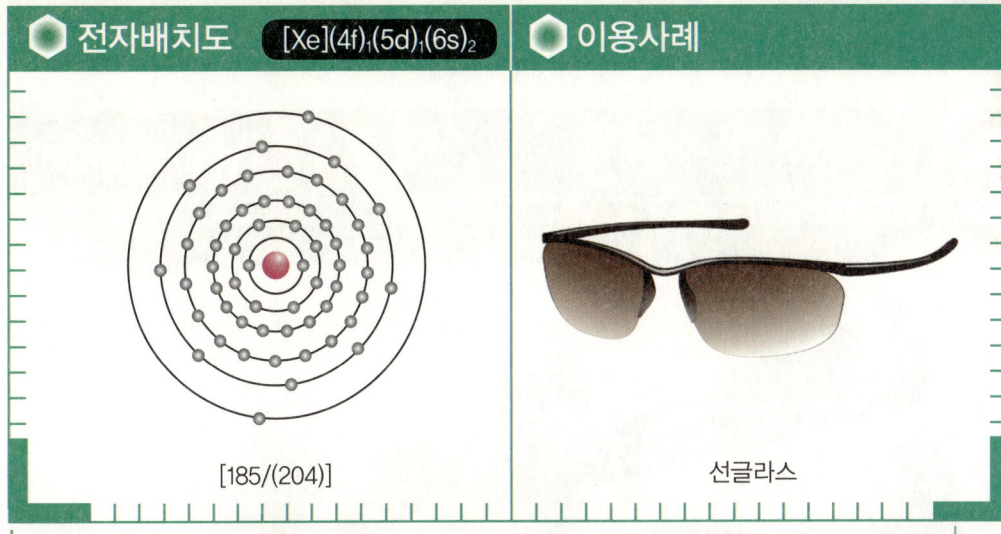

[185/(204)]

선글라스

발견년도	1803년(광물 속에서 발견), 1875년(단리)
발 견 자	베르셀리우스, 빌헬름 히징거(스웨덴 : 1803년), 마르틴 하인리히 클라프로트(독일 : 1803년), 윌리엄 힐레브랜드, 토머스 노턴(미국 : 1875년)
존재형태	모나자이트와 바스트네사이트에서 산출된다.
이용사례	직외선 흡수유리, 연마제, 선글라스, 배출가스 정화용 촉매, 산화제((NH₄)₂Ce(NO₃)₆)

누가 빨리 발견했나?

1803년 독일의 화학자 클라프로트는 스웨덴의 바스트네스 광산에서 신원소를 탐색하던 중, 세라이트에서 새로운 토류를 발견하여 이를 노란색 땅이란 의미인 테르오크로이트terre ochroite라고 명명했다. 그런데 같은 시기에 베르셀리우스와 히징거도 같은 광산에서 이트륨 광석을 탐색하다가 미지의 산화물을 발견했다. 그들은 그 원소에 2년 전에 발견된 소행성 세레스를 따서 세리아라고 명명했다. 이처럼 한 원소를 거의 같은 시기에 각자 발견했기 때문에 누가 첫 번째 발견자인가를 둘러싸고 국가 간 논쟁을 불러일으켰다. 하지만 그 당시 발견한 세륨은 여러 가지 토류 원소가 섞여 있는 혼합물 상태였다. 순수한 금속 세륨은 1875년에 미국의 윌리엄 힐레브랜드William Hillebrand와 토머스 노턴Thomas Norton이 염화세륨을 전기 분해*한 후에야 순수한 금속 세륨을 분리할 수 있었다.

란타넘족 원소 중 가장 많아!

세륨은 란타넘족 원소* 중에서 가장 많이 지각에 존재한다. 그래서 세륨은 란타넘족 원소 중 가장 빨리 발견된 원소이기도 하다. 존재량이 많은 만큼 생산량도 풍부하며 가스등 발광제로 쓰인다. 세륨을 이용한 가스등은 가스맨틀이라고 불리었다.
전등이 보급되고 가스맨틀이 감소한 다음부터, 세륨은 란타넘(La) 등과 함께 미시메탈의 성분으로써 이용되고 있다. 또 세륨에는 400nm 이하의 적외선을 흡수하는 성질이 있으므로 적외선 살균장치, 선글라스 렌즈 등에도 쓰인다.

Element Girls

59 Pr

튼튼한 자석을 만들어 내는 쌍둥이 동생

프라세오디뮴 — Prasoedymium

원소명의 유래 그리스어의 「녹색, 부추색(prason)」과 「쌍둥이(didymos)」에서 유래한다.

> 우리들의 자력에 상대할 자 그 누구냐!

★TRIVIA★

프라세오디뮴옐로 이외의 노란색을 표현하는 무기안료로는 크롬옐로, 카드뮴옐로, 타이타늄옐로 등이 있다.

SPEC

- 원자량 140.90765
- 밀도 6773kg/m³
- 녹는점 931°C
- 원자가 3,(4)
- 끓는점 3512°C
- 존재도 지표: 3.9ppm 우주: 0.1669
- 주요 동위 원소 ¹⁴¹Pr(100%), ¹⁴²Pr(β⁻,EC,19.13시간), ¹⁴³Pr(β⁻,13.58일), ¹⁴⁴ᵐPr(IT,β⁻,7.2분), ¹⁴⁴Pr(β⁻,17.28분)

illustration by 鈴眼依縫

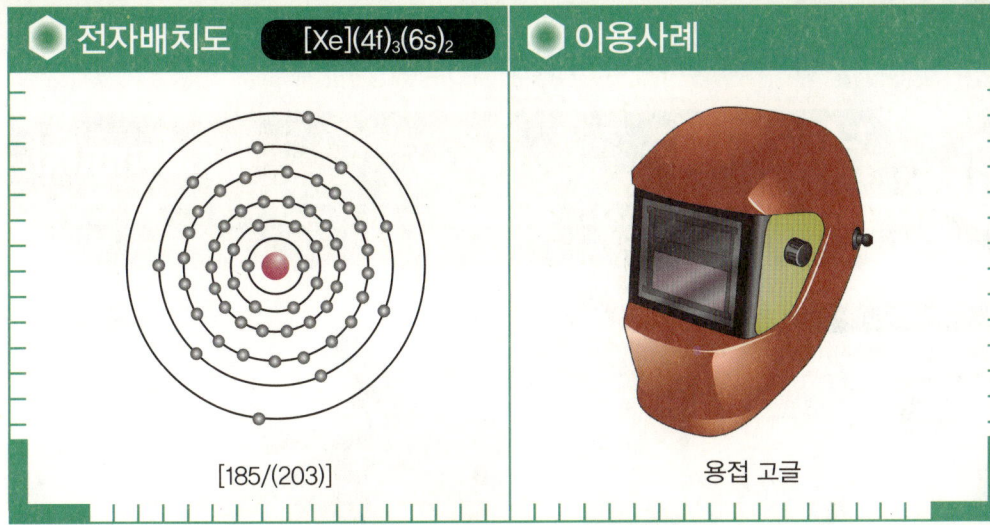

전자배치도 [Xe](4f)₃(6s)₂

[185/(203)]

이용사례

용접 고글

- 발견년도 : 1885년(산화물로서 분리)
- 발 견 자 : 카를 아우어 폰 벨스바흐(오스트리아)
- 존재형태 : 모나자이트와 배스트뇌사이트에서 산출된다.
- 이용사례 : 유약(프라세오디뮴옐로), 용접작업용 고글, 광섬유(광증폭기)

◉ 노란 안료로 쓰이는 원소

1885년 카를 아우어 폰 벨스바흐Carl Auer von Welsbach는 질산암모늄디디뮴을 분별결정하는 일을 반복하여 새로운 원소인 프라세오디뮴과 네오디뮴을 분리했다. 이 두 원소는 동시에 발견되었기 때문에 둘 다 쌍둥이란 의미를 갖고 있다.

프라세오디뮴은 원래 은백색 금속이지만 산화하면 노란색으로 변하고 지르콘($ZrIiO_4$)과 섞이면 프라세오디뮴옐로라는 안료가 된다. 프라세오디뮴옐로는 희토류 원소*에서 생긴 안료 중에서 처음으로 실용화된 안료이다.

◉ 노란 안료로 쓰이는 원소

산화프라세오디뮴은 푸른빛을 산화네오디뮴은 노란빛을 흡수하는 성질을 지녔다. 그 특성을 살려서 두 원소의 산화물을 용접작업 시 사용하는 고글의 유리에 섞으면 청색 영역과 황색 영역의 빛이 흡수되면서 눈을 보호하는 작용을 한다.

프라세오디뮴과 코발트 화합물인 프라세오디뮴 자석은 물리적 강도가 높기 때문에 구멍을 뚫거나 자르는 등 복잡한 가공을 해도 좀처럼 쪼개지거나 부서지지 않는다. 또 고온에서 열을 가하여 구부리는 가공을 할 수도 있으며 쉽게 산화하지 않는다는 특징이 있다. 그러나 코발트를 이용한 프라세오디뮴 자석은 가격이 너무 비싸기 때문에 자력이 강하면서 좀 더 저렴한 네오디뮴 자석이 더 많이 쓰인다.

Element Girls

60 Nd — 최강의 자석을 만드는 쌍둥이 언니
네오디뮴 — Neodymium

원소명의 유래 라틴어의 「새로운(neos)」과 「쌍둥이(didymos)」에서 유래한다.

★TRIVIA★
네오디뮴은 YAG레이저의 첨가제로써 레이저메스에 쓰인다. 또 산화네오디뮴은 유리의 적색 착색제로도 이용된다.

"최강의 자력의 힘을 보여주지!!"

SPEC
- 원자량: 144.24
- 밀도: 7007kg/m³
- 녹는점: 1021°C
- 원자가: 3
- 끓는점: 3068°C
- 존재도: 지표 16ppm 우주 0.8279
- 주요 동위원소: $^{142}Nd(27.2\%)$, $^{143}Nd(12.2\%)$, $^{144}Nd(23.8\%, 2.1 \times 10^{15}년)$, $^{145}Nd(8.3\%, \rangle 6 \times 10^{16}년)$, $^{146}Nd(17.2\%)$, $^{147}Nd(\beta^-, 10.98일)$, $^{148}Nd(5.7\%, 2.7 \times 10^{18}년)$, $^{149}Nd(\beta^-, 1.73시간)$, $^{150}Nd(\beta^-\beta^-, 5.6\%)$, $^{151}Nd(\beta^-, 12.44분)$

illustration by 鈴眼依縫

전자배치도 [Xe](4f)₄(6s)₂

이용사례

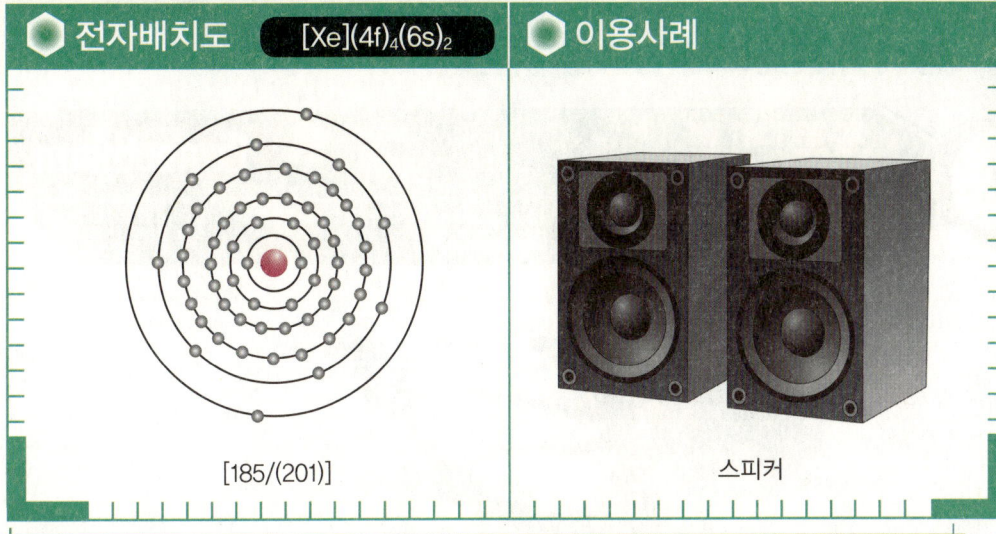

[185/(201)]

스피커

발견년도	1885년
발 견 자	카를 아우어 폰 벨스바흐(오스트리아)
존재형태	모나자이트와 바스트네사이트에서 산출된다.
이용사례	영구자석, 스피커, 레이저메스, 착색제(Nd_2O_3)

인체에 특별히 영향을 미치진 않는다고?

1885년 벨스바흐가 프라세오디뮴과 함께 분리한 원소이다. 네오디뮴은 인체에도 극소량 존재하지만 생물학적 기능은 없다. 식물도 네오디뮴을 그다지 흡수하지 않기 때문에 체내에 거의 섭취되지 않는다. 과거에 의학적으로도 연구를 진행했지만 결국 성과를 얻지 못했다.

한 번 붙으면 떨어지지 않는다!?

네오디뮴은 자석 중 자력이 가장 강한 네오디뮴 자석을 만드는 원소로 잘 알려졌다. 네오디뮴 자석은 1983년 일본에서 개발되었다. 이 자석이 개발되기 전까지 자력이 제일 강했던 것은 사마륨 자석이었다. 네오디뮴 자석은 사마륨 자석보다 1.5배 정도 강한 자력을 가졌으며 원료도 훨씬 저렴하니 여러 가지 면에서 최강의 자석이라 할 수 있다.

하지만 그런 네오디뮴 자석도 개발 당시에는 약점이 있었다. 물질이 자성을 잃는 온도인 퀴리온도가 사마륨 자석은 약 770℃인 반면 네오디뮴 자석은 약 300℃로 지나치게 낮았던 것이다. 그러나 연구를 거듭한 결과 현재는 150℃ 정도의 온도에서도 사용할 수 있게 개선되었다.

네오디뮴 자석은 다양한 용도로 쓰인다. 컴퓨터 하드디스크 드라이브, 휴대전화의 진동모터 등 우리 주변에서 쉽게 찾아볼 수 있다. 또 일본의 1만 엔 지폐와 미국의 지폐는 인쇄 잉크에 미량의 자성체를 함유시켜 네오디뮴 자석에 끌려가도록 만들었다. 이것은 위조지폐를 검출하는 기능을 한다.

Element Girls

61 Pm

청백색 불꽃으로 암흑을 밝힌다!

프로메튬 — Promethium

원소명의 유래: 그리스어 신화의 신들에게서 불을 훔쳐서 인류에게 처음 가져다준 『프로메테우스(Prometheus)』에서 유래한다.

> 이 빛을 조심하는 게 좋을 것이다.

★TRIVIA★
프로메튬의 발견에 영향을 미친 모즐리가 제창한 '모즐리의 법칙'은 특성 X-선을 측정하면 원자핵의 양성자 수를 알 수 있다는 법칙이다.

SPEC
- 원자량 [145]
- 녹는점 1168°C
- 끓는점 2700°C
- 밀도 7220kg/m³
- 원자가 3
- 존재량 지표:- 우주:-
- 주요 동위 원소 ¹⁴⁷Pm(β⁻,2.6234년), ¹⁴⁹Pm(β⁻,53.08시간), ¹⁵¹Pm(β⁻,28.40시간)

illustration by 陸原一樹

130 원소주기 ELEMENT GIRLS

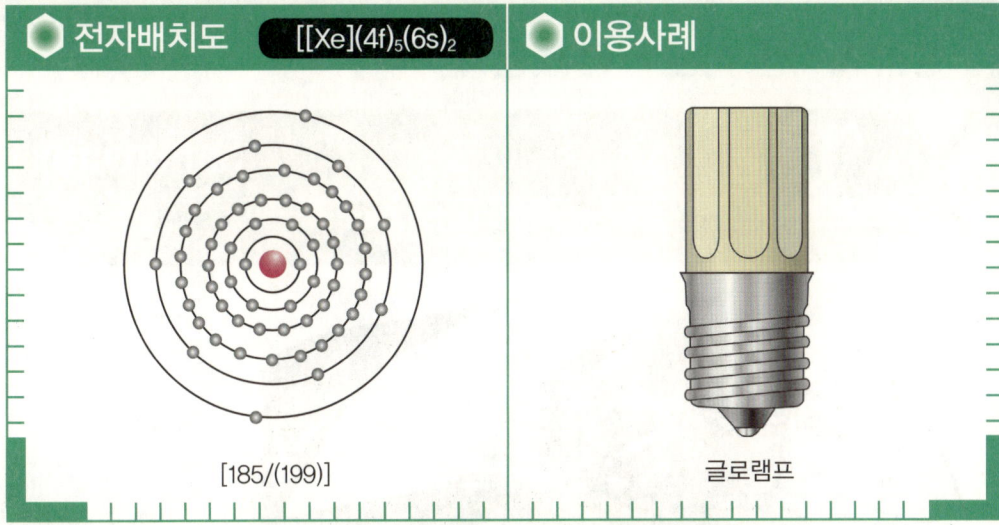

- 전자배치도: [[Xe](4f)$_5$(6s)$_2$]
- 이용사례: 글로램프

[185/(199)]

발견년도	1945년(발견), 1947년(발표)
발 견 자	J. A. 마린스키(미국), L. E. 글렌데닌(미국), C. D. 커리엘(미국)
존재형태	우라늄 핵분열로 극소량 생성된다. 발전용 원자로의 다 쓴 핵연료에서 추출한다.
이용사례	야광도료, 원자력전지, 글로램프

존재량은 아주 조금!

프로메튬은 방사성이 있는 희토류 원소*로 란타넘족 원소*에 속한다. 천연에는 거의 존재하지 않고 우라늄의 자연 핵분열로 생성되지만 존재량은 아주 적다. 자연히 연구보고 사례가 거의 없었기 때문에 프로메튬은 희토류 원소 중 마지막으로 발견되었다.

프로메튬의 존재 가능성이 처음으로 거론된 것은 1902년이었다. 그 후 1913년 영국의 물리학자 헨리 모즐리Henry Moseley가 원자번호와 특성 X-선 파장의 연관성에서 주기율표의 공란인 원소를 예측하고 61번 째 원소가 있다고 주장했다.

그리고 1945년 마린스키Jacob A. Marinsky, 글렌데닌Lawrence E. Glendenin, 커리엘Charles D. Coryell의 세 명으로 구성된 연구팀이 원자로에서 추출한 우라늄 핵분열 생성물을 양이온 교환 크로마토그래피라는 방법으로 분리하여 아직 발견되지 않았던 희토류 원소를 찾아낸 것이다.

연구 목적만이 아니다?

프로메튬은 생산량이 아주 적고 동위 원소*도 모두 방사성이어서 수명이 긴 동위 원소가 없다. 그래서 프로메튬은 대부분 연구목적으로 이용되지만 어둠 속에서 청백색으로 빛나는 성질이 있기 때문에 일상생활에서는 시계 문자판의 야광도료로 쓰이기도 했다. 야광도료는 프로메튬이 방사하는 β선으로 인해 산화아연이 빛나는 반응을 이용한 것이다. 하지만 방사성 물질의 위험성이 부각되면서 현재 일본에서는 사용이 금지되었다.

Element Girls

62 Sm

강한 자력을 지닌 시간 여행자

사마륨

Samarium

원소명의 유래 사마르스키(samarskite)광석에서 발견된 것에 유래한다.

다음은 어느 시대로 갈까나.

★TRIVIA★

^{147}Sm은 1000억 년의 반감기를 지나 네오디뮴(^{143}Nd)으로 α붕괴한다. 그래서 태양계가 탄생한 연대를 알아내는 측정시계로 쓰인다.

SPEC

원자량	150.36	녹는점	1077°C	끓는점	1791°C
밀도	7520kg/m³	원자가	(2),3	존재도	지표 : 3.5ppm 우주 : 0.2582

주요 동위 원소: ^{144}Sm(3.07%), ^{147}Sm(14.99%, α, 1.0×10^{11}년), ^{148}Sm(11.24%, α, 7×10^{15}년), ^{149}Sm(13.82%,) 1×10^{16}년), ^{150}Sm(7.38%), ^{151}Sm(β⁻, 90년), ^{152}Sm(26.75%), ^{153}Sm(β⁻, 46.70시간), ^{154}Sm(22.75%)

illustration by 八幡絢

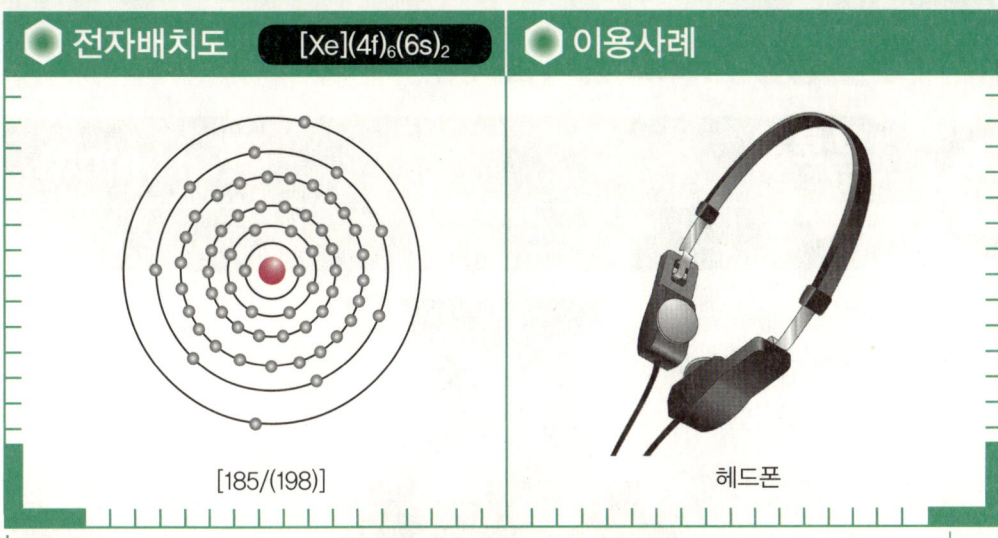

전자배치도 [Xe](4f)₆(6s)₂

[185/(198)]

이용사례

헤드폰

발견년도	1879년(불순물을 함유한 상태로 분리)
발 견 자	폴 에밀 르코크 드 부아보드랑(프랑스)
존재형태	모나자이트와 바스트네사이트에서 산출된다.
이용사례	사마륨자석, 1 전자 환원제(Sml2), 연대측정(^{147}Sm), 레이저재료, 헤드폰

디디뮴에서 발견한 원소

사마륨은 1879년에 발견된 금속 원소이다. 1803년에 발견된 세륨은 여러 가지 원소가 섞여 있는 혼합물 상태였고 1879년에 세륨에서 란타넘과 디디뮴이 분리되었다. 그런데 디디뮴도 산출된 산지에 따라서 스펙트럼선*이 다르다는 것이 밝혀졌다. 1879년 프랑스의 화학자 부아보드랑Paul Emile Lecoq de Boisbaudran은 디디뮴이 혼합물이며 그 속에 새로운 원소가 존재한다는 사실을 입증했다. 그는 사마르스키 광석에서 신원소를 추출했기 때문에 이 신원소를 사마륨이라고 명명했다.

강력한 자석의 원료!

사마륨은 자석의 원료로 이용된다. 코발트와 사마륨을 결합하면 통상적인 철보다 1만 배 이상 강력한 자석이 되며, 네오디뮴 자석이 개발되기 전까지 최강의 영구자석으로서 모터, 헤드폰 등에 쓰였다. 지금도 700°C의 고온에서도 자성을 유지하는 성질을 이용하여 마이크로파기기에 널리 이용되고 있다. 이런 자석을 희토류 자석이라고 하며 소형경량기기에는 빼놓을 수 없는 존재이다. 또 적외선을 흡수하는 작용을 하는 산화사마륨은 세라믹스와 유리 제조에 쓰인다. 그 밖에도 적외선에 민감한 형광체, 원자력발전의 중성자흡수 제어봉* 등 다양한 용도로 이용된다. 플루오린화칼륨에 사마륨을 첨가한 물질은 레이저와 메이저maser 재료로 이용하며 강철을 자를 수도 있다.

Element Girls

63 Em

새빨간 형광 빔으로 밝아집니다!

유로퓸 — Europium

원소명의 유래 / 유럽 대륙에서 유래한다.

"전자 빔으로 한 방 먹일 거야!"

★ TRIVIA ★

엽서에 어느 일정한 파장의 적외선을 쏘면 바코드가 나타난다. 이것은 유로퓸 화합물을 함유한 잉크 때문이다.

SPEC

원자량 151.964	녹는점 822°C	끓는점 1597°C
밀도 5243kg/m³	원자가 2,3	존재도 지표:1.1ppm 우주:0.0973

주요 동위 원소: ^{151}Eu(47.81%), ^{152m}Eu(β^-,EC,β^+,9.32시간), ^{152}Eu(β^-,EC,β^+,13.33년), ^{153}Eu(52.19%), ^{154}Eu(β^-,EC,β^+,8.8년), ^{155}Eu(β^-,4.96년)

illustration by 中山かつみ

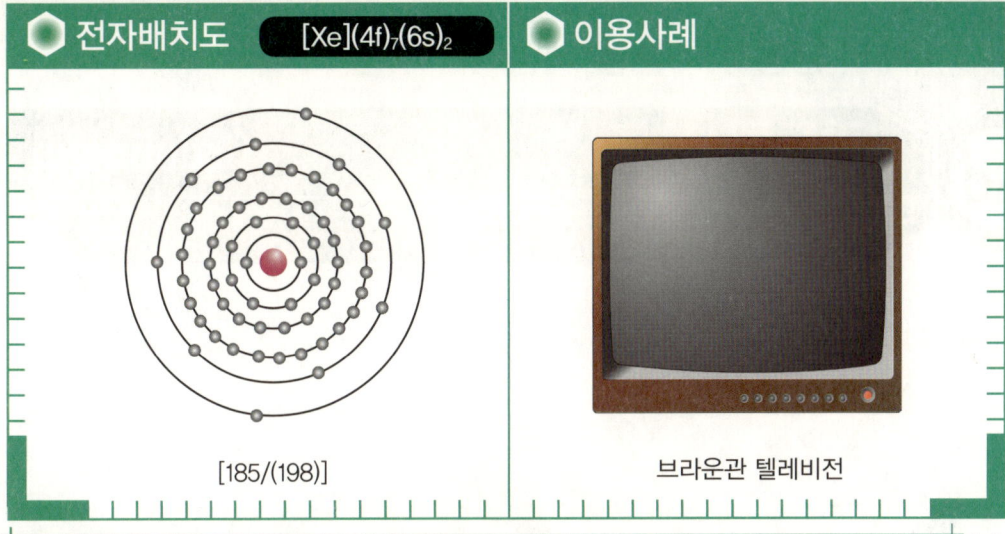

전자배치도 [Xe](4f)₇(6s)₂
[185/(198)]

이용사례
브라운관 텔레비전

- 발견년도: 1901년 (불순물을 함유한 상태로 분리)
- 발 견 자: 외젠 아나톨 데마르케이(프랑스)
- 존재형태: 모나자이트와 바스트네사이트에서 산출된다.
- 이용사례: 브라운관, 형광등, 형광 잉크, 면역반응용 형광표식제(Immunoassay), NMR 시프트 시약

🟢 란타넘족 원소 중 가장 반응성이 활발한 원소

유로퓸은 은백색의 부드러운 금속으로 란타넘족 원소* 중 가장 반응성이 풍부한 원소이다. 1896년 프랑스의 화학자 데마르케이Eugène-Antole Demarçay는 그 당시 순수물이라고 여겨졌던 사마륨에서 새로운 금속산화물을 발견했고, 1901년 분별결정을 반복하는 방법으로 유로퓸을 분리했다. 만약 데마르케이에게 황산유로퓸($EuSO_4$)이 물에 잘 녹지 않는다는 화학적 지식이 있었다면 사마륨 분리에 그토록 오랜 시간이 걸리진 않았을 것이다.

대부분 희토류 원소*의 원자는 3개의 전자를 잃은 상태, 즉 3가 이온에서 안정한다. 그러나 유로퓸은 2가 이온에서도 안정하게 존재할 수 있다. 이 Eu^{2+}는 주로 사장석류에 함유되며 달의 표면에서 채취한 암석시료에서 고농도의 유로퓸이 발견되었다.

🟢 빨갛게 빛나는 텔레비전의 빨간색 발광원!

유로퓸은 브라운관 텔레비전의 적색을 내는 데 사용한다. 희토류 원소에 전자빔을 쏘이면 빛을 발하는 현상이 나타나는데 그때 빨간색 빛이 나는 것이 유로퓸이다. 이 성질을 이용하여 이트륨과 바나듐의 산화물에 유로퓸을 섞은 형광체는 액정 TV에도 이용된다. 그런데 유로퓸이 빨간색 빛만 내진 않는다. 저산화수 상태에서는 푸른빛을 발한다. 예를 들어 거리에 있는 조명등은 수은증기에 미량의 유로퓸을 첨가하여 자연광에 가까운 빛을 내게 한 것이다.

Element Girls

64 Gd

미래의 냉동 시스템을 책임지는 싸늘 소녀

가돌리늄

Gadolinium

원소명의 유래 희토류 원소 중 처음으로 발견한 이트륨의 발견자 가돌린에서 유래한다.

"차갑긴 하지만 환경에도, 당신한테도 좋아요 ♥"

★TRIVIA★

화학교수 마리냐크는 사마륨이 발견되자 사마륨 재현실험을 하던 중 다른 산화물의 존재, 즉 신원소인 가돌리늄을 발견했다.

SPEC

원자량 157.25	녹는점 1313°C	끓는점 3266°C
밀도 7900kg/m³	원자가 3	존재도 지표: 3.3ppm 우주: 0.3300

주요 동위원소: ^{152}Gd(0.20%, α, 1.08×10^{14}년), ^{153}Gd(EC, 241.6일), ^{154}Gd(2.18%), ^{155}Gd(14.80%), ^{156}Gd(20.47%), ^{157}Gd(15.65%), ^{158}Gd(24.84%), ^{159}Gd(β^-, 18.56시간), ^{160}Gd(21.86%)

illustration by 鍋島テツヒロ

전자배치도 [Xe](4f)₇(5d)₁(6s)₂

이용사례

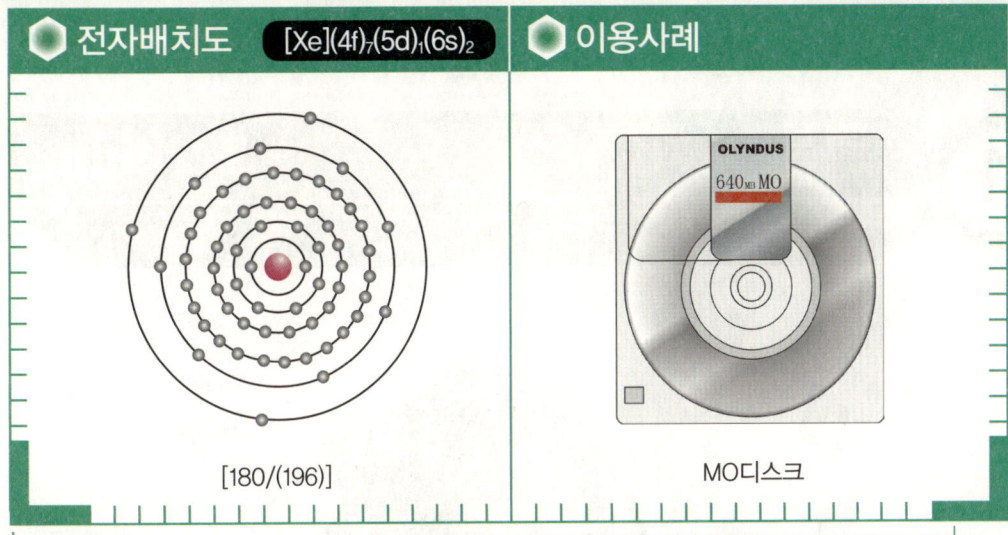

[180/(196)]

MO디스크

발견년도	1880년
발 견 자	쟝 샤를 갈리나 드 마리냐크(스위스)
존재형태	모나자이트와 바스트네사이트에서 산출된다.
이용사례	자성재료, 조영제, 광자기디스크(MO디스크), 원자소화제, 자기냉동재료

중성자 흡수력과 냉각 시스템

가돌리늄은 연성이 있는 은백색 금속 원소로 란타넘족 원소*에 속하며 희토류 원소*를 함유한 광물에는 전부 가돌리늄이 존재한다. 천연에는 7개의 동위 원소가 존재하는데 그중 ^{125}Gd가 유일한 동위원소*이다. ^{125}Gd는 반감기가 너무 길어서 방사능 및 형광 능력이 무척 약하기 때문에 다른 희토류 형광의 지지제로 이용된다.

가돌리늄의 가장 큰 특징은 중성자를 잘 포획하는 능력과 철과 동등한 강자성을 지녔다는 점이다. 15개의 란타넘족 원소 중 가돌리늄의 중성자 흡수력은 최고로 높다. 특히 동위 원소인 ^{157}Gd는 중성자 흡수 능력이 가장 뛰어나서 원자력 발전에서 중성자를 제어하는 일에 쓰인다. 하지만 가돌리늄은 중성자를 많이 흡수하는 만큼 효도도 빨리 사라지는데 이 성질을 이용하여 원자로를 긴급 정지시키는 원자소화제로 쓰이기도 한다. 또 가돌리늄은 20℃ 이상이 되면 강자성을 잃어버리는 성질이 있어서 자기(磁氣)냉동에 적용할 가능성이 있다. 과거에는 냉장고 등의 냉매에 프레온을 이용했지만 프레온은 오존층을 파괴하는 온실가스를 배출하기 때문에 지금은 사용금지 되었다. 가돌리늄을 이용한 냉동 시스템은 환경에 무해하고 에너지 절감으로 이어지는 효과가 있어 차세대 냉동 시스템으로서 연구가 진행되고 있다. 그 밖에 금속 가돌리늄 화합물을 이용하여 광자기디스크 재료, MRI(자기공명영상 진단법)의 조영제로 사용하고 있다.

Element Girls

65 Tb

그 어떤 정보든 이 기억 시스템에게 맡기시라!

터븀 — Terbium

원소명의 유래 발견지인 스웨덴의 작은 광산촌 「이테르비(Ytterby)」에서 유래한다.

> 디스크 정보는 비밀이야~

★TRIVIA★
터븀은 물에는 서서히, 산에는 재빠르게 반응하며 녹는다. 또 삼가 화합물 외에도 사가 화합물이 존재한다.

SPEC
- 원자량: 158.92534
- 녹는점: 1356 °C
- 끓는점: 3123 °C
- 밀도: 8229 kg/m³
- 원자가: 3, 4
- 존재도: 지표 0.6ppm 우주: 0.0603
- 주요 동위 원소: ^{157}Tb(EC, 150년), ^{159}Tb(100%), ^{160}Tb(β^-, 72.3일), ^{160}Tb(β^-, 6.91일)

illustration by 大吉

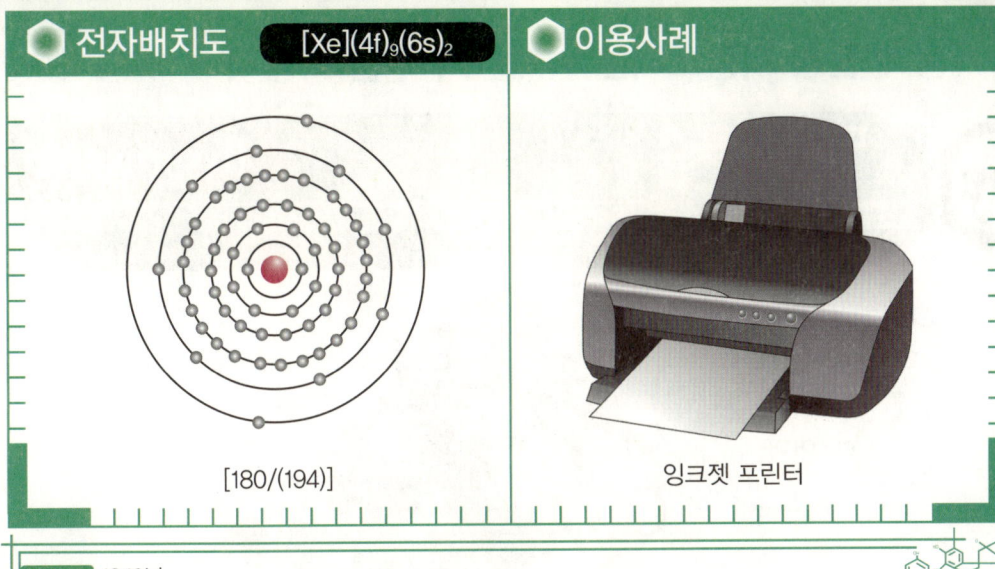

전자배치도 [Xe](4f)₉(6s)₂

[180/(194)]

이용사례

잉크젯 프린터

발견년도	1843년
발견자	카를 구스타프 모잔더(스웨덴)
존재형태	모나자이트와 바스트네사이트에서 산출된다.
이용사례	합금, 인자헤드, 광자기디스크

이트리아(산화이트륨)에서 발견한 원소

터븀은 은백색 금속이며 주로 가돌리나이트, 세라이트, 제노타임 등에 존재한다. 1843년 스웨덴의 화학자 모잔더가 발견했다. 모잔더는 그 당시 순수한 금속으로 인식되었던 이트리아에 아직 발견되지 않은 다른 원소가 존재한다고 추정했고, 신원소 분리에 보기 좋게 성공했다. 터븀 발견은 몇 년 전에 세리아(산화세륨)에서 란타넘과 디디뮴을 분리한 일에서 영감을 받은 것이었다. 하지만 순수한 터븀은 이온교환분리*가 개발된 후인 1905년에야 비로소 얻을 수 있었다.

전자기기에 이용하는 두 가지 합금

터븀은 란타넘족 원소* 중 가장 적게 존재하는 원소 중 하나이다. 터븀을 함유한 광물의 존재량 또한 1%도 미치지 못한다. 이처럼 존재비율이 낮고 값이 비싸 실용적으로 쓰이는 경우는 별로 없지만 주로 두 가지 합금으로 이용된다. 하나는 터븀–디스프로슘–철 합금이다. 이것은 자장에 의해 수축하는 성질이 있어서 잉크젯 프린터의 인자헤드에 이용된다. 또 하나는 터븀–철–코발트 합금으로 광자기디스크의 자성체 및 음악용 MD 자성막에 쓰인다. 이 합금은 어떤 일정한 온도에 이르면 자성을 잃게 되고 열이 식으면 자성이 다시 생기는 터븀의 성질을 이용한 것이다. 레이저광선으로 합금을 가열하여 자성을 제거하여 매체에 저장된 기록을 지우고 자장을 걸면서 식혀서 기록을 입력하는 원리이다.

Element Girls

등에 돋친 자랑스러운 날개는 우수한 축광재

디스프로슘 **Dysprosium**

원소명의 유래 그리스어의 「가까이하기 힘든, 얻기 힘든(dysprositos)」에서 유래한다.

빛나는 날개로 한밤중에 나는 것도 끄떡없어!

★ TRIVIA ★
디스프로슘은 자기왜곡 성질을 활용하여 컬러프린터의 헤드와 각종 센서 등에 이용된다.

SPEC

원자량	162.500	녹는점	1412° C	끓는점	2562° C
밀 도	8550kg/㎥	원자가	3	존재비	지표 : 3.7ppm 우주 : 0.3942

주요 동위원소: ^{156}Dy(0.06%, 1.0×10^{18}년), ^{157}Dy(EC, β^+, 8.1시간), ^{158}Dy(0.10%), ^{160}Dy(2.34%), ^{161}Dy(18.91%), ^{162}Dy(25.51%), ^{163}Dy(24.90%), ^{164}Dy(28.18%), ^{165}Dy(β^-, 2.334시간)

illustration by 瑠璃石

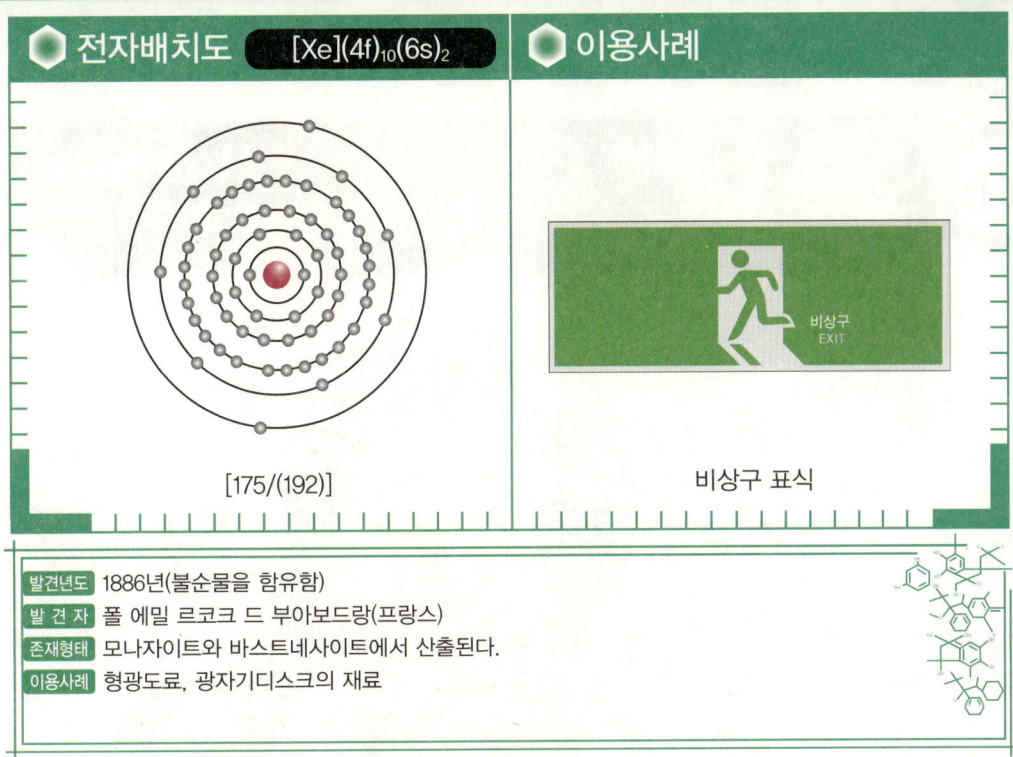

| 전자배치도 | [Xe](4f)₁₀(6s)₂ | 이용사례 |

[175/(192)]   비상구 표식

- 발견년도: 1886년(불순물을 함유함)
- 발 견 자: 폴 에밀 르코크 드 부아보드랑(프랑스)
- 존재형태: 모나자이트와 바스트네사이트에서 산출된다.
- 이용사례: 형광도료, 광자기디스크의 재료

단리하기 힘든 원소

디스프로슘은 밝은 은백색 금속으로 란타넘족 원소*에 속한다. 천연에 존재하는 동위 원소*는 7개이며 모두 안정하고 방사성도 없다. 1886년에 발견된 디스프로슘은 이트리아를 정제, 분석하는 과정에서 발견되었다. 이트리아에서 터븀과 함께 발견된 어븀이라는 원소 속에 또 다른 희토류 원소*가 존재했고 1879년에 이 어븀에서 홀뮴과 툴륨이 함께 발견되었다. 1886년에 프랑스의 부아보드랑이 홀뮴에서 분리한 것이 디스프로슘이다. 원소명에 '가까이하기 힘든, 얻기 힘든'이란 의미를 붙일 정도로 순수한 디스프로슘을 분리하는 것은 만만치 않은 작업이었다.

오랜 시간 발광하는 환상의 축광재

형광도료인 루미노바에는 축광재(蓄光材)로 디스프로슘을 사용한다. 루미노바는 방사선 물질이 전혀 없고 10분간 햇볕을 받으면 무려 10시간 동안 빛을 발하는 축광 안료로, 1993년 일본의 야광도료회사가 개발했다. 디스프로슘 같은 희토류 원소를 조합함으로써 축광성이 더욱 강해지는 것이다. 비상구 표식 등 유도표식은 정전이 되어도 빛이 나도록 루미노바를 이용한다. 또 디스프로슘합금인 테르페놀은 자장에 따라 길이가 변화하는 자기왜곡(磁歪)이란 성질을 가진다. 자기왜곡 합금은 대량의 에너지를 흡수할 수 있기 때문에 소형모터와 펌프에 활용하는 등 요즘 왕성한 연구를 진행 중이다.

Element Girls

67 Ho

원소 소리를 듣고 파장을 조율한다고!?

홀뮴 — Holmium

원소명의 유래 스웨덴 스톡홀름의 옛 지명인 라틴어의 「홀미아(holmia)」에서 유래한다.

> 원소 조율을 해야겠는데!!

★ TRIVIA ★
YAG 레이저는 비뇨장애의 원인인 전립선 비대증 및 요도결석 치료에 매우 효과적이다.

SPEC

원자량 164.93032	녹는점 1474°C	끓는점 2695°C
밀도 8795kg/㎥	원자가 3	존재도 지표 : 0.78ppm 우주 : 0.0889

주요 동위 원소 ^{165}Ho(100%), ^{166}Ho(β^-, 26.81시간)

illustration by よつ葉真澄

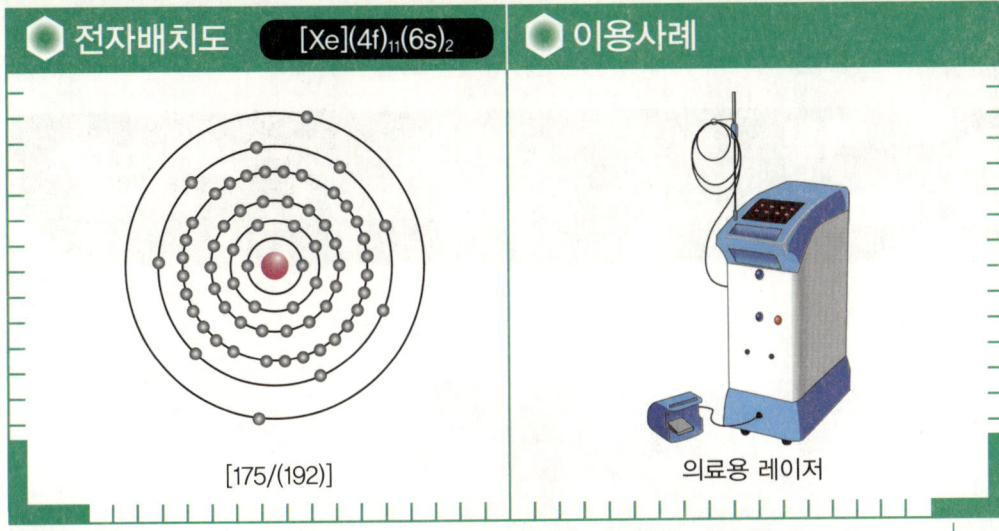

발견년도	1879년
발 견 자	페르 테오도르 클레베(스웨덴)
존재형태	모나자이트와 바스트네사이트에서 산출된다.
이용사례	홀뮴레이저, 색유리, 분광광도계 조정, 최강자장 마그넷 재료

기나긴 여정 끝에 순금속을 단리

란타넘족 원소*에 속하는 홀뮴은 부드러운 은색 금속 원소이며 모나자이트와 바스트네사이트에서 산출된다. 1879년 이트리아에서 홀뮴이 분리되었지만 순수한 원소가 아닌 화합물 상태였다. 몇 년 뒤 홀뮴에서 또 다른 신원소 디스프로슘이 분리되었다. 순수한 홀뮴을 얻은 것은 1911년이 되어서야 가능했다. 이는 이온교환분리*법이 개발되었기 때문이다.

의료 분야에서 대활약

홀뮴은 희토류 원소 중 가장 양이 적으며 값이 비싸 제한적으로 사용되었다. 하지만 근래 들어 홀뮴 레이저가 치료 장비로 쓰이는 등 큰 주목을 받고 있다. 홀뮴레이저의 가장 큰 장점은 절개와 동시에 지혈이 가능하다는 점이다. 광섬유로 인한 감퇴도 별로 없으므로 레이저 메스에 적격이다. 또 기존의 레이저보다 발열이 적어서 조직에 영향을 거의 미치지 않고 조직에 침투하는 정도(조직심달도)도 낮기 때문에 매우 안전하다.

이 밖에도 물질의 흡수 스펙트럼*을 측정하는 분광광도계의 파장교정용 필터로도 쓰인다. 분광광도계를 이용하여 정량실험 등을 할 경우 정확한 정량으로 맞추려면 반드시 교정*이 필요하다. 이 교정 작용을 맡은 것이 홀뮴이다. 홀뮴 필터는 파장범위가 20~600nm인 것을 교정하는 데 쓰이며 그보다 파장이 더 길 경우, 네오디뮴 필터를 사용한다.

Element Girls

68 Er

아무리 단거리라도 한걸음에 달려간다!

어븀　　　　Erbium

원소명의 유래 / 발견지인 스웨덴의 작은 광산촌 「이테르비(Ytterby)」에서 유래한다.

"아무도 날 따라잡을 순 없지."

★TRIVIA★

어븀 분리에 시간이 걸린 것은 란타넘족 원소와 성질이 유사할 뿐 아니라 가돌리나이트와 세라이트를 입수하기 힘들었기 때문이다.

SPEC

원자량	167.259	녹는점	1529°C	끓는점	2863°C
밀도	9066kg/m³	원자가	3	존재율 지표: 2.2ppm 우주: 0.2508	

주요 동위원소: ^{162}Er(0.14%), ^{164}Er(1.61%), ^{166}Er(33.61%), ^{167}Er(22.93%), ^{168}Er(26.78%), ^{169}Er(β^-, 9.40일), ^{170}Er(14.93%), ^{171}Er(β^-, 7.51시간)

illustration by spaike77

전자배치도 [Xe](4f)₁₂(6s)₂

이용사례

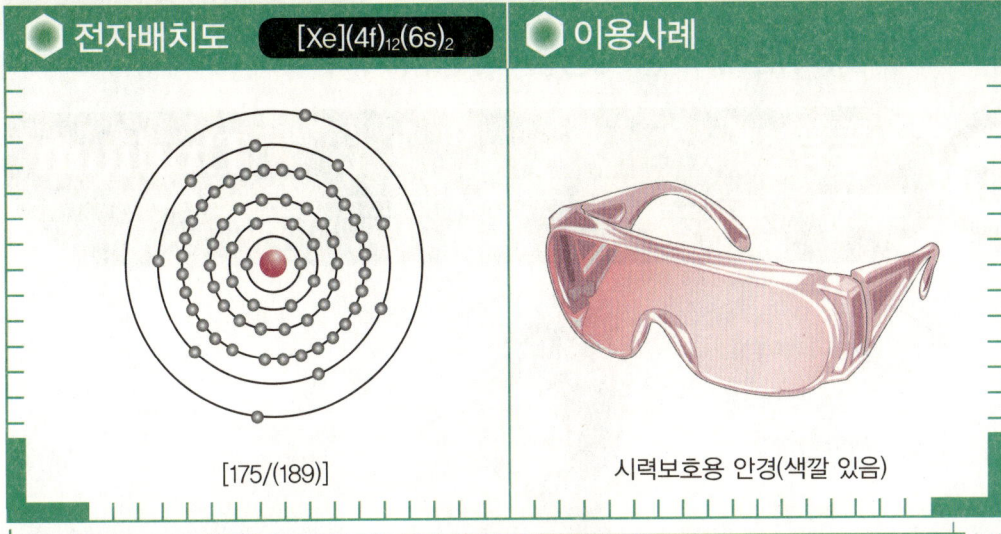

[175/(189)]

시력보호용 안경(색깔 있음)

발견년도	1843년(불순물을 함유함)
발 견 자	카를 구스타프 모잔더(스웨덴)
존재형태	모나자이트와 바스트네사이트에서 산출된다.
이용사례	색유리, 광섬유 첨가제, 중성자 포획재, 시력보호용 안경

어븀에서 6가지 원소가!?

어븀은 은백색 금속으로 란타넘족 원소* 중 가장 풍부하게 존재하는 원소이다. 어븀을 많이 함유한 광물은 제노타임과 육세나이트이다.

1843년 스웨덴의 화학자 모잔더가 어븀을 발견했다. 그런데 당시 발견한 것은 어븀 외에도 디스프로슘, 홀뮴, 툴륨, 루테튬, 이터븀, 스칸듐의 모두 6가지 원소가 존재한 것이었다. 1879년 클레베가 거의 순수한 형태로 분리했으며, 1934년에 이르러서야 클렘Klemm과 보머Bommer가 고순도 금속 어븀을 분리하는 데 성공했다.

인터넷을 지지하는 빛을 증폭하는 작용

어븀은 주로 YAG 레이저의 첨가제와 광섬유의 광신호를 증폭하는 첨가제로 쓰인다. 현재 통신에 이용하는 광섬유는 장거리통신에서는 서서히 신호가 약해지는 결점이 있다. 하지만 어븀을 첨가한 섬유를 설치하면 광섬유의 전송거리가 100배나 증가하게 된다.

또 산화어븀은 자외선 영역의 빛 흡수율이 높기 때문에 유리 세공장인, 용접공 등이 사용하는 시력보호용 안경에도 들어가 있다. 어븀을 유리에 첨가하면 유리 색깔이 선명한 분홍색을 띠는데 이 성질을 이용하여 유리 착색제, 장신구에도 널리 쓰인다.

Element Girls

69 Tm

지구 최북단에서 방사능을 측정합니다

툴륨 — Thulium

원소명의 유래: 세계의 끝, 북극의 땅 「ulimate Thule」, 스칸디나비아 반도의 옛 이름인 「툴레(Thule)」 등 여러 가지 설이 있다.

"북쪽 나라에서 여러분의 연구를 기다릴게요."

★TRIVIA★
툴륨 같은 란타늄족 원소의 존재량은 원자번호가 짝수인 원소는 많고 홀수인 원소는 적다.

SPEC
- 원자량: 168.93421
- 녹는점: 1545°C
- 끓는점: 1950°C
- 밀도: 9321 kg/m³
- 원자가: 3
- 존재도: 지표 0.32ppm 우주 0.0378
- 주요 동위원소: ^{169}Tm(100%), ^{170}Tm(β^-, EC, 128.6일), ^{171}Tm(β^-, 1.9년)

illustration by マザミユウコ

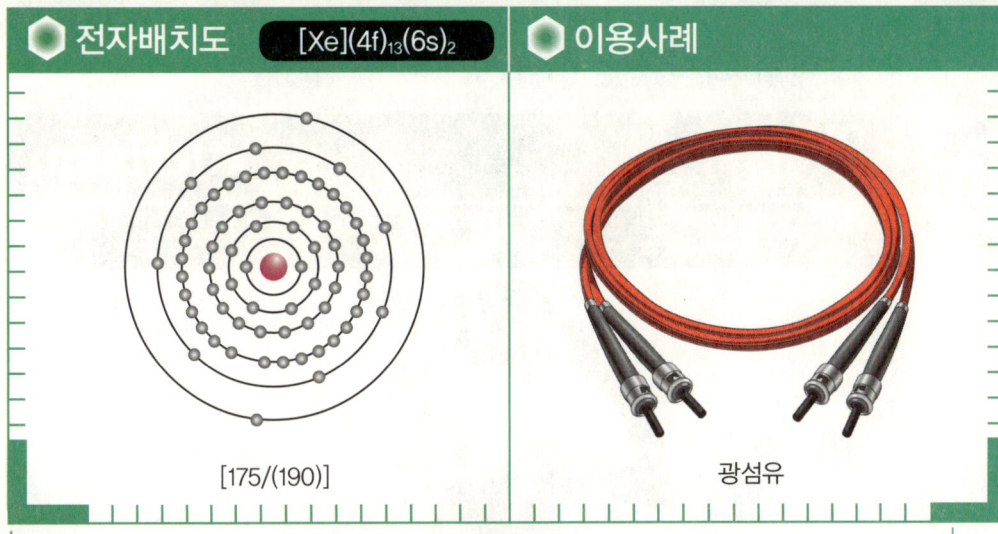

전자배치도 [Xe](4f)₁₃(6s)₂

[175/(190)]

이용사례

광섬유

발견년도	1879년(불순물을 함유함)
발 견 자	페르 테오도르 클레베(스웨덴)
존재형태	모나자이트와 바스트네사이트에서 산출된다.
이용사례	광섬유, 방사선량 측정

🟢 아직도 계속 발견되는 란타넘족 원소

툴륨은 밝은 은색 금속이다. 공기 중에서는 서서히 검게 변하지만 란타넘족 원소* 중에서는 가장 산화 저항력이 강한 원소이다. 1879년 스웨덴의 화학자 클레베가 툴륨을 발견했다. 1843년 이트리아에서 어븀과 터븀이 분리되었지만 클레베가 어븀을 다시 조사했더니 산출된 산지에 따라서 원자량이 다르다는 사실을 밝혀냈다. 그는 어븀에는 미지의 원소가 존재한다고 공표하고 1878년에 홀뮴, 1879년에 툴륨을 분리하는 데 성공했다.

1911년에는 미국의 화학자 테오도르 윌리엄 리처드 Theodore William Richards가 브로민산툴륨을 15,000회나 재결정을 반복한 끝에 순수한 툴륨 화합물을 얻을 수 있었다.

🟢 방사선을 측정하는 용도

툴륨은 란타넘족 원소 중 프로메튬 다음으로 존재량이 적어 아주 고가인 원소이다. 그 때문에 새로운 용도 개발이 활발하게 진행되지는 않으나 광섬유, 레이저의 첨가제로 이용되며 방사능 및 방사선을 측정하는 방사선량 측정계 성분으로도 쓰인다. 방사선량 측정계의 일종인 열(熱)루미네센스 선량계에는 황산칼륨, 플루오린화리튬, 툴륨 등의 여러 가지 물질이 함유되어 있으며, 방사선을 조사한 후 열을 가하면 발광하는 성질을 이용하고 있다. 그 밖에도 원자로에서 중성자 조사(照射)한 툴륨은 휴대용 X선원으로 쓰인다.

Element Girls

70 Yb

원소 사회의 중압에도 자유자재로 대처!

이터븀 — Ytterbium

원소명의 유래: 발견지인 스웨덴의 작은 광산촌 「이테르비(Ytterby)」에서 유래한다.

> 너무 요령 좋게 살아서 벌 받은 건가?

★TRIVIA★
이터븀 YAG 레이저는 미 공군의 공중 발사 레이저 시스템으로 이용된다.

SPEC

원자량 173.04	녹는점 824°C	끓는점 1193°C
밀도 6965kg/m³	원자가 2, 3	존재도 지표: 2.2ppm 우주: 0.2479

주요 동위원소: ^{168}Yb(0.13%), ^{169}Yb(EC, 32.02일), ^{170}Yb(3.04%), ^{171}Yb(14.28%), ^{172}Yb(21.83%), ^{173}Yb(16.13%), ^{174}Yb(31.83%), ^{175}Yb(β^-, 4.19일), ^{176}Yb(12.76%), ^{177}Yb(β^-, 1.9시간)

illustration by 希封天

전자배치도 [Xe](4f)$_{14}$(6s)$_2$

이용사례

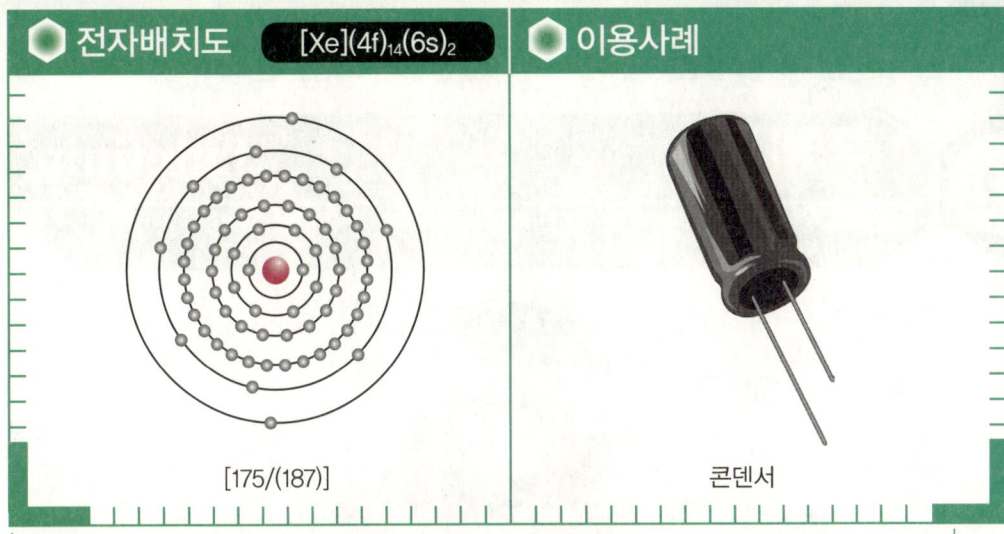

[175/(187)]

콘덴서

발견년도	1878년(불순물을 함유함)
발 견 자	쟝 샤를 갈리나 드 마리냐크(프랑스)
존재형태	모나자이트와 바스트네사이트에서 산출된다.
이용사례	유리 착색제, 콘덴서, 루이스산(酸) 촉매

어떤 원소지?

이터븀은 부드러운 은백색 금속으로 모나자이트와 바스트네사이트에서 산출된다. 1878년 스위스의 화학자 마리냐크가 분리한 이터븀도 이트륨 발견에서 시작된 여러 희토류 원소* 중 하나이다. 하지만 발견 당시에 얻은 이터븀은 순수한 금속 형태는 아니었다. 1953년이 되어서야 순수한 금속 이터븀을 얻을 수 있었다.

압력이 변하면 전기전도도가 함께 변하는 신기한 힘!

이터븀에는 압력에 따라 전기전도도가 변하는 성질이 있다. 1기압에서는 전도체* 상태이지만 압력이 올라갈수록 저항이 커지면서 16,000 기압에서는 반도체*가 된다. 그러나 40,000 기압에 도달하면 다시 전도체로 돌아간다. 이런 이터븀의 성질은 초고압력 센서에 이용된다. 이터븀의 저항이 변하면 흐르는 전류도 변하기 때문에 다양한 충격파 강도를 측정할 수 있는 구조이다.
그 밖에 다른 란타넘족 원소*와 같이 형광체, 전자디바이스로 이용되며, 환경오염의 원인이 되는 원소의 대체 원소로서 화학공업의 촉매로도 활약하고 있다. 하지만 이터븀의 양이 워낙 적어서 상업적 용도로는 거의 이용하지 않는다.

Element Girls

71 Lu

한 번 달라붙으면 떨어지지 않는 외로운 원소

루테튬

Lutetium

원소명의 유래: 로마 시대의 파리의 옛 지명인 라틴어 『루테티아(Lutetia)』에서 유래한다.

"광물에게서 떨어지기 싫어요……"

★TRIVIA★
루테튬을 함유한 란타넘족 원소는 원자번호가 커질수록 이온반경이 및 원자반경이 작아진다.

SPEC
원자량 174.967	녹는점 1663°C	끓는점 3395°C
밀 도 9840kg/m³	원자가 3	존재도 지표: 0.3ppm 우주: 0.0367

주요 동위 원소: ^{175}Lu(97.41%), ^{176m}Lu(β^-,EC,3.635시간), ^{176}Lu(2.59%, β^-, 3.59×10¹⁰년), ^{177}Lu(β^-,6.71일)

illustration by 希封天

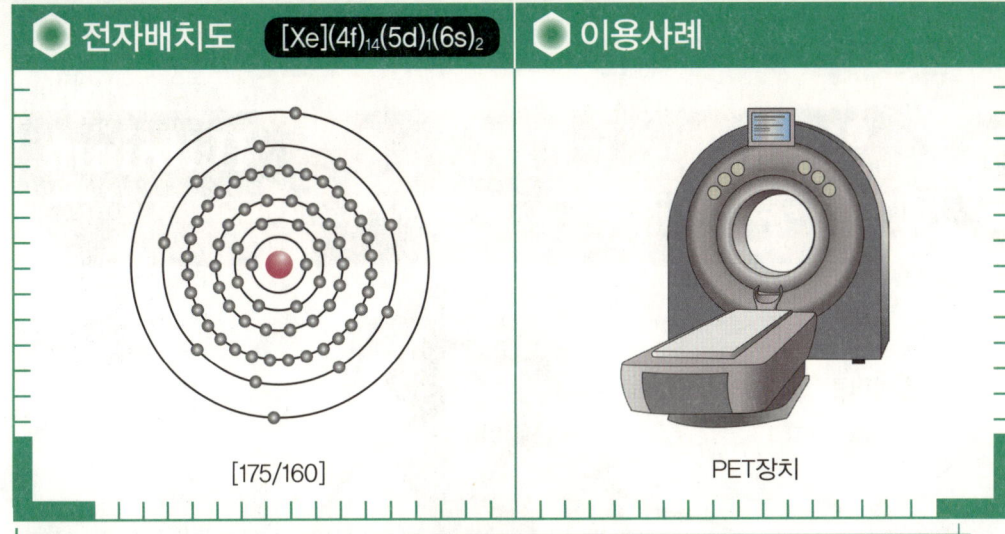

- 발견년도: 1905년(발견), 1907년(단리)
- 발 견 자: 조르주 위르뱅(프랑스), 카를 아우어 폰 벨스바흐(독일)
- 존재형태: 모나자이트와 바스트네사이트에서 산출된다.
- 이용사례: PET장치

란타넘족 최후의 원소

루테튬은 단단한 은색 금속 원소이다. 1905년에 발견된 마지막 천연 란타넘족 원소*이며 란타넘족 원소를 함유한 모든 광물에 존재한다. 1803년 세리아의 발견에서 루테튬 분리에 이르기까지 거의 100년이나 걸릴 정도로 란타넘족 원소를 분리하는 것은 대단히 힘든 작업이었다. 사실, 위르뱅 Georges Urbain이 루테튬을 발견한 것과 거의 같은 시기에 독일의 화학자 벨스바흐도 루테튬을 발견했다. 벨스바흐는 이 원소를 카시오페이아자리를 따서 '카시오퓸'이라고 명명했지만 왜인지 이 원소명은 승인을 받지 못했다.

금, 백금보다 비싸다! 세상에서 가장 비싼 금속

루테튬은 희토류 원소 중에서는 희귀한 원소이지만 금이나 백금보다는 많이 존재한다. 그러나 분리 작업이 너무 어려워서 루테튬의 가격은 웬만한 귀금속보다 훨씬 비싸다. 결국 연구 목적 이외로는 거의 쓰이지 않고 있다. 금속루테튬은 불화루테튬을 금속칼슘과 가열해서 얻어지는데, 연구 목적 외에는 쓰이지 않기 때문에 당연히 생산도 하지 않는다. 실용적인 용도로는 방사성 동위 원소인 ^{177}Lu가 고에너지 β선을 방출하는 성질을 이용하여 방사선 치료에 쓰이고 있다. 또한 실리콘 나이트라이드 세라믹에 산화루테튬을 섞으면 내열성이 크게 향상되어 1,500℃의 고온에서도 견딜 수 있게 된다. 이 세라믹은 냉각장치가 필요 없기 때문에 에너지 절감 전력공급 시스템으로 개발할 가능성이 점쳐지고 있다.

Element Girls

72 Hf — 중성자를 빨아들여 원자로를 제어하는 환경미화원

하프늄 — Hafnium

원소명의 유래 덴마크의 수도 코펜하겐의 라틴어 「하프니아(Hafnia)」에서 유래한다.

"중성자를 청소하러 왔습니다~"

★ TRIVIA ★

^{176}Hf에는 루테튬(^{176}Lu)이 변화해서 생긴 성분이 함유되어 있다. 이 성질은 암석의 연대 및 지각과 맨틀 진화를 밝히는 연구에 이용된다.

SPEC

- **원자량** 178.49
- **녹는점** 2230°C
- **끓는점** 5197°C
- **밀도** 12000kg/㎥ (액체), 13310kg/㎥ (고체)
- **원자가** (3),4
- **존재도** 지표 : 3ppm 우주 : 0.154
- **주요 동위원소** ^{174}Hf(0.16%, α, 2.0×10^{15}년), ^{175}Hf(EC, 70일), ^{176}Hf(5.26%), ^{177}Hf(18.60%), ^{178}Hf(27.28%), ^{179}Hf(13.62%), ^{180m}Hf(IT, β$^-$, 5.519시간), ^{180}Hf(35.08%), ^{181}Hf(β$^-$, 42.39일)

illustration by たはるコウスケ

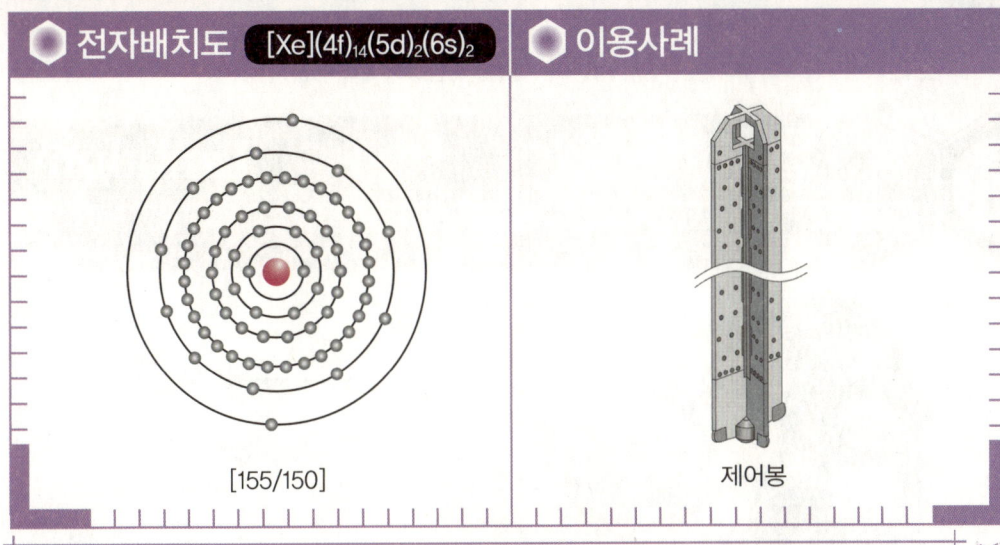

- 발견년도: 1923년
- 발 견 자: 디르크 코스테르(네덜란드), 조르주 드 헤베시(헝가리)
- 존재형태: 모나자이트, 지르콘, 바델레이아이트, 하프논에서 산출된다.
- 이용사례: 원자로 제어봉, 에스텔화 촉매($HfCl_4 \cdot THF$ 합성), 합금

● 꼭 빼닮은 두 원소!

하프늄은 광택이 있는 은색 금속으로 풍부한 연성과 뛰어난 내식성을 지녔다. 같은 4족 원소인 지르코늄과 성질이 비슷해서(이온 반경*이 양쪽 다 0.85Å 전후) 대단히 분리하기 어려운 원소이다. 이처럼 지르코늄의 존재에 가려져 희소 원소보다는 존재량이 훨씬 많음에도 불구하고 쉽게 인식할 수 없었던 하프늄은 20세기에 들어서야 발견되었다. 1923년 덴마크의 물리학자 보어Niels Bohr는, 스펙트럼을 이용하여 란타넘족 원소*는 57번에서 71번까지이며 72번 원소는 주기율표의 지르코늄 아래에 올 것이라고 예측했다. 이 예측을 근거로 덴마크의 보어연구소 소속인 디르크 코스테르Dirk Coster와 조르주 드 헤베시George de Hevesy는 지르코늄을 함유한 광물을 분석하여 신원소 하프늄을 발견했다.

● 중성자 흡수율이 다르다!

화학적 성질이 흡사한 하프늄과 지르코늄. 그러나 하프늄은 전자가 내부에 많이 채워져 있고 중성자를 흡수하기 쉬운 반면, 지르코늄은 천연금속 중 가장 중성자를 흡수하기 힘든 성질을 지녔다. 그래서 하프늄은 원자력 발전소 및 원자력 잠수함의 원자로 제어봉*으로 이용되고, 지르코늄은 원자로의 연료봉으로 이용된다. 하지만 이런 용도로 두 원소를 쓰려면 먼저 2개의 원소를 완벽하게 분리해야 한다. 가격도 엄청나게 비싸서 대규모 원자로 한 대당 필요한 50개의 제어봉에는 약 100만 달러나 되는 비용이 든다고 한다.

Element Girls

73 Ta

인공뼈에도 쓰인다! 애먹이는 원소 소녀

탄탈럼(탄탈) — Tantalum

원소명의 유래 그리스 신화에 나오는 신들에게 벌을 받은 왕 「탄탈로스(Tantalos)」에서 유래한다.

> 뼛속까지 괴롭혀주지.

★TRIVIA★
2000년경이 되자, 1년 동안 탄탈럼 가격이 10배로 급등했다. 이 사태는 휴대전화가 급속히 보급되었기 때문이었다.

SPEC

원자량	180.9479	녹는점	2996°C
끓는점	5425°C	밀도	16654kg/m³
원자가	(1),(2),(3),4,5	존재도	지표 : 1ppm 우주 : 0.0207

주요 동위 원소 ^{180}Ta(β^-,EC,8.152시간), ^{181}Ta(99.988%), ^{182}Ta(β^-,115일)

illustration by 八幡絢

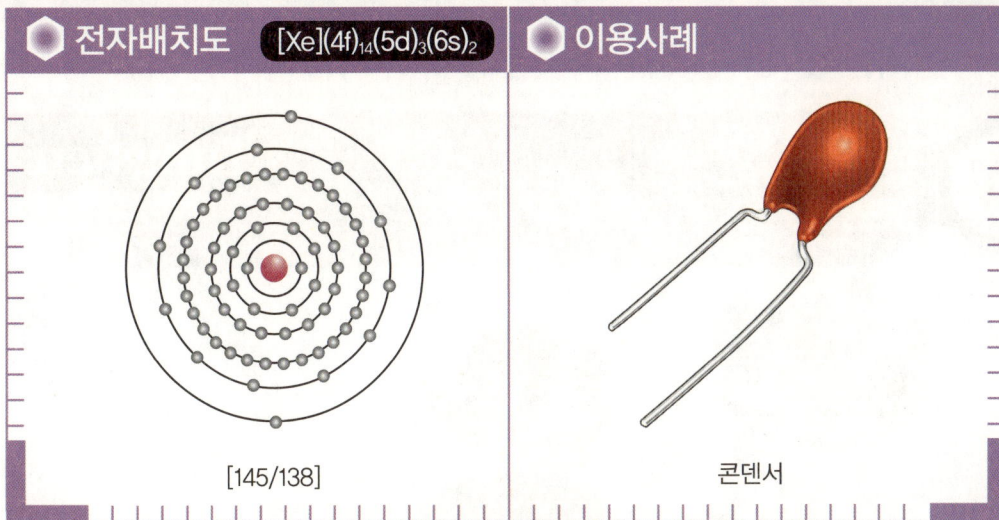

전자배치도 [Xe](4f)₁₄(5d)₃(6s)₂

이용사례

[145/138]

콘덴서

발견년도	1802년
발 견 자	안델르스 구스타프 에케베리(스웨덴)
존재형태	컬럼바이트, 이트로탄탈라이트, 퍼거소나이트 등에서 산출되며 순도가 높은 광상에 존재한다.
이용사례	인공뼈, 임플란트 치료, 전해 콘덴서의 선극, 내식성 용기, 특수 렌즈

화학자들을 괴롭힌 원소

탄탈럼은 광채가 있는 은색 금속으로 녹는점이 매우 높고 산에 강하여 좀처럼 화학반응을 일으키지 않는다. 또 탄탈럼과 흡사한 성질인 동족 원소 나이오븀과 함께 존재하기 때문에 분리, 추출하는 작업이 대단히 힘든 원소이다.

원소명의 유래인 '탄탈로스'는 그리스 신화의 제우스의 아들이며 부유한 왕이었으나 신들의 음식물을 훔쳤기 때문에 영원한 굶주림과 갈증으로 고통을 받는 벌을 받았다. 이 신화처럼 탄탈로스에는 '사람을 애먹여서 괴롭히다'라는 의미가 있다. 광석 속에서 탄탈럼이 발견되기까지의 긴 세월 동안 화학자들이 애를 먹었다고 하여 그 이름이 붙여졌다.

콘덴서로 전자기기 보급에 나섰다

탄탈럼은 고온에 강하며 증기압이 높은 성질을 지녔다. 그래서 텅스텐이 나오기 전에는 전구 필라멘트로 이용되었고 지금도 진공관, 레이저용 전자관의 재료로 쓰이고 있다. 또 자성이 뛰어난 성질을 살려 전해콘덴서로도 이용한다. 탄탈럼으로 만든 콘덴서는 일반적인 콘덴서의 약 60분의 1 크기로 같은 성능을 유지할 수 있다. 휴대전화를 비롯한 전자기기에 필수 요소인 콘덴서에 이용되는 탄탈럼은 전자기기 보급에 커다란 공헌을 한 셈이다. 하지만 전자기기의 급속한 보급으로 탄탈럼의 가격이 급등하면서 지금은 저렴한 나이오븀 콘덴서를 만드는 연구가 진행 중이다.

Element Girls

74 W

텅스텐 — Tungsten

반짝반짝! 환한 빛을 여러분에게 선사합니다!!

원소명의 유래 스웨덴어 「무거운 돌(tung sten)」에서 유래한다.

"자, 그럼 조명 들어갑니다~"

★TRIVIA★
텅스텐 필라멘트는 발명가 에디슨이 설립한 제네럴 일렉트릭사(General Electrics)의 연구자가 발명했다.

illustration by あや

SPEC

원자량 183.84	녹는점 3410°C	끓는점 5657°C
밀 도 19300kg/m³	원자가 1,2,3,4,5,6	존재도 지표 : 1ppm 우주 : 0.133

주요 동위 원소: $^{180}W(0.12\%)$, $^{181}W(EC, 121.2일)$, $^{182}W(26.50\%)$, $^{183}W(14.31\%)$, $^{184}W(30.64\%)$, $^{185}W(\beta^-, 75.1일)$, $^{186}W(28.43\%)$, $^{187}W(\beta^-, 23.9시간)$, $^{188}W(\beta^-, 69.4일)$

전자배치도 [Xe](4f)₁₄(5d)₄(6s)₂

이용사례

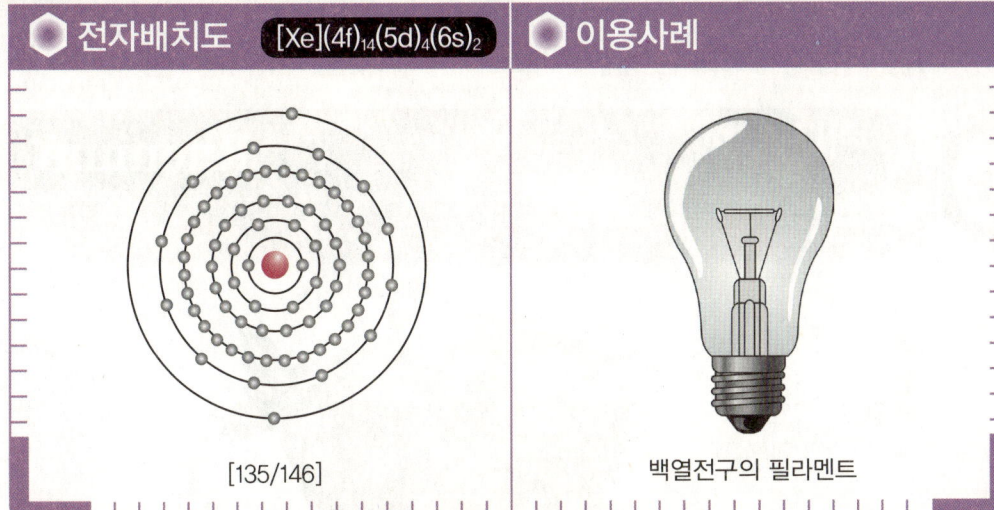

[135/146]

백열전구의 필라멘트

발견년도	1781년(산화물로 분리), 1783년(금속으로 단리)
발 견 자	카를 빌헬름 셸레(스웨덴 : 1781년), 후안 호세 드 엘루이아르, 파우스토 드 엘루이아르 (스페인 : 1783년)
존재형태	회중석(scheelite, $CaWO_4$), 철망가니즈중석$(Fe,Mn)WO_4 \cdot nH_2O$ 등에 존재한다.
이용사례	필라멘트, 볼펜, 절삭재료, 치과용 드릴, 텅스텐강, 해머던지기의 해머

● 텅스텐 원소기호의 비밀

텅스텐의 존재는 스웨덴의 화학자 셸레에 의해 발견되었다. 1781년 셸레는 회중석에서 새로운 산화물질을 분리하고 텅스텐이라고 이름 붙였다. 그는 이 산화물질에서 미지의 원소를 단리하려 시도했지만 순수한 텅스텐을 얻을 수는 없었다. 2년 후 스페인의 화학자 후안 호세 드 엘루이아르Juan José de Elhuyar와 파우스토 드 엘루이아르Fausto de Elhuyar 형제가 철망가니즈중석에서 셸레가 발견한 것과 같은 산화물을 분리했고, 이것을 탄소로 환원시켜 최초로 순수한 텅스텐 금속을 분리했다. 발견되었던 당시에는 광물의 이름을 따서 볼프람Worfram으로 명명했기 때문에 대다수 유럽 국가들에서는 볼프람이라고 불렀다. 원소기호가 'W'인 것은 볼프람의 머리글자에서 온 것이다.

● 텅스텐의 성질을 최대 활용한 전구 필라멘트

텅스텐은 모든 금속 원소 중에서 가장 녹는점이 높은 원소이다. 또한 열팽창이 잘 되지 않고 가장 증기압이 낮다. 이 성질을 살려서 만든 것이 텅스텐 필라멘트이다. 필라멘트는 장시간에 걸쳐 온도가 올라가므로 녹는점이 낮은 금속은 금방 녹아버리고 온도가 변화함에 따라 팽창하기 때문에 유리가 깨질 위험성이 있다. 나아가 증기압이 높은 금속인 경우 기체로 변하여 유리 표면에 결정이 달라붙는다. 이런 문제를 모두 해결한 텅스텐 필라멘트는 여러 가지 개량을 거듭하면서 지금도 백열전구의 필라멘트로 쓰이고 있다.

Element Girls

75 Re

이글이글 타오르는 불꽃에도 지지 않는 파워풀 걸

레늄 — Rhenium

원소명의 유래: 독일 라인 강의 라틴어 「Rhenus」에서 유래한다.

"날 찾아내는 데 꽤 시간이 걸렸군요."

★TRIVIA★
레늄은 지각 속에서 1t에 0.7mg 이하밖에 존재하지 않는다. 생산국도 칠레, 페루, 미국, 카자흐스탄으로 제한적이다.

SPEC

원자량 186.207	녹는점 3180°C	끓는점 5596°C
밀도 21020kg/m³	원자가 (1),(2),3,4,5,6,7	존재도 지표:0.5ppb 우주:0.0517

주요 동위 원소: ^{183}Re(EC,70.0일), ^{185}Re(37.40%), ^{186}Re(β^-,EC,90.6시간), ^{187}Re(62.60%,β^-,α,4.6×10¹⁰년), ^{188}Re(β^-,16.98시간)

illustration by 紺野賢護

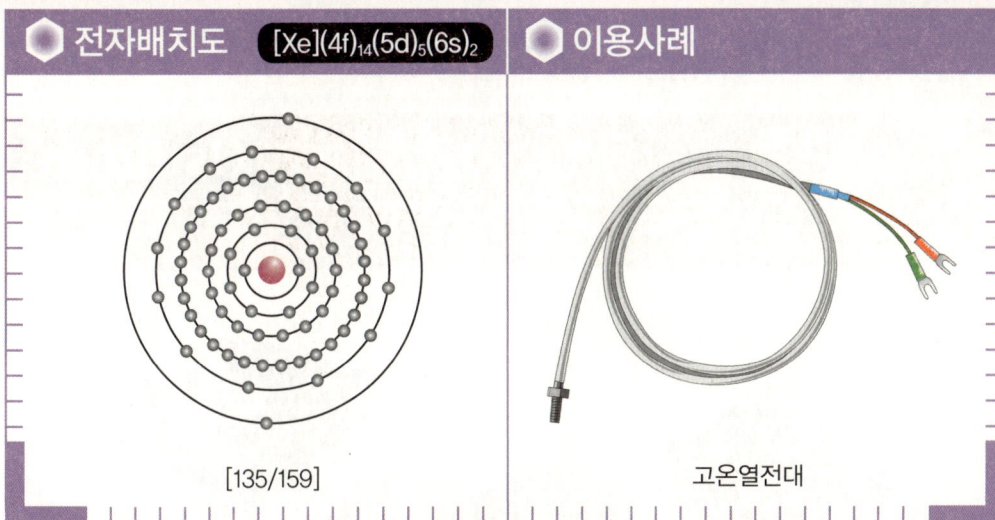

| 전자배치도 | [Xe](4f)$_{14}$(5d)$_5$(6s)$_2$ | 이용사례 |

[135/159]

고온열전대

발견년도	1925년
발 견 자	발터 노다크(독일), 이다 타케(독일), 오토 베르크(독일)
존재형태	레늄 광석, 휘수연석 등에 존재한다.
이용사례	수소화촉매, 고온열전대, 질량분석계 필라멘트, 로켓 노즐

🔷 허깨비 원소의 정체는?

레늄은 제일 나중에 발견된 금속 원소이며 지각 속에는 금속 원소 중 가장 적게 존재한다. 1925년 독일의 화학자 발터 노다크Walter Noddack와 조수인 이다 타케Ida Tacke, 지멘스사의 오토 베르크(Otto Berg)가 백금광석을 X선 분석하여 미지의 스펙트럼*선을 발견하여 신원소 레늄의 존재를 공표했다.

그런데 이 원소는 테크네튬을 소개할 때 잠시 등장했던 원소 '니포늄'과 동일한 물질임이 판명되었다. 니포늄은 오가와 마사타카가 1908년 발표한 원소이다. 그 당시 일본에는 X선 분광장치 같은 정밀기기가 갖추어지지 않아서 정확한 측정을 할 수 없었다. 원자량을 잘못 측정한 오가와는 니포늄을 75번이 아니라 43번 원소라고 발표한 것이다. 니포늄과 레늄이 동일 원소라는 사실은 2003년에 판명되었다. 그러나 레늄이 발견된 지 5년 뒤인 1930년경, 오가와 마사타카는 니포늄과 레늄이 같은 원소임을 이미 확인했다고 한다.

🔷 레늄의 이용 사례

희귀하고 값이 비싼 레늄은 이용 분야도 제한적이다. 레늄은 녹는점과 경도가 높은 성질을 이용하여 2,000℃ 이상의 고온 측정용 열전대로 쓰인다. 레늄의 녹는점은 텅스텐 다음으로 높으며 내열성도 무척 뛰어나다.

또 레늄을 석유정제 시 촉매로 이용하면 휘발유의 옥탄가*를 높이는 효과가 있다. 이는 다른 촉매와 달리 황이나 인 같은 불순물이 약간 존재해도 촉매로서의 기능이 저하되지 않기 때문이다.

Element Girls

76 Os

냄새는 고약하지만 사실은 연약해요

오스뮴 — Osmium

원소명의 유래 / 그리스어의 「냄새(osme)」에서 유래한다.

나중에 정리하면 되지 뭐~ 쿨쿨……

★TRIVIA★
오스뮴은 탄소와 탄소의 이중결합을 산화시켜 두 가지 종류의 알코올로 분해하는 (유기합성) 산화제로 이용된다.

SPEC

원자량	190.23	녹는점	3054°C	끓는점	5027°C
밀 도	22590kg/m³	원자가	1,2,3,4,5,6,(7),8	존재도	지표 : 0.1ppb 우주 : 0.675

주요 동위원소 ^{184}Os(0.02%), ^{185}Os(EC,93.6일), ^{186}Os(1.59%, α, 2.0×10^{15}년), ^{187}Os(1.96%), ^{188}Os(13.24%), ^{189}Os(16.15%), ^{190}Os(26.26%), ^{191m}Os(IT,13.1시간), ^{191}Os(β⁻,15.4일), ^{192}Os(40.78%), ^{193}Os(β⁻,30.5시간)

illustration by キョウシン

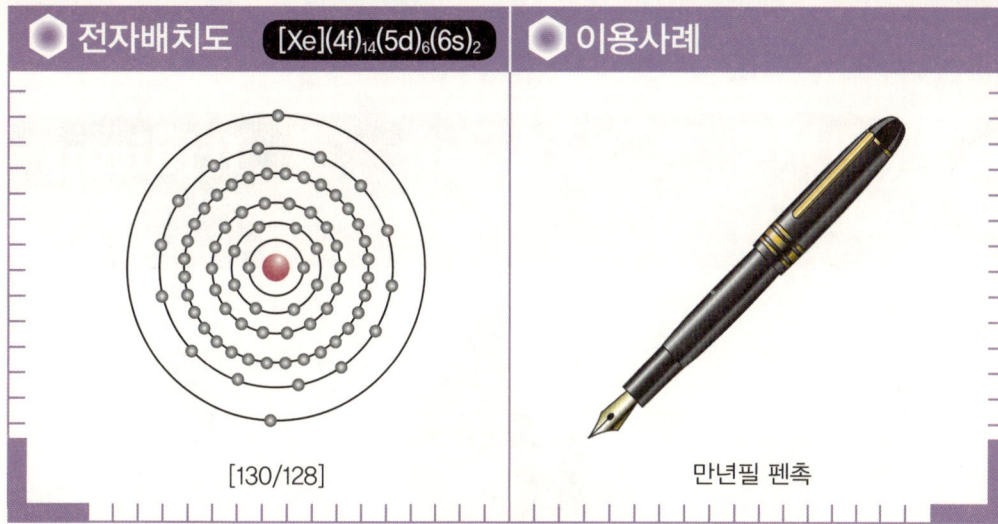

전자배치도 [Xe](4f)₁₄(5d)₆(6s)₂

이용사례

[130/128]

만년필 펜촉

발견년도	1803년
발 견 자	스미슨 테넌트(영국)
존재형태	이리도스민(이리듐과 오스뮴의 천연합금)에서 산출된다. 니켈 정련 시 부산물로도 얻는다.
이용사례	만년필 펜촉, 산화제(사산화오스뮴 OsO₄), 전자현미경 표본 제작 시약

◉ 가장 무거운 원소!

1803년 스미슨 테넌트Smithson Tennant는 백금을 왕수*로 녹인 후 남아 있는 용해잔류물을 분석한 결과 두 가지 신원소를 발견했다. 테넌트는 산과 알칼리를 번갈아 작용시키는 방법으로 이 두 가지 원소를 단리해 각각 이리듐, 오스뮴으로 명명했다. 오스뮴은 천연에서 산출되는 원소 중 가장 무거운 원소이다. 밀도가 크기로 유명한 납의 밀도 1130kg/m³에 비해 거의 두 배나 되는 22590kg/m³를 자랑한다. 오스뮴뿐만 아니라 백금족*에 속하는 금속 원소는 다른 금속 원소보다 대체로 무거운 편이다. 또 오스뮴은 자연계에서 순수한 금속 형태 및 이리듐과의 합금 형태로 산출된다. 오스뮴이 많이 함유된 합금은 오스미리듐이라고 하며, 이리듐이 많이 함유된 합금은 이리도스민이라고 하는데 두 금속의 총칭으로는 보통 이리도스민이라고 부른다. 오스뮴과 이리듐의 합금은 산이나 알칼리에 대한 내성이 높기 때문에 만년필의 펜촉에 사용된다.

◉ 냄새와 독의 공연

오스뮴이란 이름의 유래에서도 알 수 있듯이 오스뮴은 독특하고 자극적인 냄새를 풍긴다. 오스뮴의 분말을 공기 중에 놔두면 빠르게 산화되어 휘발성이 있는 사산화오스뮴으로 변한다. 금속산화물인 사산화오스뮴은 끓는점이 131°C로 낮기 때문에 실온에서도 휘발되는데 이때 고약한 냄새가 난다. 사산화오스뮴의 냄새에는 독성이 있으며 폐와 눈, 피부 등을 자극한다. 또 심한 두통을 유발하는 경우도 있으므로 오스뮴을 전문적으로 다루는 공장에서는 고농도 사산화오스뮴에 노출되지 않도록 세심한 주의를 기울여야 한다.

Element Girls

77 Ir

정숙한 숙녀는 영원히 아름다워!!

이리듐 — Iridium

원소명의 유래: 그리스어 신화의 무지개의 여신 「이리스(iris)」에서 유래한다.

> 내가 들어간 만년필은 7만km는 갈 수 있어요.

★TRIVIA★

이리듐같이 왕수에 녹지 않는 원소로 오스뮴이 있으며, 산에 반응하긴 하지만 양이 적고 천천히 침식되는 원소로는 루테늄과 로듐이 있다.

SPEC

원자량 192.217	녹는점 2410°C	끓는점 4130°C
밀도 22560kg/m³	원자가 1,(2),3,4,(5),(6)	존재도 지표:0.1ppb 우주:0.661

주요 동위 원소: ^{191m}Ir(IT,4.94초), ^{191}Ir(37.3%), ^{192}Ir(β^-,EC,73.83일), ^{193}Ir(62.7%), ^{194}Ir(β^-,19.15시간)

illustration by ゆつき

전자배치도 [Xe](4f)₁₄(5d)₇(6s)₂

이용사례

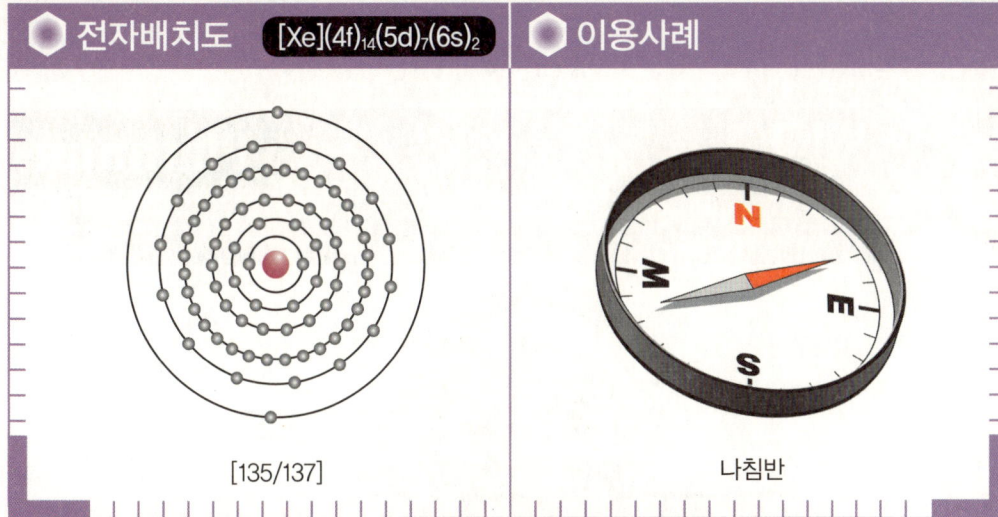

[135/137]

나침반

발견년도	1803년
발견자	스미슨 테넌트(영국)
존재형태	이리도스민(이리듐과 오스뮴의 천연합금)으로 산출된다. 니켈 정련 시 부산물로도 얻는다.
이용사례	만년필 펜촉, 나침반, 자동차의 스파크플러그, 미터, 킬로그램원기

⬢ 무게를 지키는 원소

1803년, 오스뮴과 함께 스미슨 테넌트에 의해 발견되었다. 이리듐은 금속 원소 중 가장 부식에 강한 원소로, 왕수* 등 강력한 산에도 녹지 않는 내식성을 갖고 있다. 금속 이리듐을 녹일 수 있는 물질은 시안화나트륨이나 시안화칼륨 수용액뿐이다.

길이와 무게의 기준이 되는 미터, 킬로그램 원기는 백금 90%, 이리듐 10%, 기타 미량의 금속으로 구성된다. 현재 미터는 빛과 시간으로 정의하고 있으나 무게는 여전히 킬로그램 원기로 정의하고 있다. 그러나 킬로그램 원기도 인공적으로 만든 장비이기 때문에 2003년, 140년 전에 제작된 국제 킬로그램 원기의 무게를 재보니 몇십 마이크로그램이 감소되었다는 사실이 밝혀졌다. 지금은 새로운 무게를 정의할 방법을 모색 중이다.

⬢ 가장 튼튼한 금속

이리듐은 단단하고 가공하기 힘들어 폭넓은 분야에서 쓰이진 않으나 방위를 나타내는 나침반과 만년필 등에 이용된다. 특히 만년필 펜촉은 이리듐의 특성을 잘 활용한 좋은 사례이다. 만년필 잉크도 화학물질이므로 잉크가 닿는 펜촉에 자연히 부식이 일어난다. 금속 중 가장 내식성이 강한 이리듐은 펜촉으로 쓰기에 안성맞춤인 셈이다. 다른 금속은 종이와의 마찰로 쉽게 마모되지만 이리듐은 대단히 뛰어난 내마모성을 가진다. 이리듐을 함유한 합금펜촉은 거리로 치자면 70km 이상 되는 종이에 글을 쓸 수 있다고 한다.

Element Girls

78 Pt — 백금 (Platinum)

금보다 더 귀한 인기 만점 패션리더

원소명의 유래: 스페인어의 「작은 은(platina)」에서 유래한다.

"인기가 너무 많아도 문제라니까."

★TRIVIA★
백금의 존재가 알려지기 전, 백금을 은으로 착각한 사람들이 남미에서 유럽으로 가져갔지만 백금을 녹일 방법을 찾지 못해 결국 처분했다고 한다.

SPEC
- 원자량: 195.078
- 녹는점: 1772°C
- 끓는점: 3830°C
- 밀도: 21450kg/m³
- 원자가: 2,4,(5),(6)
- 존재도: 지표: 1ppb, 우주: 1.34
- 주요 동위 원소: ^{190}Pt(0.014%, α, 6.0×10^{11}년), ^{192}Pt(0.782%), ^{194}Pt(32.967%), ^{195}Pt(33.832%), ^{196}Pt(25.242%), ^{197}Pt(β⁻, 18.3시간), ^{198}Pt(7.163%), ^{199}Pt(β⁻, 30.8분)

illustration by フヅキリコ

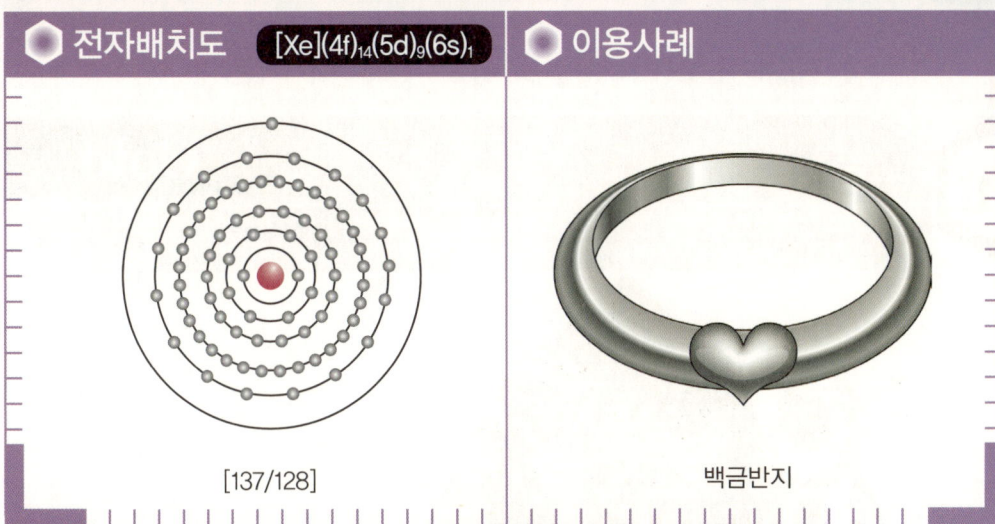

| 전자배치도 | [Xe](4f)$_{14}$(5d)$_9$(6s)$_1$ | 이용사례 |

[137/128]

백금반지

- **발견년도** 고대부터 알려졌다.
- **발 견 자** 고대부터 알려졌다.
- **존재형태** 사백금(砂白金), 쿠퍼라이트, 스페릴라이트에서 산출된다.
- **이용사례** 장신구, 항암제(시스플라틴), 미터, 킬로그램원기, 주화, 촉매, 연료전지

헷갈리는 이름이 붙은 원소

백금은 금($_{79}$Au) 등의 귀금속과 마찬가지로 고대부터 알려진 금속이다. 그러나 백금을 이용한 것은 남미의 고대문명이었고, 고대 그리스, 고대 중국에서는 백금의 존재를 전혀 알지 못했다. 유럽에는 스페인 해군 장교인 D.A. 울로아가 1748년에 출판한 저서『남미서해안탐험기』를 통해 처음으로 백금의 존재가 알려졌다.

이 원소를 한국에서는 백금으로, 영어로는 '플라티넘'이라고 표기하지만 백금을 영어로 직역하면 플래티넘이 아니라 '화이트골드'가 된다. 화이트골드는 금에 은과 팔라듐을 섞은 합금이며 플래티넘과는 전혀 다른 금속을 가리키는 말이다.

촉매로도 약으로도 쓰이는 만병통치약!

플래티넘은 액세서리에 쓰이는 금속으로 유명하지만 촉매 기능이 대단히 뛰어나 다양한 반응을 보이며 활성화된다. 우리들 주변에서는 하드디스크의 자성체재료와 배기가스 정화촉매로 사용된다. 또 플래티넘은 1973년 항암제인 시스플라틴cisplatin 성분으로서 의료분야에 도입되었다. 이어서 1990년 제2세대 백금제제로 부작용이 별로 없는 카르보플라틴carboplatin이 개발되었으며 현재 제3세대 백금제제 개발이 진행 중이다. 덧붙이자면, 백금의 채광량은 금의 10분의 1 수준이기 때문에 금보다 더 비싸다.

Element Girls

79 Au

어느 시대에나 찬란하게 빛나는 원소의 여왕

금

Gold

원소명의 유래 화학기호 Au는 라틴어의 「태양의 광채(Aurum)」에서 유래하며, Gold의 어원은 고대 앵글로색슨어의 「황색(geolo)」에서 유래한다.

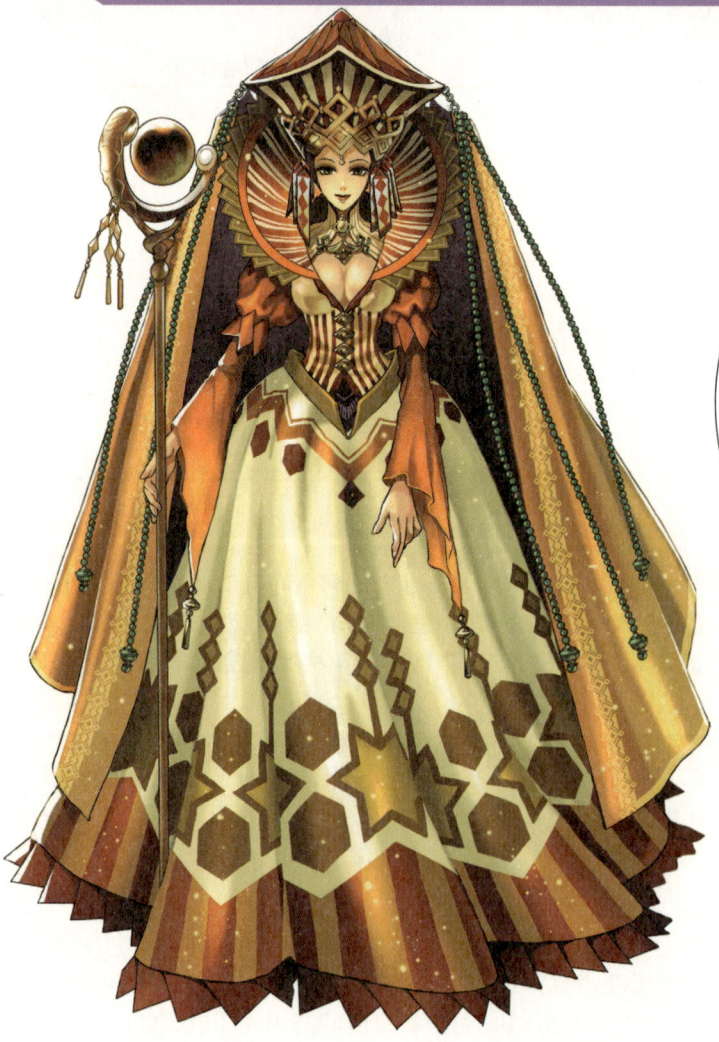

> 세상을 움직이는 것이 나의 사명이다……

★TRIVIA★

금은 금속 중에서 유일하게 금빛으로 빛나는 특성을 가지고 있다. 빛을 반사하는 전자껍질의 자유전자가 가시광선 중 빨간색부터 노란색 빛만 반사하기 때문이다.

SPEC

원자량	196.96655	녹는점	1064.43°C	끓는점	2807°C
밀도	19320kg/m³	원자가	1,3	존재도	지표: 3ppb 우주: 0.187

주요 동위원소: ^{195}Au(EC, 186일), ^{197m}Au(IT, 7.73초), ^{197}Au(100%), ^{198}Au(β^-, 2.6935일), ^{199}Au(β^-, 3.139일)

illustration by 陸原一樹

전자배치도 [Xe](4f)$_{14}$(5d)$_{10}$(6s)$_1$

이용사례

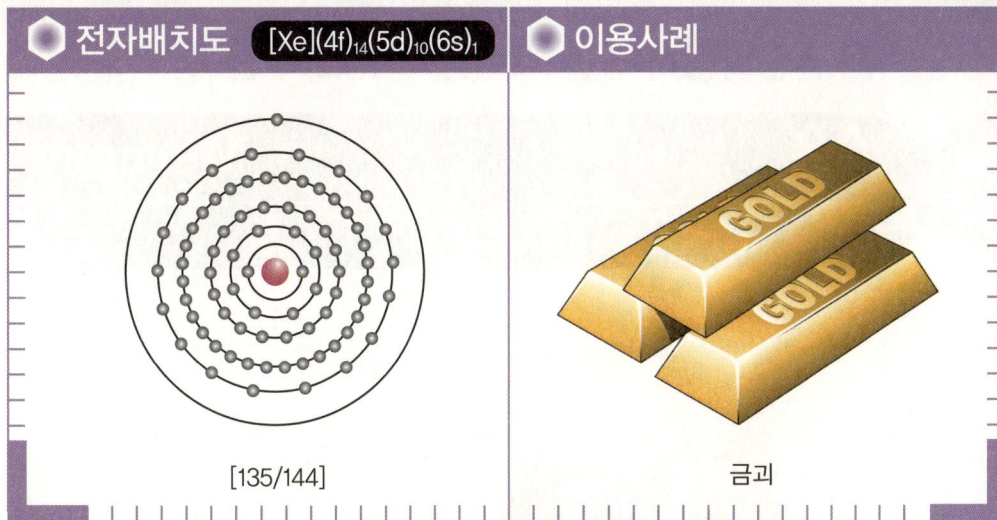

[135/144]

금괴

발견년도	고대부터 알려졌다.
발 견 자	고대부터 알려졌다.
존재형태	자연금, 텔루륨화광물로 산출된다.
이용사례	장신구, 의약품, 집적회로, 유리 착색제

● 인류의 발전에는 반드시 금이 있었다!

금은 수많은 고대문명에서 부의 상징으로 이용되었던 원소이다. 기원전 3000년경 메소포타미아 문명의 도시국가에서는 금으로 만든 투구가, 기원전 1300년경의 고대이집트 문명에서는 투탕카멘의 황금 가면이 발견되었다.

금은 인류 발전에 빼놓을 수 없는 금속이다. 중세 유럽에서는 인공적으로 금을 만들 목적으로 연금술이 유행했는데 이 연금술을 실행하는 과정에서 새로운 원소가 많이 발견되었으니 결과적으로 연금술은 화학 발전에 크게 기여한 셈이다. 또 15세기 초부터 17세기 초까지 유럽의 배들이 세계를 돌아다니며 탐험과 무역을 하던 대항해시대에도 많은 사람이 금을 발견할 목적으로 항해를 떠났다고 한다.

● 순수한 금은 24K

금은 내식성과 전도성이 뛰어나고 전기저항이 낮다. 이 특징을 살려서 집적회로의 전자부품 및 치과재료 등에 이용된다. 또 금의 화합물인 금치오과산나트륨Sodium Aurothiomalate은 관절염 치료약으로 쓰이며, 최근에는 금 촉매가 고활성이란 성질이 알려지면서 유기합성과학 분야의 주목을 받고 있다.

흔히 금 액세서리를 보고 18K, 24K라는 표현을 쓴다. 캐럿(Karat=K)은 금의 순도를 나타내는 단위이며 금의 순도는 24분률로 표시한다. 18금(18K)은 24분의 18, 즉 75%가 금이라는 뜻이다. 순도 100%인 금은 24K라고 표시한다.

순금은 너무 부드러워서 장신구 가공에 부적합하기 때문에 은이나 구리를 섞은 합금(18K)이 자주 이용된다. 또 금속의 비율이나 종류에 따라 핑크골드, 옐로골드 등 다양한 색을 낼 수 있다.

Element Girls

80 Hg

금속을 말랑말랑하게 만드는 금속 원소의 천적?

수은 — Mercury

원소명의 유래: 로마신화의 상업의 신 「메르쿠리우스(mercurius)」에서 유래한다.

"어떤 모습을 좋아하시나~"

★TRIVIA★
수은은 여러 금속 원소와 합금을 만들어 아말감이 된다. 그러나 망가니즈, 철, 니켈, 코발트, 텅스텐, 백금과는 결합되지 않는다.

SPEC

원자량	200.59	녹는점 -38.87°C	끓는점 356.58°C
밀도	13546kg/㎥(액체), 14193kg/㎥(고체)	원자가 1,2	존재도 지표: 0.05ppm 우주: 0.34

주요 동위 원소: ^{196}Hg(0.15%), ^{197m}Hg(IT,EC,23.8시간), ^{197}Hg(EC,64.14시간), ^{198}Hg(9.97%), ^{199}Hg(16.87%), ^{200}Hg(23.10%), ^{201}Hg(13.18%), ^{202}Hg(29.86%), ^{203}Hg(β^-,46.60일), ^{204}Hg(6.87%)

illustration by 西川淳

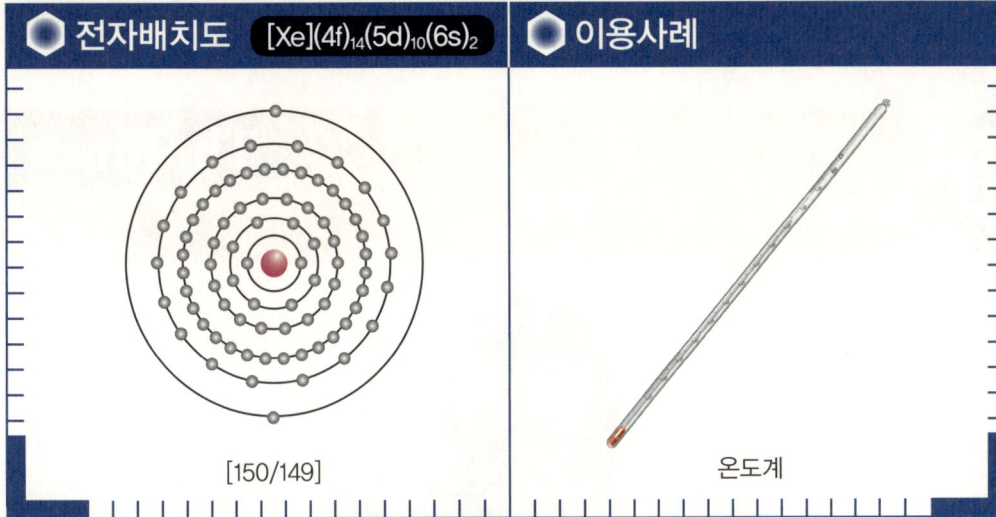

| 전자배치도 | [Xe](4f)$_{14}$(5d)$_{10}$(6s)$_2$ |

[150/149]

온도계

발견년도	고대부터 알려졌다.
발 견 자	고대부터 알려졌다.
존재형태	자연수은, 진사(辰砂)로서 산출된다.
이용사례	온도계, 단추형 전지(현재 수은이 들어가지 않은 것이 개발되었다), 수은등, 의약품(현재 사용 중시)

실온에서 유일하게 액체 상태인 금속 원소!

수은은 실온에서는 액체 상태인 금속 원소이다. 수많은 금속 원소 중 수은만 이 특징을 갖고 있다. 기원전 철학자 아리스토텔레스가 '액체의 은'이란 뜻의 이름을 붙인 것만 봐도 알 수 있듯이 고대 시대부터 이미 수은의 존재와 수은이 액체 금속이란 성질이 잘 알려졌었다.

수은에는 순수한 수은과 화합물 양쪽 다 대부분 독성이 들어있다. 일본의 4대 공해병 중 하나인 미나마타병도 수은이 원인이었다.

도금과 안료에 쓰였다

수은은 다른 금속과 섞이면 말랑말랑한 합금(아말감)을 형성한다. 일본에서는 이 성질을 이용하여 나라(奈良) 지역의 대(大)불상을 도금했다. 749년에 완성된 나라 대불상은 수은과 금을 섞은 아말감으로 도금처리를 했다. 대불에 아말감을 바른 다음 열을 가하면 수은은 증발하고 금만 남는 원리를 이용한 것이다. 그러나 기화한 수은에도 독성이 있기 때문에 수은을 증발시킨 당시에 많은 수은 중독자가 생겼다고 한다. 그 밖에도 7세기 말에서 8세기 초에 제작된 기토라고분 벽화에 쓰인 붉은색 안료에는 황화수은이 들어가 있다.

이처럼 강한 독성을 지닌 물질이지만 그 사실을 몰랐을 때 유기 수은 화합물은 살균소독제인 머큐로크롬이나 백신 보존제인 티메로살 등 의약품으로 이용되었다. 그러나 수은의 독성이 명확하게 밝혀진 뒤 사용이 중지되었다.

Element Girls

81 Tl

한 번 노린 목표물은 반드시 해치우는 머리 좋은 저격수

탈륨 / Thallium

원소명의 유래 그리스어의 「녹색의 잔가지(thallos)」에서 유래한다.

"내 총탄은 나중이 더 무섭지."

★ TRIVIA ★

탈륨은 독성이 있는 물질로 지정되어 있어, 과거에도 탈륨 화합물을 이용한 독살사건이 일본에서도 발생한 적이 있었다.

SPEC

원자량 204.3833	녹는점 304°C	끓는점 1457°C
밀도 11850kg/m³	원자가 1,3	존재도 지표: 0.36ppm 우주: 0.184

주요 동위원소: ²⁰¹Tl(EC,73.1시간), ²⁰²Tl(β⁺,12.23일), ²⁰³Tl(29.524%), ²⁰⁴Tl(β⁻,EC,β⁺,3.78년), ²⁰⁵Tl(70.476%)

illustration by 久保わこ

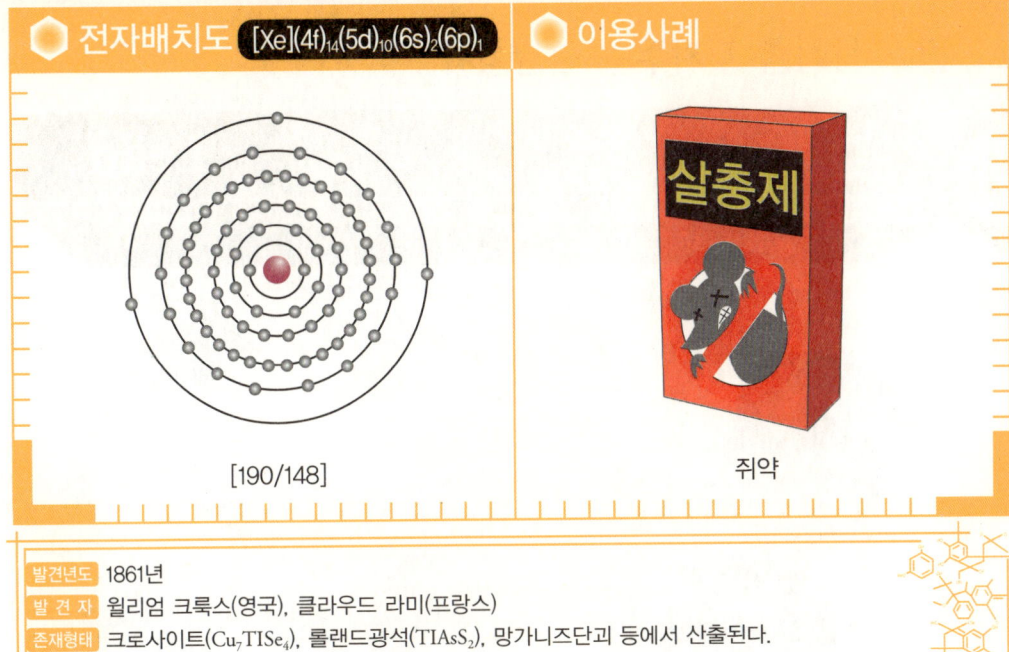

전자배치도 [Xe](4f)₁₄(5d)₁₀(6s)₂(6p)₁

[190/148]

이용사례

쥐약

발견년도	1861년
발견자	윌리엄 크룩스(영국), 클라우드 라미(프랑스)
존재형태	크로사이트(Cu_7TlSe_4), 롤랜드광석($TlAsS_2$), 망가니즈단괴 등에서 산출된다.
이용사례	심근혈액검사(^{201}Tl), 온도계, 쥐약

⬡ 암살도구로도 알려진 위험한 원소

탈륨은 연한 은백색 금속 원소이다. 습한 공기와 접촉하면 표면이 거무스름하게 변하기 때문에 석유에 담가서 보존한다.

탈륨은 유독 원소로 알려졌으며 특히 황산탈륨, 질산탈륨은 쥐나 개미를 처치하는 살충제로도 이용되었다. 인간에게 미치는 영향도 크다. 탈륨을 들이키거나 피부에 닿으면 중독 증세를 보이며 탈모, 정신이상의 원인이 되는 경우도 있다. 치사량은 겨우 1g, 복용 후 약 2주 전후로 죽음에 이른다. 이처럼 탈륨은, 복용해도 즉각 증상이 나타나진 않기 때문에 암살용 독물로 주로 쓰였다. 이라크의 사담 후세인도 탈륨을 이용하여 적을 말살했다고 한다.

⬡ 칼륨과 비슷한 성질을 이용하다

탈륨은 생체 필수원소인 칼륨과 비슷한 성질을 띤다. 탈륨이 몸에 들어가면 원래는 칼륨이온과 만나서 활성화되는 효소가 탈륨의 영향으로 제대로 작용하지 못하게 된다. 다시 말해 혼수상태, 마비, 탈모 등의 증상이 일어나며 치사량을 복용했을 경우엔 사망한다. 한편 심근혈액검사제(신티그래피)로 쓰이는 염화탈륨은 칼륨과 유사한 성질을 역이용한 것이다. 방사성 동위 원소인 ^{201}Tl을 환자에게 주사하여 방사선을 측정하고 이를 영상으로 촬영하면 환자 몸의 손상 정도를 파악할 수 있다. 이때 사용하는 탈륨은 극소량이어서 인체에 영향을 미치지 않는다.

Element Girls

82 Pb 납
원소 사회를 지켜주는 민완형사

Lead

원소명의 유래 원소기호 Pb는 라틴어의 「납(plumbum)」에서 유래하며, Lead는 앵글로색슨어로 「납」을 뜻한다.

"제가 X선으로부터 여러분을 지켜드릴게요."

★TRIVIA★
납은 아주 오래전부터 이용된 원소이다. 고대 로마 시대의 수도관은 납으로 만들어졌다.

SPEC
원자량 207.2		녹는점 327.5°C	끓는점 1740°C
밀 도 10678kg/㎥ (액체), 11350kg/㎥ (고체)		원자가 2,4	존재도 지표 : 8ppm 우주 : 3.15

주요 동위원소 ^{200}Pb(EC,21.5시간), ^{201}Pb(EC, β^+, 9.33시간), ^{202m}Pb(IT,EC,3.62시간), ^{202}Pb(EC, α, 5.3×10^{4}년), ^{203}Pb(EC,52.0시간), ^{204}Pb(1.4%), ^{206}Pb(24.1%), ^{207m}Pb(IT,0.796초), ^{207}Pb(22.1%), ^{208}Pb(52.4%), ^{210}Pb(β^-, α, 22.3년)

illustration by 白夜ゆう

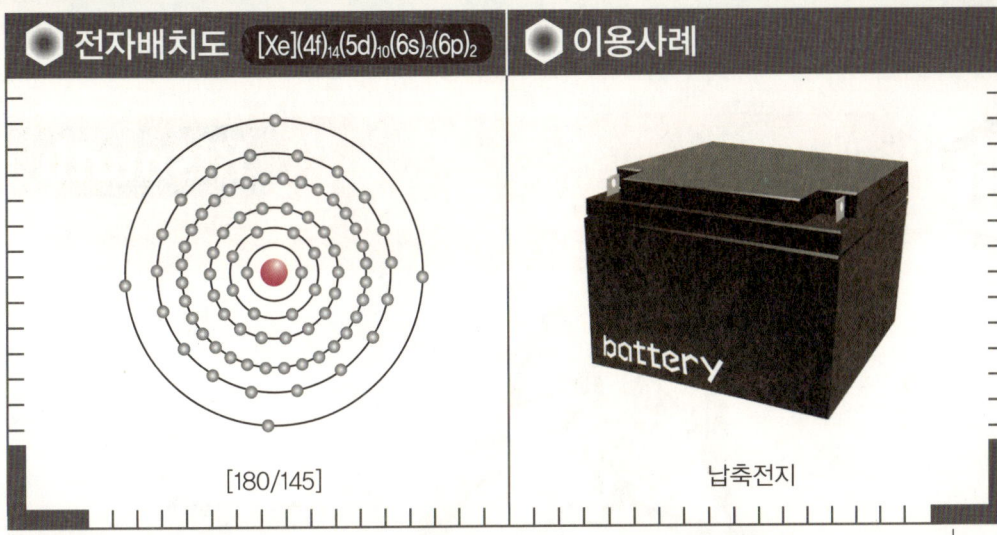

| 전자배치도 | [Xe](4f)₁₄(5d)₁₀(6s)₂(6p)₂ | 이용사례 |

[180/145]

납축전지

- **발견년도** 고대부터 알려졌다.
- **발 견 자** 고대부터 알려졌다.
- **존재형태** 방연석(PbS), 백연석(PbCO₃), 황산연광(PbSO₄) 등에서 산출된다.
- **이용사례** 납축전지, 땜납, 화장분(과거에 쓰였다), 노킹방지제(anti-knock agent), 거울

가장 질량이 큰 안정 동위 원소

납은 연성이 풍부한 은색 금속이다. 또 82개의 양성자로 구성된, 최대 매직넘버*(magic number)를 가진 원소이기도 하다. 그 중 동위 원소* ²⁰⁸Pb는 중성자 수도 126개라는 매직넘버로 채워졌기 때문에 대단히 안정성이 높다. 납 이후의 원소들은 안정한 동위 원소가 존재하지 않아서 서서히 붕괴하여 최종적으로 납으로 변하고 안정한다. 그래서 납의 존재량이 많은 것이다.

납제품의 미래

납은 생산량의 약 35%가 승용차와 트럭의 배터리(납축전지) 전극으로 사용된다. 납축전지란 1859년에 발명된 2차전지로 과산화납을 양극(陽極)으로, 납을 음극으로 사용하며 묽은 황산을 전해액(電解液)으로 사용한 전지다. 이 전지는 오래전부터 잘 알려졌으며 품질이 안정적이고 경제적이어서 폭넓게 이용되고 있다. 그 밖에 텔레비전과 컴퓨터 모니터에 쓰이는 브라운관 화면의 유리, 세라믹, 거울 등에도 납이 들어있다.

납은 독성이 있기 때문에 근래에는 납 화합물 사용을 금지하거나 제한하는 국가가 점점 확산되고 있다. 납축전지에 들어있는 납도 엄격한 기준에서 재활용되며 다 쓴 전지는 다시 납축전지로 재활용한다. 그러나 개발도상국에서는 여전히 납을 이용한 제품(납유리, 유약, 안료, 건물자재 등)을 많이 이용하고 있기 때문에 환경에 축적된 납이 야생 생물에게 미칠 영향을 우려하는 목소리가 높다.

Element Girls

83 Bi

합금에서 의약품까지, 부유한 귀부인

비스무트

Bismuth

원소명의 유래 라틴어의 「녹다(bisemutum)」에서 유래한다.

> 나한테 걸리면 헬리코박터 세균도 한 방에 퇴치되죠.

★ TRIVIA ★

비스무트, 스트론튬, 칼슘, 구리, 산소로 구성된 재료는 초전도 송전 케이블에의 이용이 기대되고 있다.

SPEC

| 원자량 | 208.98038 | | | 녹는점 | 271.3° C | 끓는점 | 1610° C |
| 밀도 | 10050kg/m³ (액체), 9747kg/m³ (고체) | | | 원자가 | 3, 5 | 존재도 | 지표: 0.06ppm 우주: 0.144 |

주요 동위 원소: ^{206}Bi(EC, β^+, 6.243일), ^{207}Bi(EC, β^+, 32.2년), ^{209}Bi(100%, 1.0×10^{19}년), ^{210}Bi(β^-, α, 5.013일)

illustration by 大槻満奈

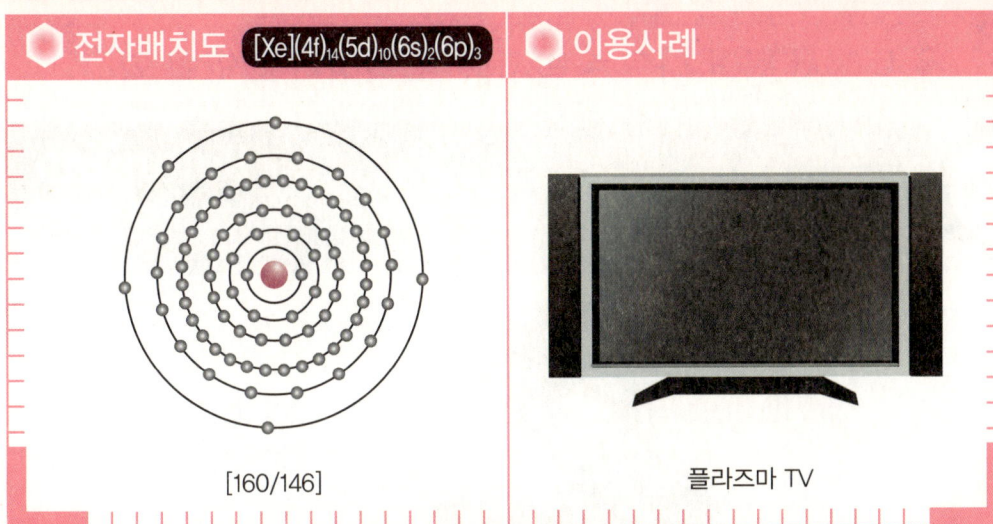

| 전자배치도 | [Xe](4f)₁₄(5d)₁₀(6s)₂(6p)₃ | 이용사례 |

[160/146]

플라즈마 TV

발견년도	1450년 전후에 납과 함께 활자합금 등에 이용되었다.
발 견 자	클로드 프랑소와 죠프로아(프랑스) ※원소명을 확정한 사람이다. (발견자는 불명)
존재형태	휘창연석(Bi_2S_3), 비스무스옥사이드(Bi_2O_3) 등에서 산출된다.
이용사례	의약품, 고온초전도체, 반자성체, 화장품(옥시염화비스무트), 고속증식로의 냉각재(Pb-Bi)

반감기가 엄청나게 긴, 안정한 원소

비스무트는 은백색의 무거운 금속이며, 연한 분홍색을 띠고 있다. 순수한 비스무트는 대단히 쉽게 부서지기 때문에 대부분 다른 금속과 결합하여 이용한다.

동위 원소 가운데서 방사성 동위 원소를 뺀 나머지 원소를 안정 동위 원소*라고 한다. 21세기 초까지 비스무트(^{209}Bi)는 가장 질량이 큰 안정 동위 원소로 알려졌다. 2003년 ^{209}Bi가 아주 조금이지만 α붕괴한다는 사실이 판명되었으며, 2004년 일본의 이화학연구소에서 ^{209}Bi에 아연빔(^{70}Zn)을 장시간 조사(照射)한 결과 113번째의 신원소가 합성되었다. 그래도 ^{209}Bi의 반감기가 우주의 나이보다 훨씬 길다는 점을 감안하면, 안정한 원소라는 표현도 과언이 아니다.

의약품과 납의 대체 재료로 이용

합금 상태로 많이 이용하는 비스무트는 의약품으로서도 쓰인다. 비스무트 화합물은 위궤양과 십이지장궤양의 원인인 헬리코박터 파일로리균에 대항하는 아주 효과적이고 강력한 항생물질이다. 위 속에서 일어나는 비스무트의 메커니즘은 아직 명확하게 밝혀지지 않았으나, 위점막의 점액층에 작용하여 소화를 할 때 분비되는 위액의 공격에서 위벽을 보호하는 작용을 한다고 추정된다. 또 항암제의 일종인 시스플라틴의 부작용을 덜어주는 의약품으로도 쓰인다. 요즘은 납의 대체금속으로도 이용하고 있다. 2006년에 마쓰시타전기(지금의 파나소닉)가 발표한 '플라즈마 디스플레이 패널'은 납의 대체 재료로서 비스무트를 이용한 것이며 패널을 폐기한 후, 환경에 부담을 주지 않는 장점이 있다.

Element Girls

84 Po

온 몸에서 뿜어 나오는 방사능, 최강이자 최악의 악녀

폴로늄 — Polonium

원소명의 유래: 발견자인 마리 퀴리의 모국인 폴란드에서 유래한다.

말풍선: 자, 누가 가장 흉악한지 겨루어 볼까나?

★TRIVIA★
담배 연기에는 수백 가지 화학 물질이 들어있으며, 그중 극소량이긴 하지만 폴로늄도 함유되어 있다.

SPEC

원자량	[209]	녹는점	254°C	끓는점	962°C
밀도	9320kg/㎥	원자가	2,4,6	존재도	지표: - 우주: -

주요 동위원소: $^{208}Po(\alpha, EC, \beta^+, 2.898년)$, $^{209}Po(\alpha, EC, \beta^+, 102년)$, $^{210}Po(\alpha, 138.38일)$

illustration by 充電

전자배치도 [Xe](4f)₁₄(5d)₁₀(6s)₂(6p)₄

이용사례

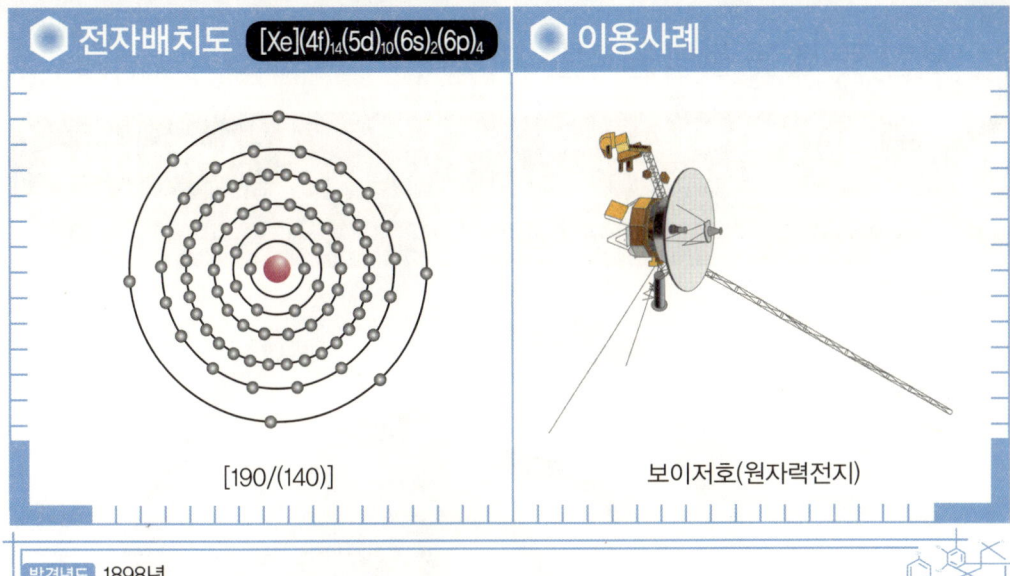

[190/(140)]

보이저호(원자력전지)

발견년도	1898년
발 견 자	피에르 퀴리(프랑스), 마리 퀴리(프랑스)
존재형태	우라늄 붕괴로 생성된다. 비스무트에 중성자를 조사하여 생성한다.
이용사례	원자력전지, α선원

맹독의 위력은 원소 중 톱클래스

1898년, 퀴리 부부가 우라늄 광석인 역청우라늄광(피치블렌드)의 방사능을 연구하던 중 우라늄보다 훨씬 강한 방사선을 방출하는 신원소 폴로늄을 추출했다. 1t의 역청우라늄광에 존재하는 폴로늄의 양은 겨우 100μg에 불과하기 때문에 이 원소를 분리하는 것은 여간 힘든 작업이 아니었다.

폴로늄은 은백색 금속으로 원소 중에서도 1, 2위를 다툴 정도로 독성이 강하다. 인체에 미치는 폴로늄의 안전부하량은 7pg이며, 맹독이라고 알려진 시안화수소보다 약 1조 배나 강한 독성이다. 하지만 매우 희귀하고 반감기도 짧기 때문에 환경에 위협을 주는 원소는 아니다.

α입자로 정전기를 중화한다!

폴로늄은 과거에는 직물공장에서 쓰였다. 이는 폴로늄이 방출하는 α입자가 공기 분자와 충돌함으로써 전자를 대기에 떠돌게 만드는 작용을 이용한 것이었다. 직물 공정에서 발생되는 정전기를 공기 중으로 밀어내고 직물기계에 축적된 정전기를 중화시켜 기계를 조작할 때 전기 충격이 일어나지 않게 하거나 건조한 판 표면에 먼지가 달라붙는 것을 방지하는 효과가 있다. 지금은 연구용 α입자원으로 쓰이고 있으며 폴로늄과 베릴륨 합금은 중성자선원으로 이용된다. 또 1g의 폴로늄을 함유한 캡슐은 α괴변이 일어나면 500℃나 되는 열을 발생하므로 인공위성의 열원 경량화에도 이용된다. (520kJ/h)

Element Girls

85 At — 보일 듯 말 듯 물방울 같은 미소녀
아스타틴 / Astatine

원소명의 유래 그리스어의 「불안정한(astatos)」에서 유래한다.

> 저같이 짧은 목숨으로 무엇을 할 수 있을까요?

★TRIVIA★
아스타틴은 가장 안정한 동위원소조차 반감기가 8.1시간에 불과하다. 그중에는 반감기가 1초에 지나지 않는 것도 있다.

SPEC
- 원자량 [211]
- 녹는점 302°C
- 끓는점 337°C
- 밀도 -
- 원자가 1,3,5,7
- 존재도 지표: - 우주: -
- 주요 동위원소 $^{207}At(EC, \beta^+, \alpha, 1.80시간)$, $^{208}At(EC, \beta^+, \alpha, 1.63시간)$, $^{209}At(EC, \beta^+, \alpha, 5.41시간)$, $^{210}At(EC, \beta^+, \alpha, 8.1시간)$, $^{211}At(EC, \alpha, 7.24시간)$

illustration by ヤナギユキ

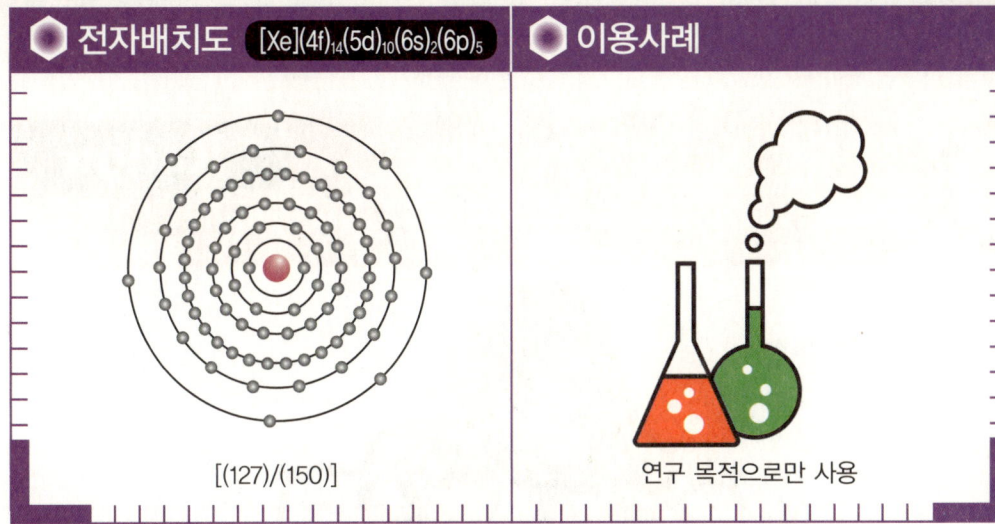

- **전자배치도** [Xe](4f)₁₄(5d)₁₀(6s)₂(6p)₅
- **이용사례**

[(127)/(150)]

연구 목적으로만 사용

발견년도	1940년
발 견 자	데일 R.코슨(미국), K.R.매켄지(미국), 에밀리오 세그레(이탈리아)
존재형태	비스무트에 α입자를 조사하여 생성한다.
이용사례	연구 목적으로만 이용(방사선치료)

● 세 번째 인공원소

아스타틴은 아이오딘과 비슷한 방사성 비금속 원소이며 테크네튬, 넵투늄에 이어 세 번째로 발견된 합성원소이다.

많은 학자들이 멘델레예프가 예견한 85번 원소 '에카붕소'를 발견했다는 보고서를 학회에 제출했으나 모두 승인을 받지 못했다. 그러나 1940년 미국 캘리포니아대학교의 연구팀이 입자가속기인 사이클로트론*Cyclotron을 이용하여 가속화된 α입자(헬륨 핵)로 비스무트에 포격을 가해 아스타틴을 얻는 것에 성공했다.

그 후 아스타틴은 천연에도 극소량 존재한다는 사실이 확인되었으나 반감기가 너무 짧아 오래 가지 못했다. 결국 화학적 성질에 대해서는 아직 확실하게 밝혀지지 않았다.

● 새로운 암 치료에 도움이 된다고?

아스타틴의 전 세계에서 1μg 이하로 생산되는 희귀한 원소이며 육안으로 확인할 수도 없다. 순수한 아스타틴을 조제하는 데 성공했을 경우에도 강렬한 방사능으로 열이 발생하여 아스타틴이 순식간에 증발·승화해 버린다고 추정된다. 그래서 아스타틴은 오로지 연구목적으로만 이용된다. 하지만 근래 들어 고에너지인 α파가 암세포 파괴에 효과적이라는 주장이 나왔다. 아스타틴의 α선은 암세포에 도달하지 못하기 때문에, 암세포에 쉽게 결합하는 단백질과 결합하는 아스타틴 화합물이 새로운 암치료제의 유력한 후보로 올라와 있다.

Element Girls

86 Rn

유명 온천에 나타난다? 방사능천의 여신!

라돈

Radon

원소명의 유래 / 라듐이 방사성 붕괴되어 생기기 때문에 「Radium」을 따서 명명했다.

"방사능천도 나쁘지 않지요?"

★TRIVIA★

돗토리(鳥取)현의 미사사(三朝)온천, 아키타(秋田)현의 다마가와(玉川) 온천 등은 일본의 유명한 방사능천(라돈 온천)이다.

SPEC

- 원자량 [222]
- 녹는점 -71°C
- 끓는점 -61.8°C
- 밀도 -
- 원자가 (2),(4),(6)
- 존재도 지표:- 우주:-
- 주요 동위 원소 ^{220}Rn(α, 55.6초), ^{222}Rn(α, 3.825일)

illustration by 菓浜洋子

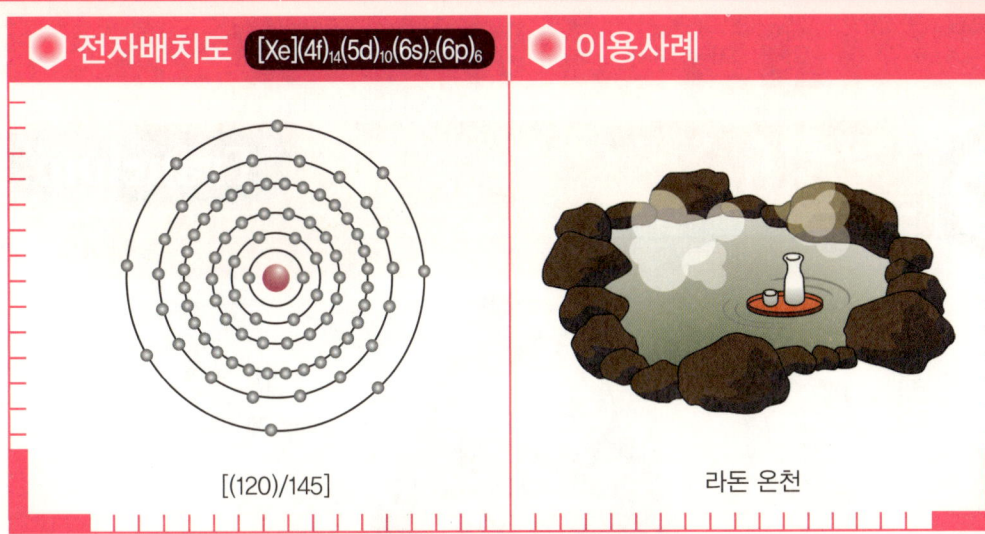

전자배치도 [Xe]$(4f)_{14}(5d)_{10}(6s)_2(6p)_6$

이용사례

[(120)/145]

라돈 온천

발견년도	1900년
발 견 자	프리드리히 에른스트 도른(독일)
존재형태	라듐 방사성 붕괴로 생성된다.
이용사례	지하수 조사, 온천 성분

🔴 라듐에서 태어난 신원소

라돈은 무색의 기체로 비활성 기체* 중에서 가장 무거운 원소이다. 1898년 퀴리 부부는 폴로늄과 라듐을 발견했을 때 라듐에 접촉한 공기가 방사능을 띤다는 것을 발견했다. 1900년 독일의 물리학자 도른Friedrich Ernst Dorn은 이 방사성을 띤 공기가 라듐의 방사성 붕괴* 반복으로 생긴 기체 상태의 방사성 물질이라고 밝혔다. 그 뒤 이 방사성 기체는 비활성 기체에 속하는 새로운 원소라는 사실이 판명되었고 라듐을 따서 라돈이라고 명명했다.

🔴 고농도 라돈에는 각별한 주의를!

라돈은 물에 잘 녹는 성질을 갖고 있어서 지하수에 녹아들어 온천수 성분이 되는 경우가 있다. 이 온천을 방사능천이라 하며 라돈온천, 라듐온천이 일본 각 지에 존재한다. 방사능천의 효과는 매우 다양하며 관절염이나 신경통, 만성위염에 효과가 있다고 한다.
하지만 강한 방사선을 방출하는 라돈은 사실은 지극히 위험한 원소이며 광산노동자들에게는 건강을 위협하는 존재이다. 우라늄 광석 채굴 현장에서 일하는 광부들은 우라늄이 괴변하여 발생한 고농도의 라돈을 지속적으로 흡입하여 암에 걸리거나 젊은 나이에 사망하는 사례가 많았다. 온천에서 잠깐 동안 흡수하는 라돈은 농도가 낮아 인체에 영향을 끼치진 않지만 고농도의 라돈을 지속적으로 흡입하면 인체에 나쁜 영향을 미치기 때문에 각별히 주의해야 한다.

Element Girls

프랑슘 — Francium

상태가 불안정해 단명하는 병약한 여자 아이

원소명의 유래 / 발견자 페레의 조국 프랑스에서 유래한다.

"짧은 생명, 자유롭게 해주세요."

★ TRIVIA ★
프랑슘은 알칼리 금속 중에서 가장 무겁고, 모든 원소 중에서 전기음성도가 가장 낮은 원소이다.

SPEC

- 원자량: [223]
- 녹는점: 약 27 °C
- 끓는점: 677 °C
- 밀도: -
- 원자가: 1
- 존재도: 지표 극미량 우주: -
- 주요 동위 원소: ^{221}Fr(α, 4.90분), ^{223}Fr(α, β^-, 21.8분)

illustration by 西川淳

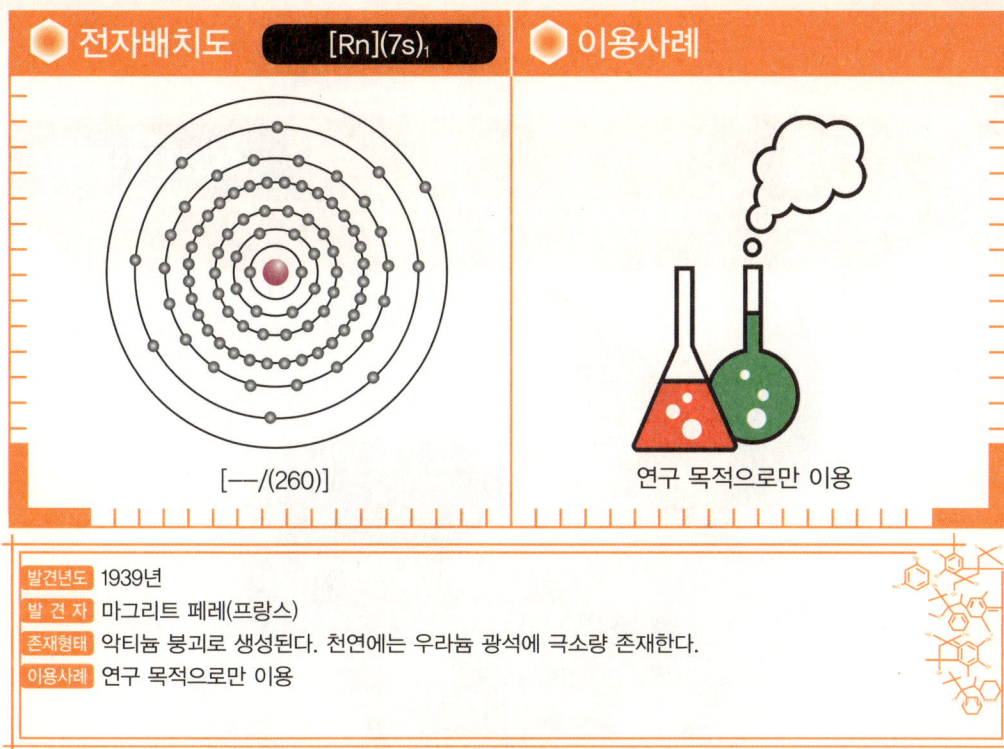

| 전자배치도 | [Rn](7s)₁ | 이용사례 |

[—/(260)]

연구 목적으로만 이용

- **발견년도**: 1939년
- **발 견 자**: 마그리트 페레(프랑스)
- **존재형태**: 악티늄 붕괴로 생성된다. 천연에는 우라늄 광석에 극소량 존재한다.
- **이용사례**: 연구 목적으로만 이용

쉽게 발견되지 않았던 천연 방사성 원소

프랑슘은 알칼리 금속* 중 하나이며 강한 방사능을 가진 원소이다. 우라늄 광석에 극소량 존재하지만 연구용으로 쓸 경우에는 원자로에서 라듐에 열중성자를 조사하여 만들거나 사이클로트론*으로 가속한 양성자와 토륨을 충돌시켜서 만든다.

멘델레예프가 에카-세슘이라는 가명이 붙였던 87번 원소는 오랜 세월 모습을 드러내지 않았다. 많은 연구자들이 이 원소를 발견하는 데 힘을 쏟았으며 루슘, 알칼리늄 등의 원소명을 제창했으나 모두 재현 실험이 입증되지 않았다. 그 후 1939년 퀴리 연구소의 마그리트 페레 Marguerite Perey가 악티늄이 α붕괴할 때 87번 원소가 생성되는 것을 발견했다. 페레는 란타넘광석을 정제하여 천연 상태에서 프랑슘을 분리하는 데 성공했다.

수명이 짧은 액체금속

프랑슘의 동위 원소*는 모두 반감기가 극히 짧다. 반감기가 가장 긴 동위 원소로 ^{222}Fr(약 22분), ^{222}Fr(약 20분), ^{221}Fr(약 5분)이 있으나 다른 동위 원소는 모두 1분 이내이다. 그 때문에 상세한 연구를 할 수 없었고 화학적 성질은 세슘과 비슷할 것이라고 추측할 뿐이다.

프랑슘은 실온에서 액체금속으로 존재하지만 반감기가 짧고 불안정하기 때문에 실제로 액체 프랑슘을 볼 수는 없다. 프랑슘의 녹는점은 27℃라고 하는데 이것도 실험 결과치가 아니라 어디까지나 추정치이다.

Element Girls

88 Ra

어둠 속의 빛을 조심해! 방사능 소녀가 당신을 노리고 있을지도!?

라듐

Radium

원소명의 유래 라틴어의 「빛을 발하는 것(radius)」에서 유래한다.

> 모두 모두
> 내 포로야......

★TRIVIA★
퀴리 부부가 방사성원소를 발견한 실험실은 방사능 차단 설비가 전혀 갖추어지지 않은 허름하고 작은 방이었다고 한다.

SPEC

원자량 [226]	녹는점 700°C	끓는점 1140°C
밀 도 5000kg/m³	원자가 2	존재도 지표: 0.6ppt 우주: -

주요 동위 원소 ^{224}Ra(α,3.66일), ^{226}Ra(α,1.60×10³년), ^{228}Ra(β⁻,5.75년)

illustration by sango

| 전자배치도 | [Rn](7s)₂ | 이용사례 |

[215/(221)]

라듐 온천

발견년도	1898년(발견), 1910년(금속라듐으로 분리)
발 견 자	퀴리 부부(프랑스)
존재형태	우라늄 광석에 존재한다.
이용사례	방사선치료, 방사능천

빛을 발하는 신원소 탄생

라듐은 무르고 광택이 있는 은색 금속으로 1898년 퀴리 부부가 발견했다. 그들은 폴로늄과 같이 10t 이상의 역청우라늄광에서 이 원소를 발견했다. 어둠 속에서 푸른빛을 발하는 성질에서 '빛'을 의미하는 '라듐'이라는 이름이 붙었다.

라듐을 발견하고 4년 뒤 남편인 피에르 퀴리가 사고로 세상을 떠난 뒤에도 마리 퀴리는 라듐 연구를 계속했다. 그러나 오랜 세월 동안 방사능에 노출되었던 그녀는 방사선 장애 증상을 보였고 1934년 결국 백혈병으로 사망했다.

방사능에 오염된 여성들

라듐은 과거에 시계용 야광도료로 사용되었던 적이 있다. 도장공들은 시계 문자판에 작은 점이나 선을 그리기 위해 붓끝을 혀로 핥아서 뾰족하게 만들었고 수작업으로 도료를 바르는 것이 보통이었다. 그 때문에 젊은 여성들이 많이 종사했던 도장공은 차례차례 암에 걸리는 사태가 일어났다.

'라듐걸'이라 불렸던 그들은 기업을 상대로 소송을 냈고 그 사건으로 라듐의 위험성이 세간의 주목을 받게 되었다. 그들은 재판에서 전면 승소했으며 그 결과 기업은 여성 공원 한 명당 1만 달러를 지불하는 것에 동의해야 했다. 하지만 승소한 보람도 없이 여공 대부분이 차례차례 죽어갔다고 한다. 물론 이 사건이 일어난 후 작업 환경은 크게 개선되었다.

Element Girls

89 Ac

명중률 No1! 악티노이드 부대의 사격대장

악티늄 — Actinium

원소명의 유래 그리스어에서 광선을 의미하는 「aktinos」에서 유래한다.

SPEC

원자량	[227]	밀 도	10060kg/m³
녹는점	1050°C	끓는점	3200°C
원자가	3	존재도	지표 : - 우주 : -

주요 동위 원소
^{225}Ac(α, 10.0일),
^{226}Ac(β⁻, EC, α, 29시간),
^{227}Ac(β⁻, α, 21.77년),
^{228}Ac(β⁻, 6.13시간)

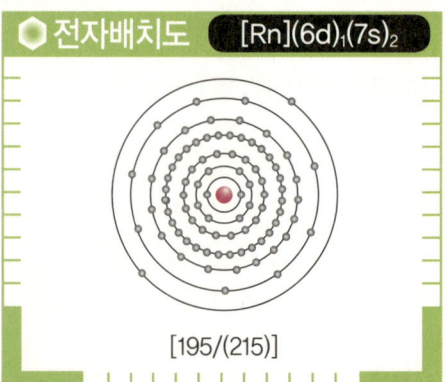

◆ 전자배치도   [Rn](6d)₁(7s)₂

[195/(215)]

말풍선: "방사능으로 명중시키겠습니다!"

- **발견년도** 1899년
- **발 견 자** 앙드레 루이 데비에른(프랑스)
- **존재형태** 우라늄 광석에 소량 존재한다. 라듐에 중성자를 조사하여 생성된다.
- **이용사례** 연구 목적으로만 이용

illustration by 銀一

● 악티늄족 최초의 원소

악티늄은 방사성이 있는 천연 방사성 원소이다. 화학적 성질이 란탄과 비슷해서 은백색을 띠고 어두운 곳에서 푸른빛을 내면서 방사능으로 주위 공기를 이온화한다. 원자번호 89번 악티늄에서 원자번호 103번 로렌슘의 총 15종의 원소를 **악티늄족 원소(악티노이드)*** 라고 하며 화학적 성질이 서로 비슷하다. 또 악티늄은 **붕괴계열***의 일종인 악티늄계열에서 생성된다. **악티늄계열**이란 우라늄의 동위 원소*인 ^{235}U가 붕괴하기 시작하여 7회의 α붕괴와 4회의 β붕괴를 거쳐 최종적으로 납의 동위 원소 ^{207}Pb가 되는 집단을 가리킨다. 그 밖에도 **토륨계열, 우라늄계열, 넵투늄계열** 등이 있으며 모든 방사성 원소는 이 계열 중 하나에 속한다.

90 Th

불꽃이여 타올라라! 천둥이여 쳐라! 최강 전쟁의 신 등장!

토륨 — Thorium

원소명의 유래: 고대 스칸디나비아 신화에 등장하는 천둥과 철퇴를 다루는 대지의 신 「토르(Thor)」에서 유래한다.

> 뇌신의 힘을 얕보지 말지어다……

SPEC

원자량	[232.0381]	밀도	11720kg/m³
녹는점	1750°C	끓는점	4790°C
원자가	4	존재도	지표: 3.5ppm / 우주: 0.0335

주요 동위원소: $^{228}Th(\alpha, 1.913년)$, $^{230}Th(\alpha, 7.54\times10^4년)$, $^{231}Th(\beta^-, 25.52시간)$, $^{232}Th(100\%, \alpha, 1.405\times10^{10}년)$, $^{233}Th(\beta^-, 22.3분)$

전자배치도 $[Rn](6d)_2(7s)_2$

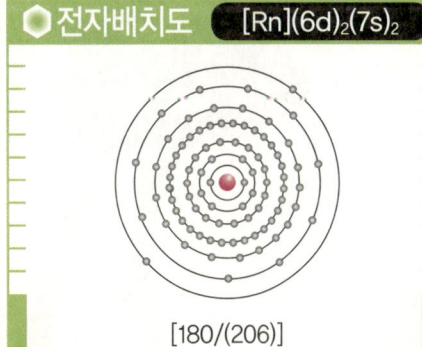

[180/(206)]

- **발견연도**: 1828년
- **발 견 자**: 베르셀리우스(스웨덴)
- **존재형태**: 모나자이트, 토리아나이트(ThO_2), 토라이트($ThSiO_4$) 등에 산출된다.
- **이용사례**: 합금, 필라멘트, 특수 도가니, 미래의 핵연료재료, 각종 촉매

illustration by よつ葉眞澄

북유럽 신화에서 유래한 원소명

토륨은 은백색의 천연 방사성 원소로 악티늄족 원소* 중에서 가장 많이 존재한다(지각 속에서는 37번째). 덩어리 상태에서는 표면이 얇은 산화막으로 덮여 있기 때문에 대기 중에서도 안정하지만, 금속분말 상태가 되면 급속히 산화하여 자연발화한다. 산업적으로는 다방면에서 중요한 역할을 하는 원소이다.

1828년 스웨덴 화학자 베르셀리우스는 희소광물을 분석하여 새로운 금속 산화물을 발견했고 이를 토륨이라 명명했다. 토륨의 명칭은 북유럽신화에 등장하는 신 '토르'에서 유래한다. 토르는 북유럽 사람들이 예부터 숭배한 대지의 신이자 뇌신(雷神)이며, 고대 북유럽 신앙의 중심적인 존재여서 그 이름을 붙였다고 한다.

Element Girls

91 Pa

스무 명의 동료 모두 방사능을 갖고 있어!

프로트악티늄 — Protactinium

원소명의 유래: α붕괴하면 악티늄이 얻어지기 때문에 그리스어의 '제1'을 의미하는 「protos」를 접두어로 사용하여 「악티늄의 앞」이란 의미에서 유래한다.

"후후! 내 친구들은 모두 방사능을 갖고 있어……"

SPEC

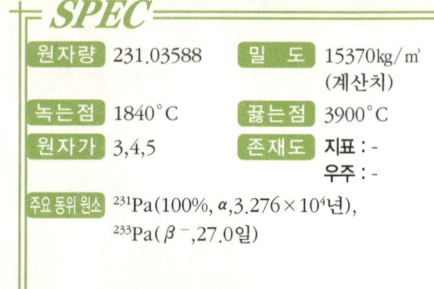

- 원자량: 231.03588
- 밀도: 15370 kg/m³ (계산치)
- 녹는점: 1840 ℃
- 끓는점: 3900 ℃
- 원자가: 3, 4, 5
- 존재도: 지표: - / 우주: -
- 주요 동위 원소: ^{231}Pa (100%, α, 3.276×10^4년), ^{233}Pa (β^-, 27.0일)

전자배치도 [Rn](5f)₂(6d)₁(7s)₂

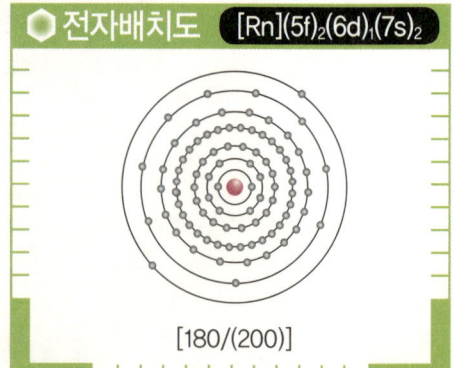

[180/(200)]

- **발견년도**: 1918년
- **발견자**: 한(독일), 리제 마이트너(오스트리아)
- **존재형태**: 토륨 붕괴로 생성된다. 천연에는 우라늄 광석에 극소량 존재한다.
- **이용사례**: 연구 목적으로만 이용

illustration by NAOX

악티늄 '앞'에 있는 원소

프로트악티늄은 은색 방사성 금속이며 20종류의 동위 원소* 모두 방사능을 갖고 있다. 1918년 독일의 화학자 오토 한과 리제 마이트너가 역청우라늄광에 방사성 물질이 있는 것을 발견했다. 하지만 그 방사성물질이 신원소 프로트악티늄이란 사실은 1934년에 이르러서야 확인되었다. 또 프로트악티늄을 밀리그램 단위로 다량으로 얻을 수 있게 된 것은 1950년 이후부터였다.

프로트악티늄의 '프로트'란 '앞'이란 의미이다. 동위 원소 ^{231}Pa가 α붕괴하면 악티늄의 동위 원소인 ^{237}Ac이 생성되는 것에서 유래했다.

92 U

옛날엔 유리세공에도 쓰였어요

우라늄

Uranium

원소명의 유래 그 당시 발견된 천왕성 「우라누스(Uranus)」에서 유래한다. Uranus는 그리스 신화의 '하늘의 신'이다.

"후우! 지금은 바쁘니까 나중에 보자!!"

SPEC

원자량	238.02891	밀도	18950kg/㎥
녹는점	1132.3°C	끓는점	3745°C
원자가	3,4,(5),6	존재도	지표: 0.91ppm 우주: 0.0090

주요 동위 원소: $^{232}U(\alpha, 68.9년)$, $^{233}U(\alpha, 1.592 \times 10^5년)$, $^{234}U(0.0055\%, \alpha, 2.454 \times 10^5년)$, $^{235}U(0.7200\%, \alpha, 7.037 \times 10^8년)$, $^{237}U(\beta^-, 6.75일)$, $^{238}U(99.2745\%, \alpha, 4.468 \times 10^9년)$, $^{239}U(\beta^-, 23.47분)$

전자배치도 [Rn](5f)$_3$(6d)$_1$(7s)$_2$

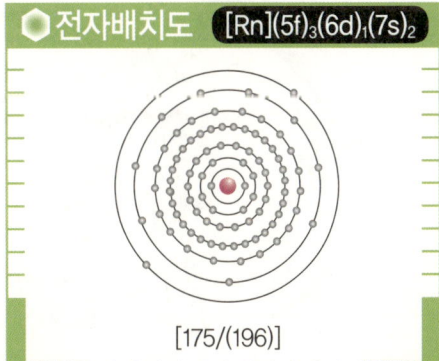

[175/(196)]

- **발견년도**: 1789년(산화물로서 발견), 1841년(순수한 금속으로 단리)
- **발견자**: 마르틴 하인리히 클라프로트(독일), 외젠 멜키오르 펠리고(프랑스 : 1841년)
- **존재형태**: 역청우라늄광, 카르노타이트, 오투나이트(인회(燐灰)우라늄석), 해수 등에서 산출된다.
- **이용사례**: 핵연료, 열화우라늄탄, 원자폭탄, 유리 착색제

illustration by 龍川ナギ

● 군사용 목적으로 이용되는 원소

우라늄은 전성과 연성이 풍부한 은색 금속이며 방사능이 있다. 우라늄은 다른 방사성 원소보다 비교적 이른 시기인 18세기에 발견되었으나 위험한 물질이란 인식이 없었기 때문에 상업 용도로 다양하게 쓰였다. 예를 들면 도자기와 유리에 산화우라늄을 첨가해서 선명한 황록색 형광을 표현했다. 그 후 우라늄이 방사능을 지닌 위험한 원소임이 판명되자 군사적 목적으로 용도가 확대되었다. 1945년 히로시마에 투하된 원자폭탄 '리틀보이Little Boy'는 우라늄을 이용한 것이다. 이 폭발로 인해 5만 채 이상의 건물이 파괴되고 7만 5천 명 이상의 시민이 죽었다. 현재 우라늄은 대부분 원자력 발전소용으로 쓰인다.

Element Girls

93 Np

원소 안드로이드는 바다를 관장하는 물의 신!

넵투늄 — Neptunium

원소명의 유래: 「해왕성(Neptune)」에서 유래한다.

> 내가 초우라늄 시대의 첫 장이다……

SPEC
원자량	[237]	밀도	20250kg/m³
녹는점	640°C	끓는점	3900°C
원자가	(2),3,4,5,6,(7)	존재도	지표: - / 우주: -

주요 동위 원소: $^{237}Np(\alpha, 2.140 \times 10^6$년$)$, $^{239}Np(\beta^-, 2.355$일$)$

전자배치도 [Rn](5f)₄(6d)₁(7s)₂

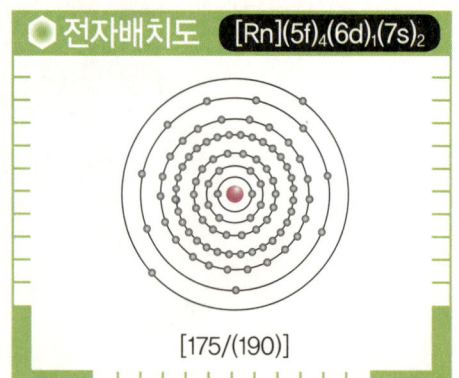

[175/(190)]

- **발견년도**: 1940년
- **발견자**: 맥밀런(미국), 필립 에이벌슨(미국)
- **존재형태**: 우라늄 광석에 소량 존재한다.
- **이용사례**: 플루토늄 제조, 원자력전지, 중성자 검출기

illustration by 銀一

● 최초의 초우라늄 원소!

넵투늄은 은백색 금속 원소로 인공적으로 만든 최초의 초(超)우라늄 원소*이다. 1940년 미국 캘리포니아 대학 버클리 대학교(U.C. 버클리)의 맥밀런 Edwin McMillan과 필립 에이벌슨 Philip Abelson이 사이클로트론*으로 우라늄에 중성자를 조사하여 생성된 새로운 물질을 분리하는 방법으로 신원소를 만들었다. 이 원소가 주기율표에서 우라늄 옆에 있는 원소이기 때문에, 우라늄의 이름을 따온 Uranus(천왕성) 다음의 행성 Neptune(해왕성)을 따서 넵투늄이라 명명했다. 넵투늄은 핵반응을 이용하여 플루토늄을 만들 때 부산물(플루토늄과 넵투늄은 1000 : 1 로 생김)로 생성된다. 또 천연우라늄 광석에도 아주 조금이지만 넵투늄이 존재한다. 화학적으로는 다양한 산화물 형태로 존재하며 반응성이 활발하다.

94 Pu

명계의 왕처럼 파괴적인 원소 소녀

플루토늄 Plutonium

원소명의 유래 넵투늄 원소명의 유래인 해왕성 다음의 행성에 있던, 「명왕성(Plutonium)」에서 유래한다.

SPEC
원자량	[244]	밀도	19840kg/m³
녹는점	641°C	끓는점	3232°C
원자가	3,4,6,(7)	존재도	지표 : - 우주 : -

주요 동위 원소: $^{238}Pu(\alpha, 87.74년)$, $^{239}Pu(\alpha, 2.411\times10^4년)$, $^{240}Pu(\alpha, 6.563\times10^3년)$, $^{241}Pu(\beta^-, \alpha, 14.35년)$, $^{242}Pu(\alpha, 3.763\times10^5년)$, $^{244}Pu(\alpha, 8.08\times10^7년)$

"다음으로 베이고 싶은 자는 누구냐?"

전자배치도 [Rn](5f)6(7s)$_2$

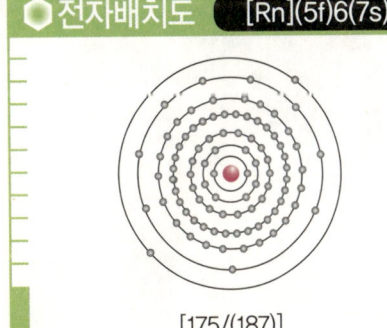

[175/(187)]

- **발견년도** 1940년
- **발견자** 시보그, 아서 C. 발, 조지프 W. 케네디(모두 미국)
- **존재형태** 우라늄 광석, 바스트네사이트에 소량 존재한다. 원자력 연료인 우라늄의 재처리 과정에서 부산물로서 얻어진다.
- **이용사례** 원자폭탄, 원자력전지, MOX연료(원자로의 플루서멀 연료)

illustration by よつ葉真澄

🟢 최초로 발견된 희토류 원소

그리스·로마 신화에 등장하는 지옥의 왕 '플루토Pluto'에서 유래한 플루토늄은 방사능이 있는 대단히 유해한 원소이다. 현재 다양한 종류의 원소들이 인공적으로 생성되고 있지만 그 중에서도 가장 많이 생산되는 것이 이 원소이다. 플루토늄은 핵무기의 재료로 사용하기 때문이다. 팻맨Fat Man이란 코드네임의 플루토늄 폭탄은 1945년 미 공군에 의해 일본 나가사키에 투하된 원자폭탄이다. 우라늄을 농축하려면 고도로 정밀한 기술이 필요하지만 플루토늄은 비교적 간단하게 분리, 농축할 수 있다. 그렇기 때문에 근래에 제조되는 원자폭탄은 대부분 플루토늄으로 만든다.

Element Girls

95 Am

미국의 눈부신 태양이 잘 어울려요

아메리슘

Americum

원소명의 유래 성질이 비슷한 원소인 유로퓸과 대비하여 아메리카대륙의 이름을 따서 아메리슘이라 명명했다.

"미국의 시대가 올까나?"

SPEC
- 원자량 [243]
- 녹는점 1172°C
- 원자가 3,4,5,6,(7)
- 밀도 13670kg/m³
- 끓는점 2607°C
- 존재도 지표: - / 우주: -
- 주요 동위 원소 $^{241}Am(\alpha, 432.7년)$, $^{242}Am(\beta^-, EC, 16.02시간)$, $^{243}Am(\alpha, 7.38 \times 10^3년)$

전자배치도 [Rn](5f)₇(7s)₂

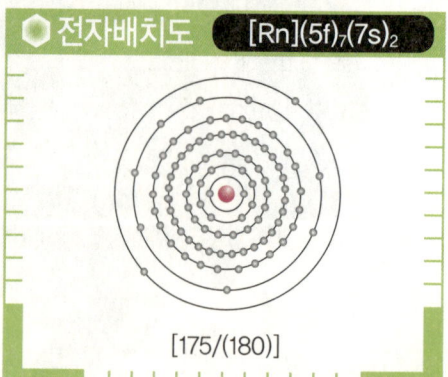

[175/(180)]

- **발견년도** 1944년(발견), 1945년(단리)
- **발견자** 시보그, 랠프 A. 제임스, 레온 O. 모건, 기오르소(모두 미국)
- **존재형태** 플루토늄에서 생성된다.
- **이용사례** 이온화식 연기탐지기

illustration by NAOX

🟢 아메리카 대륙이 유래인 인공원소

아메리슘은 캘리포니아 대학교의 시보그 등이 원자로에서 플루토늄에 중성자를 조사하여 생성한 인공원소이다. 은백색 금속으로 원소명은 아메리카 대륙에서 유래했다.

아메리슘은 연기탐지기로 이용되며 탐지기 1개에는 150μg의 아메리슘이 사용된다. 아메리슘이 붕괴할 때 방출되는 α선을 이용하여 탐지기의 내부 공기를 이온화해서 전류를 통하게 한다. 화재가 나서 연기가 흘러들어와 이온 전류치가 저하되면 알람이 울리고, 연기가 제거되면 전류치가 원래대로 돌아오기 때문에 알람도 멈추는 원리로 제작되었다.

96 Cm

퀴리부부의 업적을 기린 방사능원소

퀴륨 — Curium

원소명의 유래 방사능 연구의 선구자인 퀴리 부부의 이름을 땄다.

제게... 가까이 다가오지 마세요.

SPEC

원자량	[247]	밀도	13300kg/㎥
녹는점	1340°C	끓는점	3110°C
원자가	3	존재도	지표 : - 우주 : -

주요 동위원소: $^{242}Cm(\alpha, SF, 162.8일)$, $^{244}Cm(\alpha, 18.11년)$, $^{247}Cm(\alpha, 1.556 \times 10^7년)$

전자배치도 [Rn](5f)₇(6d)₁(7s)₂

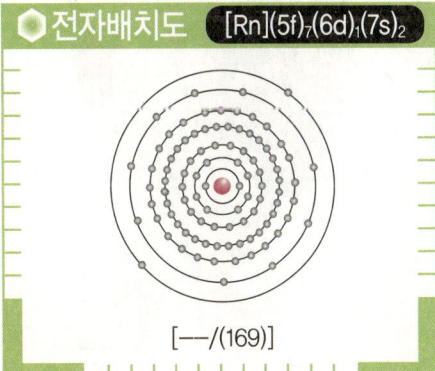

[--/(169)]

- **발견년도** 1944년
- **발견자** 시보그, 랠프 A. 제임스, 레온 O. 모건, 기오르소(모두 미국)
- **존재형태** 발전용 원자로에서 극소량 생성된다.
- **이용사례** 페이스메이커(^{242}Cm), 항해용 부이의 전원(^{242}Cm) 등

illustration by マナカッコワライ

● 퀴리부부의 업적을 칭송하다

퀴륨은 방사성 폐기물인 플루토늄($_{94}Pu$)에 중성자를 충돌시켜 생성되었다. 플루토늄과 마찬가지로 강한 방사능을 가지고 있어서 대단히 위험한 원소이다. 그러나 동위 원소*인 ^{242}Cm은 1g에 3W의 열에너지를 방출하기 때문에 심장 페이스메이커, 항해용 부이의 전원, 우주계획용 전원으로 이용된다. ^{242}Cm가 **α방사체**이며 방사능 차폐장치 없이도 α입자가 쉽게 차단되기 때문에 여러 가지 용도로 이용할 수 있는 것이다. 원소명의 유래인 퀴리 부부는 방사능 단위로서도 그 이름을 남겼다. 방사능 단위 중 하나인 **퀴리(Ci)**는 방사능 원소가 1초 동안 3.7×10^{10}개 붕괴되는 단위로 라듐 1g의 방사능이 1Ci이다.

Element Girls

97 Bk

지금은 그저 활약할 때를 기다릴 뿐

버클륨 — Berkelium

원소명의 유래 원소를 발견한 U.C. 버클리에서 유래한다.

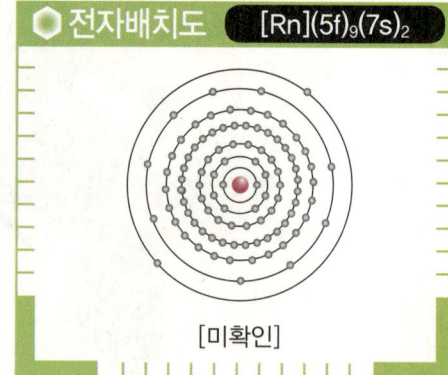

말풍선: 어서 나의 무대를 준비하거라.

SPEC
- 원자량: [247]
- 밀도: 14790 kg/m³
- 녹는점: 1047°C
- 끓는점: -
- 원자가: 3
- 존재도: 지표: - / 우주: -
- 주요 동위원소:
  ^{243}Bk(EC, α, 4.5시간), ^{245}Bk(EC, α, 4.94일), ^{247}Bk(α, 1.38×10³년), ^{249}Bk(β⁻, α, SF, 0.88년), ^{250}Bk(β⁻, 3.22시간)

전자배치도 [Rn](5f)₉(7s)₂

[미확인]

- **발견연도**: 1949년
- **발 견 자**: 스탠리 G. 톰슨, 기오르소, 케네스 스트리트, 시보그 (모두 미국)
- **존재형태**: 발전용 원자로에서 극소량 생성된다.
- **이용사례**: 연구 목적으로만 이용

illustration by 龍川ナギ

아직 용도를 모르는 원소

버클륨은 1949년 캘리포니아 대학 버클리 대학교(U.C. 버클리)에서 아메리슘(²⁴¹Am)에 헬륨이온을 충돌시켜서 처음으로 얻었다. 이 원소는 방사능이 있으며 높은 온도에서 쉽게 산화하는 금속이라 한다. 아메리슘은 1944년에 만들어졌지만 사이클로트론*에서 버클륨 생성 실험을 할 수 있을 만큼 아메리슘을 모으는 데에 몇 년이나 걸렸다. 그래서 버클륨은 5년이란 세월이 흐른 뒤에야 생성되었다. 버클륨은 원래 지구상에 존재하지 않는 원소라고 추정된다. 그런데 서아프리카 가봉공화국에는 18억 년 전에 활동했던 천연원자로라고 불리는 오크로 우라늄 광산이 있는데, 그곳에 극소량이지만 존재했을 가능성도 있다고 한다.

98 Cf

캘리포니아에서 태어난 가격 No 1. 원소!

캘리포늄 — Californium

원소명의 유래 원소를 발견한 캘리포니아 대학에서 유래한다.

"방사능 댄스 시작합니다~"

SPEC

원자량	[251]	밀도	-
녹는점	약 900°C	끓는점	-
원자가	(2),3,4	존재도	지표: - / 우주: -

주요 동위 원소:
$^{249}Cf(\alpha, SF, 350.6년)$,
$^{250}Cf(\alpha, SF, 13.08년)$,
$^{251}Cf(\alpha, 8.98 \times 10^2년)$,
$^{252}Cf(\alpha, SF, 2.645년)$, $^{254}Cf(\alpha, SF, 60.5일)$

전자배치도 [Rn](5f)$_{10}$(7s)$_2$

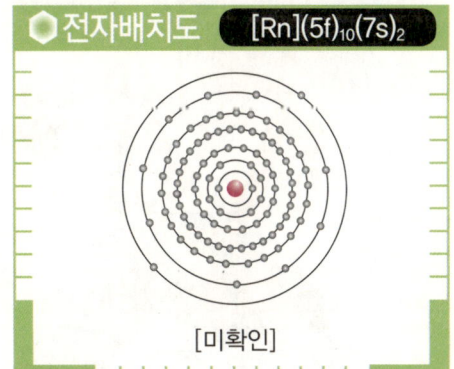

[미확인]

발견년도	1950년
발 견 자	스탠리 G. 톰슨, 기오르소, 케네스 스트리트, 시보그 (모두 미국)
존재형태	발전용 원자로에서 극소량 생성된다.
이용사례	연구 목적으로만 이용

🟢 시판가격이 가장 비싼 원소!

1950년, U.C. 버클리에서 사이클로트론*을 이용하여 퀴륨(^{242}Cm)에 헬륨이온을 충돌시켜 이 원소를 생성했다. 이 실험에 필요한 퀴륨을 모으는 데 3년 이상 걸렸다고 한다. 캘리포늄 등 초우라늄 원소*는 대부분 연구목적으로만 이용되지만, 예외적으로 캘리포늄(^{252}Cf)은 원자로를 기동할 때 중성자원으로 쓰인다. 일반인들은 구입할 수 없으며 판매가는 1g당 약 1조 원이다. 하지만 마이크로그램 단위로 판매되며 다른 중성자원보다 적게 사용하기 때문에 실질적으로는 얼마 안 되는 가격으로도 구입할 수 있다고 한다.

Element Girls

99 Es — 아인슈타이늄 / Einsteinium

20세기 최대의 물리학자 이름을 계승했다

원소명의 유래: 물리학자 아인슈타인에서 유래한다.

SPEC

원자량	[252]	밀 도	-
녹는점	860°C	끓는점	-
원자가	3	존재도	지표 : - 우주 : -

주요 동위 원소: $^{252}Es(\alpha, EC, \beta^{-}, 271일)$, $^{253}Es(\alpha, SF, 20.5일)$, $^{254}Es(\alpha, EC, \beta^{-}, SF, 275.7일)$, $^{255}Es(\beta^{-}, \alpha, SF, 39.8일)$

전자배치도 $[Rn](5f)_{11}(7s)_2$

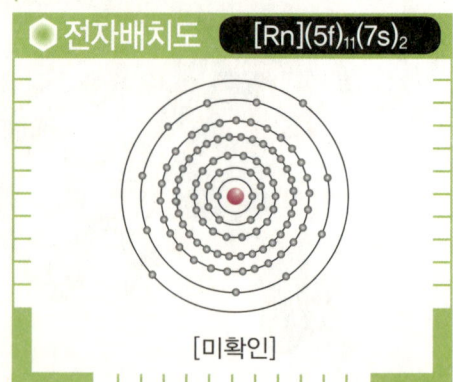

[미확인]

- **발견년도**: 1952년(발견), 1953년(단리)
- **발 견 자**: 그레그 R.초핀, 시보그, 기오르소, 스탠리 G. 톰슨(모두 미국)
- **존재형태**: 지구상에는 존재하지 않는다.
- **이용사례**: 다른 원소(멘델레븀)를 합성할 때

illustration by よつ葉真澄

군사기밀이었던 원소

1952년 서태평양 마셜 제도의 에니위톡환초에서 세계 최초로 원자수소폭탄 실험이 실시되었다. 그때 방사능을 지닌 잔해물에서 아인슈타이늄과 페르뮴이 발견되었다. 그 당시 이 수소폭탄 실험은 군사기밀이었기 때문에 공식적으로는 1954년에 원자로에서 발견했다고 발표되었다. 또한 한 미군 조종사가 귀환 도중에 샘플 목적으로 방사성 먼지를 모으는 데 정신을 팔다가 가스 부족으로 추락사하는 등 아인슈타이늄은 여러 가지 불운한 일과 연관되었던 원소이기도 하다.

지금은 플루토늄(^{239}Pu)에 원자로에서 고밀도 중성자다발을 충돌시키는 방법으로 밀리그램 단위의 아인슈타이늄을 얻을 수 있다.

100 Fm

방사성이면서도 반핵주의자 이름을 가졌다

페르뮴 — Fermium

원소명의 유래 원자로를 발명한 「엔리코 페르미(Enrico Fermi)」에서 유래한다.

> 원자수소폭탄을 금지하라! 원자폭탄 반대!!

NO ATOM BOMB!!

SPEC
- 원자량: [257]
- 밀도: -
- 녹는점: 1527°C
- 끓는점: -
- 원자가: 3
- 존재도: 지표: - / 우주: -
- 주요 동위 원소: ^{250}Fm(α,EC,SF,30분), ^{253}Fm(α,EC,3.00일), ^{254}Fm(α,SF,3.24시간), ^{255}Fm(α,SF,20.07시간), ^{257}Fm(α,SF,100.5일)

전자배치도 [Rn](5f)$_{12}$(7s)$_2$

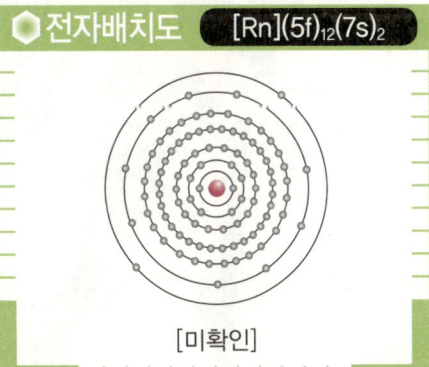

[미확인]

- **발견년도**: 1952년
- **발견자**: 그레그 R.초핀, 스탠리 G. 톰슨, 시보그, 기오르소(모두 미국)
- **존재형태**: 지구상에는 존재하지 않는다.
- **이용사례**: 연구 목적으로만 이용(암 방사선치료 등)

illustration by NAOX

● 원자로에서 제조 가능한 최대 원소

페르뮴은 1952년 미국이 처음으로 실행한 원폭실험의 잔해에서 아인슈타이늄과 함께 발견된 원소이다. 아인슈타이늄과 마찬가지로 페르뮴도 군사기밀로 취급되어 1955년까지 발표 보고가 이루어지지 않았다. 페르뮴은 인공 방사성 원소이며 원자로 등에서 중성자 흡수로 합성할 수 있는 최대 원소이나 여간해서는 생성되지 않는다. 현재 육안으로 관찰할 수 있는 단계는 아니지만 아마 은색 금속이며 공기와 산에 쉽게 반응할 것이라고 추측하고 있다. 또한 원소명의 유래가 된 엔리코 페르미는 핵병기 제조에 가담한 물리학자다. 하지만 그는 나중에 그 일을 후회하고 수소폭탄 제조를 반대했다고 한다.

Element Girls

101 Md

원소의 위치를 관리하는 데이터뱅크!

멘델레븀

Mendelevium

원소명의 유래 주기율표의 창시자 멘델레예프에서 유래한다.

"길을 잃었나요? 지금 조사해보죠."

SPEC

원자량	[258]	밀 도	-
녹는점	827°C (추정)	끓는점	-
원자가	2,3	존재도	지표 : -
			우주 : -

주요 동위 원소: ^{255}Md(EC, α, 27분), ^{256}Md(EC, α, SF, 1.30시간), ^{258}Md(α, 55일)

전자배치도 [Rn]$(5f)_{13}(7s)_2$

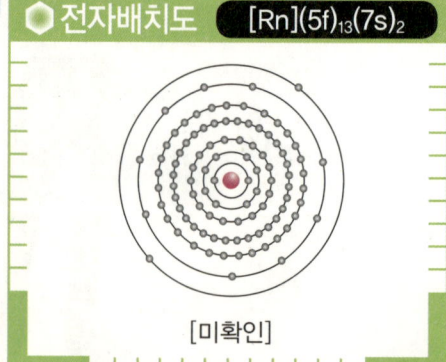

[미확인]

발견년도	1955년
발 견 자	버너드 G. 하비(영국), 그레그 R.초핀, 스탠리 G. 톰슨, 시보그, 기오르소(모두 미국)
존재형태	지구상에는 존재하지 않는다.
이용사례	연구 목적으로만 이용

illustration by マナカッコワライ

● 생성하기 너무 힘들었다!

멘델레븀은 1955년 U.C. 버클리의 연구진이 60인치 사이클로트론*을 이용하여 아인슈타이늄에 α입자를 하룻밤 내내 포격시켜서 얻은 원소이다. 이 실험에 쓰인 아인슈타이늄은 1pg라는 극히 적은 양이었기 때문에 여기서 생성된 멘델레븀 원자는 17개에 지나지 않았다. 그 후 실험을 거듭하여 수천 개의 멘델레븀 원자를 얻었고 지금은 수백만 개를 만들 수 있게 되었다. 또 산화상태가 Md(Ⅱ)와 Md(Ⅲ)(원자가*가 2가 또는 3가에 해당함)라는 것은 밝혀졌지만 다른 화학적 성질은 지금도 계속 연구하고 있다. 이 원소명의 유래인 멘델레예프는 1869년에 원소주기율*을 발견하여 주기율표의 아버지라고도 불린다.

102 No

가짜 발견에서 태어난 진짜

노벨륨

Nobelium

원소명의 유래 노벨상을 설립한 스웨덴의 과학자 알프레드 노벨에서 유래한다.

"상을 주는 것도 꽤 귀찮은 일이네~"

SPEC
- 원자량: [259]
- 밀도: -
- 녹는점: -
- 끓는점: -
- 원자가: 2, 3
- 존재도: 지표: - / 우주: -
- 주요 동위 원소: $^{254}No(α,EC,SF,55초)$, $^{255}No(α,EC,3.1분)$, $^{259}No(α,EC,60분)$

전자배치도 [Rn](5f)₁₄(7s)₂

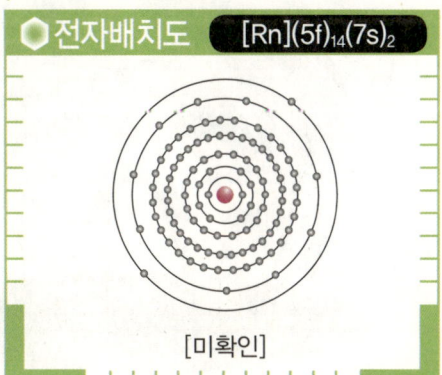

[미확인]

- **발견년도**: 1958년
- **발견자**: 시보그, 기오르소, T. 시클랜드, 존 R. 월튼(모두 미국)
- **존재형태**: 지구상에는 존재하지 않는다.
- **이용사례**: 연구 목적으로만 이용

illustration by 龍川ナギ

처음 발견한 노벨륨은 가짜 원소

1957년 스웨덴의 노벨 물리학연구소에서 생성된 원소이다. 퀴륨의 원자핵에 사이클로트론* 으로 탄소 원자핵을 충돌시켜 새로운 α방사성 동위 원소를 얻었고 이 원소를 노벨륨이라고 명명했다. 그러나 발견 후 미국 연구진과 러시아 연구진이 각자 재현 실험을 했으나 노벨륨을 확인할 수 없었기 때문에 서로 이의를 제기했다. 결국 1957년에 발견된 노벨륨은 가짜였음이 판명되었지만 원소명은 그대로 남겨두었다. 진짜 노벨륨은 1958년 미국의 버클리 연구진에 의해 만들어졌다. 또한 연구진은 노벨륨이 수용액에서 2가로 존재하며 매우 안전하다고 밝혔다.

Element Girls

103 Lr — 원소 공략의 돌파구를 열었다!

로렌슘 — Lawrencium

원소명의 유래: 사이클로트론을 발명한 미국의 물리학자 「어니스트 로런스(Ernest Lawrence)」에서 유래한다.

SPEC

원자량	[262]	밀도	-
녹는점	-	끓는점	-
원자가	(2),3	존재도	지표 : - 우주 : -

주요 동위 원소: ^{256}Lr(α,EC,SF,28초), ^{257}Lr(α,0.65초), ^{258}Lr(α,EC,4.3초), ^{259}Lr(α,EC,SF,5.4초), ^{262}Lr(EC,3.6시간)

"새 친구를 만들게!"

전자배치도 [Rn](5f)$_{14}$(6d)$_1$(7s)$_2$

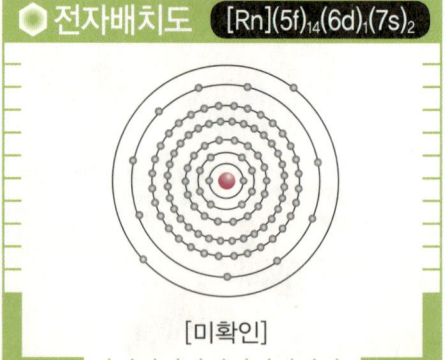

[미확인]

발견년도	1961년(혼합물로서 발견)
발견자	기오르소, T. 시클랜드, 앨먼 E. 랄시, 로버트 M. 래티머(모두 미국)
존재형태	지구상에는 존재하지 않는다.
이용사례	연구 목적으로만 이용

illustration by 銀一

캘리포늄과 합성한 원소

로렌슘은 1961년 U.C. 버클리에 있는 로런스 방사선연구소에서 생성되었다. 사이클로트론* 으로 캘리포늄에 가속시킨 붕소이온을 충돌시켜 로렌슘(^{257}Lr)을 얻었다. 그런데 이 원소는 ^{257}Lr이 아니라 동위 원소*의 혼합물(^{258}Lr, ^{259}Lr)이었다고 한다. 또한 안정한 산화물은 원자가가 3가인 Lr(Ⅲ)이지만 동위 원소는 전부 불안정하다.

원소명의 유래가 된 어니스트 로런스는 미국의 물리학자이자 사이클로트론을 개발한 사람이다. 1939년 사이클로트론과 인공 방사성 원소 개발로 노벨물리학상을 수상했다.

104 Rf

발견자는 누구? 누가 이름 붙일 권리가 있지?

러더포듐 — Rutherfordium

원소명의 유래 원자핵을 개발한 영국의 물리학자 「어니스트 러더포드(Ernest Rutherford)」에서 유래한다.

"33년이란 긴 세월동안 무명이었어~"

SPEC

원자량	[261]	밀도	23000kg/m³ (계산치)
녹는점	-	끓는점	-
원자가	-	존재도	지표: - / 우주: -

주요 동위원소: $^{257}Rf(\alpha, EC, SF, 4.7초)$, $^{259}Rf(\alpha, EC, SF, 3.1초)$, $^{261}Rf(\alpha, EC, SF, 1.1분)$

전자배치도 [Rn](5f)₁₄(6d)₂(7s)₂

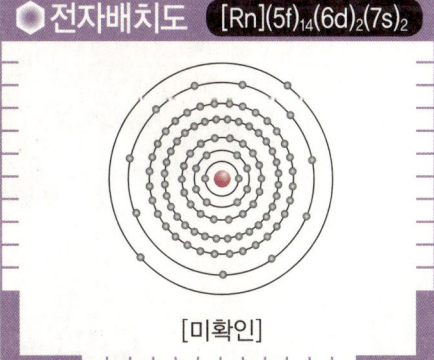

[미확인]

- **발견년도**: 1969년
- **발 견 자**: 게오르그 N. 플레로프(러시아: 1964년), 기오르소(미국: 1969년)
- **존재형태**: 지구상에는 존재하지 않는다.
- **이용사례**: 연구 목적으로만 이용

illustration by よつ葉真澄

🟣 발견에서 명명까지 무려 33년!

1964년 러시아 두브나에 위치한 핵물리학 연합연구소의 플레로프 등의 과학자들은 플루토늄에 네온 원자핵을 충돌시켜 104번째 원소를 발견하고 이를 쿠르차토븀kurchatovium:Ku으로 명명했다. 그러나 1969년 미국의 연구진이 같은 방법으로 실험을 했지만 쿠르차토븀을 얻지 못했다. 그들은 캘리포늄에 탄소 이온을 충돌시키는 새로운 방법으로 104번째 원소를 만들었고 러더포듐이란 이름을 붙였다. 원소명을 정할 권리는 원래 먼저 발견한 러시아에 우선권이 있으나 두 그룹은 모두 상대방의 결과를 입증하지 못했다고 주장했고, 러더포듐으로 결정되기까지 무려 33년이란 시간이 걸렸다. 현재 안정한 동위 원소*는 발견되지 않았다.

Element Girls

105 Db — 두 개의 이름으로 불리었던 원소

더브늄 / Dubnium

원소명의 유래 원자핵 발전에 공헌한 러시아 연구소의 소재지 「더브나(Dubna)」에서 유래한다.

말풍선: 그럼, 내 이름은 뭐로 결정난거야?

SPEC
- 원자량 [262]
- 밀도 29000 kg/m³
- 녹는점 -
- 끓는점 -
- 원자가 -
- 존재도 지표: - / 우주: -
- 주요 동위 원소 ^{262}Db(SF, α, EC, 34초)

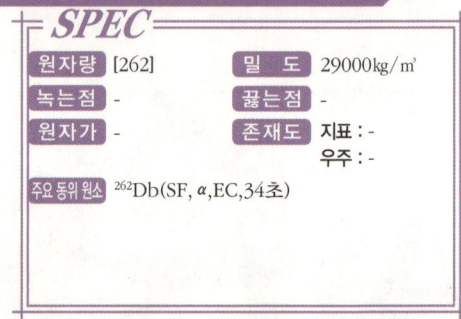

전자배치도 [Rn](5f)$_{14}$(6d)$_3$(7s)$_2$

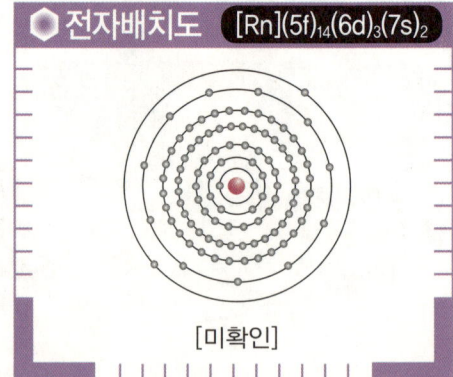

[미확인]

- 발견년도: 1967년
- 발견자: 게오르그 N. 플레로프(러시아), 기오르소(미국)
- 존재형태: 지구상에는 존재하지 않는다.
- 이용사례: 연구 목적으로만 이용

illustration by NAOX

명명권 쟁탈전, 무엇이 진짜 이름이지?

1967년 러시아의 더브나에 있는 JINR*에서 아메리슘(^{243}Am)에 네온(^{22}Ne)을 충돌시켜 105번째 원소를 생성했다. 그들은 이 원소를 입증하기 위해 연구를 거듭한 끝에 1970년 닐스보륨이란 이름을 붙였다. 한편 미국의 연구진도 같은 해 캘리포늄(^{249}Cf)에 질소(^{15}N)를 충돌시켜 105번째 원소를 만들었고 이를 하늄이라고 명명했다. 결국, 105번째 원소도 러더포듐과 마찬가지로 명명권 쟁탈전이 벌어졌다. 명칭이 통일될 때까지 두 개의 원소명이 문헌에 등장하다가 1997년 러시아의 JINR의 소재지에서 유래한 더브늄이 원소명으로 결정되었다.

106 Sg

원소의 미래에 꿈과 희망을 남겼다

시보귬 — Seaborgium

원소명의 유래: 악티늄 계열의 원소 발견자이자 많은 종류의 초우라늄 원소를 합성한 시보그에서 유래한다.

"새로운 가능성…… 난 원소의 희망!"

SPEC

원자량	[266]	밀 도	35000 kg/m³ (계산치)
녹는점	-	끓는점	-
원자가	-	존재도	지표: - 우주: -

주요 동위 원소: ^{263}Sg(α, 0.9초)

전자배치도

[Rn]$(5f)_{14}(6d)_4(7s)_2$

[미확인]

- **발견년도**: 1974년
- **발 견 자**: 게오르그 N. 플레로프(러시아), 기오르소(미국)
- **존재형태**: 지구상에는 존재하지 않는다(^{18}O의 원자핵을 ^{249}Cf에 충돌시켜서 만든다).
- **이용사례**: 연구 목적으로만 이용

illustration by マナカッコワライ

🔷 미래의 신원소 발견에 희망이 보인다?

1974년 시보귬은 러시아와 미국에서 같은 시기에 발견되었다. 러시아에서는 납에 사이클로트론*으로 가속시킨 크롬을 충돌시켜서 106번째 질량수 259인 원자핵을 만들었다. 같은 시기에 미국에서는 캘리포늄에 중이온가속기로 가속시킨 산소를 충돌시켜 106번째 원자핵을 만들었다. 그 후 명명권을 놓고 논쟁을 벌였으나 1993년에 미국이 명명권을 획득했고 1997년에 원소 중에서 처음으로 현존하는 인물인 시보그가 원소명으로 채택되었다. 또한 ^{263}Sg의 반감기는 0.9초에 불과하지만 수명이 짧은 방사성 원소 중에서는 긴 편이기 때문에 더 큰 원소를 만들 수 있는 가능성이 나타났다. 미미하지만 화학적 성질에 대한 연구도 진척되고 있다.

Element Girls

107 Bh — 보륨 (Borhrium)

독일과 러시아에 우정이 싹텄다!?

원소명의 유래: 원자역학을 확립한 물리화학자 닐스 보어(Bohr)에서 유래한다.

말풍선: 모두 사이좋게 놀아요~

SPEC
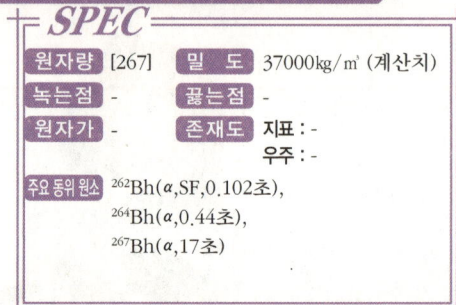

- 원자량: [267]
- 밀도: 37000 kg/m³ (계산치)
- 녹는점: -
- 끓는점: -
- 원자가: -
- 존재도: 지표: - / 우주: -
- 주요 동위원소: $^{262}Bh(\alpha, SF, 0.102초)$, $^{264}Bh(\alpha, 0.44초)$, $^{267}Bh(\alpha, 17초)$

전자배치도
$[Rn](5f)_{14}(6d)_5(7s)_2$

[미확인]

- **발견년도**: 1981년
- **발견자**: 고트프리트 뮌첸베르그(독일), 피터 앰브러스터(독일) 등의 국제연구팀
- **존재형태**: 지구상에는 존재하지 않는다.
- **이용사례**: 연구 목적으로만 이용

illustration by 龍川ナギ

독일과 러시아의 합동 명명

보륨을 발견한 것은 독일의 중이온 연구소라고 되어 있지만 최초의 발견자가 결정될 때까지 독일은 러시아와 논쟁을 벌여야 했다. 러시아는 1976년 비스무트에 크롬 원자핵을 충돌시켜 107번째 원소를 만들었다. 독일도 1981년 같은 방법으로 107번째 원소를 만들었다. 이 원소를 먼저 만든 것은 러시아지만 원소를 명확하게 재현한 나라는 독일이었기 때문에 명명권을 두고 논란이 일어났다. 1992년 IUPAC*는 러시아와 독일 양쪽 다 영예를 누릴 수 있도록 양국이 협의하여 원소명을 선정하라는 결정을 통보했다. 그 후 1997년 보륨이란 원소명이 채택되었다. 보륨 화합물은 옥시산화물(BhO_3Cl)이 있다.

108 Hs

화합물을 합성할 수 있는 최대원소!

하슘 — Hassium

원소명의 유래: 발견지인 독일 헤센주(州)의 라틴어명 「Hassia」에서 유래한다.

"원소계에 커다란 성을 짓는 것이지!"

SPEC

원자량	[273]	밀 도	41000kg/m³ (계산치)
녹는점	-	끓는점	-
원자가	-	존재도	지표 : - / 우주 : -

주요 동위 원소: ^{265}Hs(α,SF,0.0018초), ^{267}Hs(α,SF,0.033초), ^{269}Hs(α,9.3초)

전자배치도 [Rn]$(5f)_{14}(6d)_6(7s)_2$

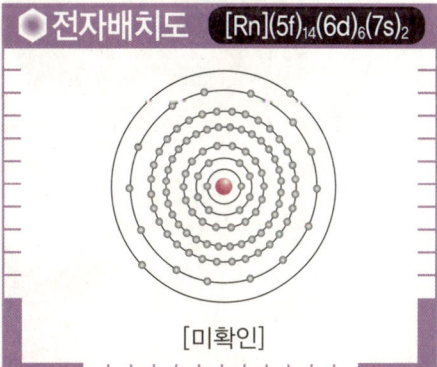

[미확인]

- **발견년도**: 1984년
- **발견자**: 고트프리트 뮌센베르그(독일), 피터 앰브러스터(독일) 등의 국제연구팀
- **존재형태**: 지구상에는 존재하지 않는다.
- **이용사례**: 연구 목적으로만 이용

illustration by 銀一

원소 중 가장 큰 화합물!

108번째 원소는 1984년 독일 헤센주(州)의 다름슈타트에 있는 중이온연구소(GSI)에서 생성되었다. 이 때 α괴변하는 두 종류의 동위 원소*(^{264}Hs와 ^{265}Hs) 생성에 성공했고 하슘이라는 이름을 붙였다. 한편 IUPAC*는 독일의 방사화학자인 한Otto Hahn을 기려서 하늄을 제안했으나 채택되지 못했다. 105번째 원소명에 이어 108번째도 이름을 붙이지 못한 셈이다. 하슘을 발견한 후 러시아 및 미국 등이 잇달아 하슘 동위 원소를 발견했으며 화합물도 생성했다. 모든 화합물 중에서 현재 가장 큰 원소를 가진 화합물은 사산화하슘(HsO_4)이며 오스뮴 화합물과 비슷한 성질을 갖고 있을 것이라고 예측된다.

Element Girls

109 Mt — 칠전팔기 정신으로 겨우 태어난 원소

마이트너륨

Meitnerium

원소명의 유래: 위대한 여성 물리학자 「리제 마이트너(Lise Meitner)」에서 유래한다.

> 내 의욕을 얕보지 마!
> …근데 좀 아프네.

SPEC
원자량	[268]	밀도	-
녹는점	-	끓는점	-
원자가	-	존재도	지표 : - / 우주 : -

주요 동위 원소: $^{268}Mt(\alpha, 0.07초)$

◆ 전자배치도 [Rn]$(5f)_{14}(6d)_7(7s)_2$

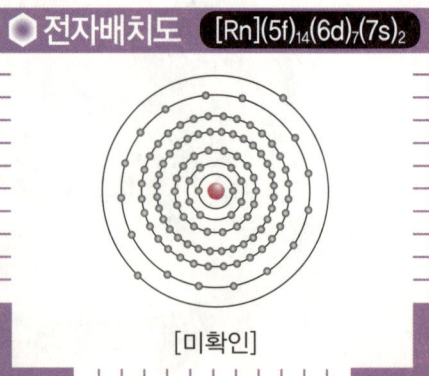

[미확인]

- **발견년도**: 1982년
- **발 견 자**: 고트프리트 뮌센베르그(독일), 피터 앰브러스터(독일) 등의 국제연구팀
- **존재형태**: 지구상에는 존재하지 않는다.
- **이용사례**: 연구 목적으로만 이용

illustration by よつ葉真澄

◆ 일주일 동안 조사해도 얻을 수 있는 양은 겨우 1개뿐!

마이트너륨은 1982년 독일의 중이온연구소 연구팀이 인공적으로 만들었다. 그들은 중이온 가속기로 가속시킨 철을 비스무트에 충돌시켜 일주일 정도 지속적으로 조사(照射)했다. 그 결과 1개이기는 하지만 신원소 마이트너륨을 얻는 데 성공했다. 마이트너륨은 α붕괴로 보륨이 되고 이어서 더브늄으로 변화한 후 러더포듐이 된다.

마이트너륨의 화학적 성질은 아직 명확히 밝혀지지 않았으나 이리듐과 비슷하다고 추정된다.

110 Ds

독일 태생의 신비한 원소 미소녀!

다름슈타튬

Darmstadtium

원소명의 유래 원소를 발견한 연구소가 있는 독일「다름슈타트(Darmstadt)」에서 유래한다.

"이거랑 이걸로 무언가 할 수 있을까?"

SPEC

원자량	[281]	밀도	-
녹는점	-	끓는점	-
원자가	-	존재도	지표 : -
			우주 : -

주요 동위 원소 $^{269}Ds(\alpha, 0.00017초)$, $^{281}Ds(\alpha, 1.6분)$

전자배치도   [Rn](5f)$_{14}$(6d)$_9$(7s)$_1$

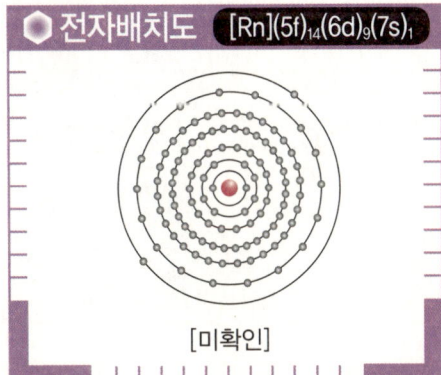

[미확인]

- **발견년도** 1994년
- **발견자** 피터 앰브러스터(독일), 지구루트 호프만(독일) 등의 국제연구팀
- **존재형태** 지구상에는 존재하지 않는다.
- **이용사례** 연구 목적으로만 이용

illustration by NAOX

🔹 독일 지명이 유래인 원소

1994년 독일의 중이온연구소의 연구팀은 중이온가속기로 가속시킨 니켈의 동위 원소* ^{62}Ni를 납의 동위원소 ^{208}Pb에 충돌시켜 원자량 269인 신원소를 발견했다. 그들은 이 신원소에 연구소가 위치한 다름슈타트시(市)를 따서 다름슈타튬이라고 명명했다. 그 후 2003년에 IUPAC*는 신원소의 존재를 공식적으로 승인했다.

주기율표의 위치로 봐서는 다름슈타튬은 백금과 비슷한 성질을 가지며 다양한 화합물을 만들 수 있을 것이라고 추정된다.

Element Girls

111 Rg

실체가 불분명한 아기 원소
뢴트게늄
Roentgenium

원소명의 유래: 독일의 화학자 「빌헬름 뢴트겐(Wilhelm Roentgen)」이 X선을 발견한지 약 100년 뒤인 것을 기념하여 명명했다.

"아직 갓난아기 상태랍니다~"

SPEC
원자량	[272]	밀도	-
녹는점	-	끓는점	-
원자가	-	존재도	지표 : - 우주 : -

주요 동위 원소: $^{272}Rg(α, 0.0015초)$
$^{274}Rg(α, 0.0064초)$
$^{279}Rg(α, 0.17초)$
$^{280}Rg(3.6초)$

전자배치도 [Rn]$(5f)_{14}(6d)_{10}(7s)_1$

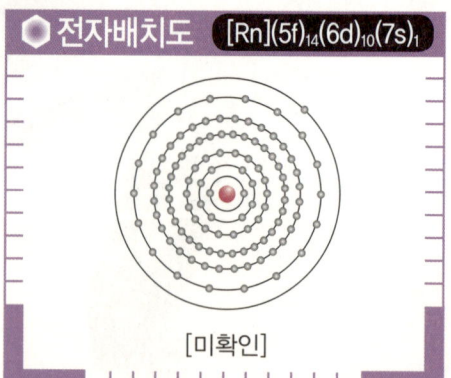

[미확인]

발견년도	1994년
발견자	피터 앰브러스터(독일), 지그루트 호프만(독일) 등의 국제연구팀
존재형태	지구상에는 존재하지 않는다.
이용사례	연구 목적으로만 이용

illustration by 龍川ナギ

정식 명칭이 붙은 마지막 원소

뢴트게늄은 2008년 8월 현재 정식 명칭이 붙은 마지막 원소이다. 1994년 독일의 중이온연구소의 연구팀이 비스무스(^{209}Bi)에 니켈(^{64}Ni)을 충돌시키는 것으로 뢴트게늄 합성에 성공했다. 뢴트게늄은 α붕괴로 마이트너륨(^{268}Mt)이 되고 이어서 보륨(^{264}Bh), 더브늄(^{260}Db)으로 변화한 후 로렌슘(^{256}Lr)이 된다. 화학적 성질은 명확히 밝혀지지 않았지만 주기율표의 위치로 봐서는 이 원소는 동, 은, 금 아래에 오기 때문에 순수한 금속은 귀금속 성질을 가지며, 만약 수명이 긴 동위 원소*를 얻는다 해도 안정한 화합물을 만들 순 없을 것으로 추정된다.

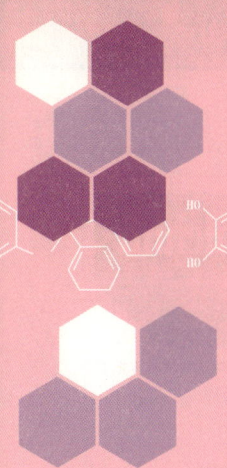

이름이 새롭게 결정된 원소들

여기서는 2010년 이래 정식명칭이 결정된 제 112번 원소, 제 114번 원소, 제 116번 원소를 소개합니다.

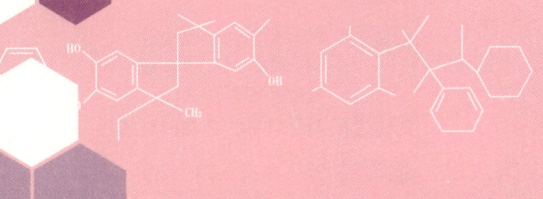
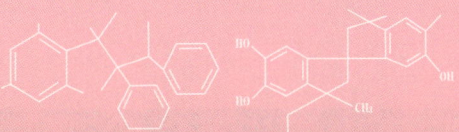

Element Girls

112 Cn

위대한 천문학자의 이름을 가진 소녀

코페르니슘 (우눈븀) — Copernicium

원소명의 유래: 천문학자 니콜라우스 코페르니쿠스와 관련되어 이름 붙여졌다.

SPEC
- 원자량: [285]
- 밀도: -
- 녹는점: -
- 끓는점: -
- 원자가: -
- 존재도: 지표: - 우주: -
- 주요 동위 원소: ^{277}Cn(α, 0.0007초), ^{281}Cn(α, 0.0097초), ^{282}Cn(sf, 0.0008초), ^{283}Cn(α, 4초), ^{284}Cn(sf, 0.0097초), ^{285}Cn(α, 29초)

전자배치도: $[Rn](5f)_{14}(6d)_9(7s)_2$

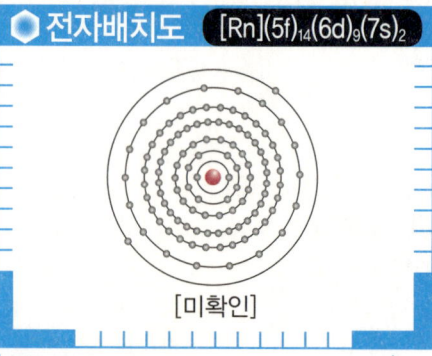

[미확인]

- 발견년도: 1996年
- 발견자: 피터 앰브러스터(독일), 지구르트 호프만(독일) 등의 국제연구팀
- 존재형태: 지구상에는 존재하지 않는다.
- 이용사례: 연구 목적으로만 이용

제가 너무 기다리게 했네요.

illustration by sango

상온에서 액체로 추정되는 금속원소

1196년 독일의 중이온연구소가 납(^{208}Pb- 표시 원서 참고)에 아연(^{70}Zn)을 조사하는(가속충돌시키는) 것으로 합성한 금속원소. 주기율표에서는 12족의 원소로서 수은 밑에 위치하는 것으로, 상온에서는 액체의 금속이라고 여겨지고 있다. 원소명은 2010년에 인정되었고, 이름의 유래가 된 코페르니쿠스의 생일(2월 19일)에 발표되었다.

114 Fl

매직넘버가 기대되는 소녀

플레로븀 — Flerovium

원소명의 유래: 러시아의 원자핵물리학자이자 두브나 합동원자핵연구소의 창립자인 게오르기 플료로프에서 유래하였다.

"더 오래 살고 싶어."

SPEC
- 원자량: [289]
- 밀도: -
- 녹는점: -
- 끓는점: -
- 원자가: -
- 존재도: 지표: - / 우주: -
- 주요 동위 원소: $^{285}Fl(\alpha, 0.125초)$ $^{286}Fl(sf/\alpha, 0.13초)$ $^{287}Fl(\alpha, 0.51초)$ $^{288}Fl(\alpha, 0.8초)$ $^{289}Fl(\alpha, 2.6초)$

전자배치도
$[Rn](5f)_{14}(6d)_9(7s)_2(7p)_2$

[미확인]

- 발견년도: 1998년
- 발견자: 유리 오가네시안(러시아), 우라지밀 유천코프(러시아) 등 원자핵연구연합연구소의 멤버
- 존재형태: 지구상에는 존재하지 않는다.
- 이용사례: 연구 목적으로만 이용

illustration by sango

이중마법수를 가진 동위원소

1998년 러시아 두브나시의 합동원자핵연구소에서 행한 플루토늄(^{244}Pu- 표시 원서 참고)과 칼슘(^{48}Ca- 표시 원서 참고)의 충돌실험에서 생성되어 2012년 5월에 명칭이 결정되었다. 질량수 298의 동위원소 298Fl(표시 원서 참고)(양자수 114개, 중성자 184개)는 이중의 마법수(매직넘버*)를 가지고 있어 매우 안정적이라고 추정되기 때문에 그 발견이 기대되고 있다.

Element Girls

116 Lv

2국 공동이지만 이름은 미국 유래

리버모륨   Livermorium

원소명의 유래: 천문학자 니콜라스 코페르니쿠스와 관련되어 이름이 붙여졌다.

"미국 이름을 가지고 있어요."

illustration by sango

SPEC
- 원자량: [293]
- 밀도: -
- 녹는점: -
- 끓는점: -
- 원자가: -
- 존재도: 지표: - / 우주: -
- 주요 동위 원소: ^{290}Lv(α, 0.015초), ^{291}Lv(α, 0.0063초), ^{292}Lv(α, 0.018초), ^{293}Lv(α, 0.053초)

전자배치도: [Rn](5f)$_{14}$(6d)$_9$(7s)$_2$(7p)$_4$

[미확인]

- 발견년도: 2000年
- 발견자: 러시아의 두브나 원자핵공동연구소(JINR)와 캘리포니아의 로렌스 리버모어 국립연구소(LLNL)의 공동연구팀
- 존재형태: 지구상에는 존재하지 않는다.
- 이용사례: 연구 목적으로만 이용

미국지명이 유래인 원소

2000년 러시아의 두브나 합동원자핵연구소와 미국의 로렌스 리버모어 국립연구소의 공동실험에서 큐륨(^{245}Cm)에 칼슘(^{48}Ca)을 충돌시켜 합성했다. 플레로븀과 함께 2012년 5월에 이름이 결정되었다. 주기율표에서는 텔루륨이나 폴로늄 밑에 위치하고 있어 그 원소들과 가까운 성질을 가진 것으로 추정하고 있지만 화학적 성질은 판명되어 있지 않다.

이름이 아직 결정되지 않은 원소들

여기서는 2012년 8월까지 정식명칭이 붙지 않은 제 113번, 제 115번, 제 117번, 제 118번 원소를 소개합니다.

Element Girls

113 Uut

아직 명명되지는 않았지만 기대를 모으고 있는 일본여성

우눈트륨 — Ununtrium

원소명의 유래: 113번 원소라는 의미

자포니움? 이름을 생각 해죠.

illustration by sango

SPEC

- 원자량: [286]
- 밀도: -
- 녹는점: -
- 끓는점: -
- 원자가: -
- 존재도: 지표: - / 우주: -
- 주요 동위 원소:
  - ^{278}Uut(α, 0.000344초)
  - ^{283}Uut(α, 0.1초)
  - ^{284}Uut(α, 0.48초)

- 발견년도: 2010년
- 발견자: 모리타 고스케(일본) 등 이화학연구소
- 존재형태: 지구상에는 존재하지 않는다.
- 이용사례: 연구 목적으로만 이용

115 Uup

만족을 모르는 말괄량이

우눈펜튬 — Ununpentium

원소명의 유래: 115번 원소라는 의미

'에카비스마스'라고 불릴 때도 있어.

illustration by sango

SPEC

- 원자량: [289]
- 녹는점: -
- 원자가: -
- 밀도: -
- 끓는점: -
- 존재도: 지표 : - / 우주 : -
- 주요 동위 원소: ^{287}Uup(α, 0.032초), ^{288}Uup(α, 0.087초)

- 발견년도: 2004년
- 발견자: 러시아의 두브나 원자핵공동연구소(JINR)와 캘리포니아의 로렌스 리버모어 국립연구소(LLNL)의 공동연구팀
- 존재형태: 지구상에는 존재하지 않는다.
- 이용사례: 연구 목적으로만 이용

Element Girls

117 Uus — 새로운 할로겐? 정체불명의 매혹적인 아이돌

우눈셉튬 — Ununseptium

원소명의 유래: 117번 원소라는 의미

"반금속적인 캐릭터일지도~"

illustration by sango

SPEC

원자량	[294]	밀도 -
녹는점	-	끓는점 -
원자가	-	존재도 지표:- / 우주:-

주요 동위 원소: ^{293}Uus(α, 0.0014초)
 ^{274}Uus(α, 0.0078초)

발견년도	2010년
발견자	두브나 합동원자핵연구소
존재형태	지구상에는 존재하지 않는다.
이용사례	연구 목적으로만 이용

118 Uuo

기대를 모으는 희소가스 소녀

우눈옥튬 — Ununoctium

원소명의 유래: 118번 원소라는 의미

"에카라돈 이라고도 불리고 있어요."

illustration by sango

SPEC

- 원자량: [294]
- 녹는점: -
- 원자가: -
- 밀도: -
- 끓는점: -
- 존재도: 지표: - 우주: -
- 주요 동위 원소: $^{294}Uuo(\alpha, 0.0089초)$

- 발견년도: 2006년
- 발견자: 러시아의 두브나 원자핵공동연구소(JINR)와 캘리포니아의 로렌스 리버모어 국립연구소(LLNL)의 공동연구팀
- 존재형태: 지구상에는 존재하지 않는다.
- 이용사례: 연구 목적으로만 이용

Element Girls

용어집

여기에서는 이 책에 등장하는 주요 항목을 더욱 자세히 설명합니다. 본문 중에 「*」 표시가 붙은 용어를 가나다순으로 해설하였습니다. 이 책을 읽어가면서 용어의 의미를 확실히 파악해봅시다.

■ 고속증식로
에너지가가 높은 중성자(고속중성자)에 의한 핵분열 연쇄반응을 이용한 증식로. 고속증식로에서는, 우라늄(^{238}U)을 플루토늄(^{239}Pu)로 전환시키기 위해, 우라늄 자원을 수십 배로 증식시킬 수 있다.

■ 공유 결합
원자들이 서로 전자를 공유하는 것으로 생기는 화학결합. 결합력은 매우 강하다.

■ 교정
측정기를 읽는 오차를 파악해, 공통의 측정 기준을 만드는 방법이다.

■ 동소체
같은 원소만으로 이루어진 단체분자이지만, 결정구조나 결합양식이 달라, 화학적 · 물리적 성질이 다른 것을 말한다. 예를 들어, 그래파이트나 다이아몬드가 있다(어느 쪽이든 탄소의 단체 : 그래파이트는 도전성, 다이아몬드는 절연성).

■ 동위 원소
원자 번호가 같은 원소의 원자로, 질량수가 다른 핵종(양자와 중성자의 수에 의해 결정되는 원자핵의 종류)의 관계에 있는 원자를 말한다. 동위 원소에는, 안정되어 변화하지 않는 안정 동위 원소와 불안정하여 변화하는 방사성 동위 원소가 있다.

■ 란타넘족 원소
주기율표에서 란탄($_{57}$La)에서 루테튬($_{71}$Lu)까지의 15원소의 총칭.

■ 매직넘버
양자나 중성자의 수가 특정한 수가 되면, 다른 원자핵에 비해서 안정된다. 이 수를 매직넘버라고 부른다. 현재 알려진 매직넘버는 헬륨(2), 산소(8), 칼슘(20), 니켈(28), 주석(50), 납(82)이다.

■ 반도체
전기가 통하는 전도체나 전기가 통하지 않는 절연체에 대해, 중간적인 성질을 나타내는 물질의 총칭이다. 주변의 자장이나 온도에 의해, 통하는 전기의 양을 변화시키는 성질(전기전도성)을 가진다.

■ 방사성 붕괴
알파 붕괴, 베타 붕괴, 감마 붕괴, 핵분열반응, 자발핵분열 등의 총칭. 불안정한 원자핵(방사성 동위 원소)이, 다양한 상호작용에 의해 상태를 변화시키는 현상이다.

■ 백금족
주기율표의 제 5~6주기, 제 8~10족에 위치하는 원소. 루테튬($_{44}Ru$), 로듐($_{45}Rh$), 파라듐($_{46}Pd$), 오스뮴($_{76}Os$), 이리듐($_{77}Ir$), 백금($_{78}Pt$)의 총칭이다.

■ 보크사이트
알루미늄의 원료로, 산화 알루미늄(Al_2O_3)을 52%–57% 포함하는 광석. 알류미늄의 원료 이외에, 내화용 혼합재, 연마재, 알루미나 시멘트의 소재로써도 이용된다.

■ 붕괴계열
불안정한 동위 원소가 붕괴되어, 다른 원자핵이 된다. 그러나 그 원자핵이 불안정하면 다시 붕괴되어, 또 다른 원자핵이 된다. 이 현상을 반복해, 안정된 원자핵이 되기까지의 일련의 붕괴순서이다.

■ 비결정
결정과 같이 일정한 형태를 가지지 않은 상태의 것을 말한다.

■ 비활성 기체
주기율표의 제 18족 원소로 헬륨($_2He$), 네온($_{10}Ne$), 아르곤($_{18}Ar$), 크립톤($_{36}Kr$), 제논($_{54}Xe$), 라돈($_{86}Rn$)을 가리킨다. 화학적으로 비활성 기체이고, 드물게 존재하기 때문에 이렇게 불리고 있다.

■ 사이클로트론
자장을 발생시키는 전자석과 자장 속에 들어가 있는 가속전극으로부터 구성된 가속기. 원자핵반응 연구나 방사성 동위 원소의 제조 등에 이용되고 있다.

■ 산란 단면적
반응을 일으키기 쉬운 정도를 나타내는 척도의 일종. 산란이란 직선상에 방출한 입자의 궤도가 바뀌는 것을 말하고, 산란 단면적이란 입자의 산란확률을 표시한 것이다.

■ 산화제
대상 물질에게서 전자를 빼앗거나 구체적으로는 물질에 산소를 주어 화학반응을 일으키는 물질이 수소를 빼앗는 반응을 일으키는 것이다.

Element Girls

■ 스펙트럼

시료에 대해 자극을 가할 때, 그 자극이나 응답을 특징짓는 양에 대한 응답 강도를 기록한 것이다.

■ 악티늄족 원소

주기율표에서 악티늄($_{89}$Ac)에서 로렌슘($_{103}$Lr)까지의 15개 원소의 총칭이다.

■ 알칼리 금속

주기율표에서 가장 왼쪽에 위치하는 원소로, 수소($_1$H) 이외의 것을 말한다. 이들 원소는 1가의 양이온이 되기 쉬워 단체가 불안정하고 산화되기 쉬운 성질을 가진다.

■ 알칼리 토금속

주기율표의 제 2족에 속하는 원소로, 칼슘($_{20}$Ca), 스트론튬($_{38}$Sr), 바륨($_{56}$Ba), 라듐($_{88}$Ra)을 말한다. 베릴륨($_4$Be), 마그네슘($_{12}$Mg)도 제 2족이지만, 이들과는 화학적 성질이 다르기 때문에 포함되지 않는다.

■ 옥탄가

가솔린 엔진 내에서 노킹(금속성 타격음이나 진동이 일어나는 현상)이 일어나기 힘든 정도를 나타내는 수치. 옥탄가가 높을수록 노킹은 일어나기 힘들다.

■ 왕수

진한염산(HCl)과 진한질산(HNO_3)을 3:1의 부피비로 혼합하여 만들어지는 등적색 액체. 산화력이 매우 강해, 보통 산에는 녹지 않는 금이나 백금 등도 용해할 수 있다.

■ 워커법

염화팔라듐($PdCl_2$)과 염화구리($CuCl_2$)를 촉매로, 알켄(C_nH_{2n})을 산소에 의해 칼보닐 화합물로 산화하는 화학반응을 말한다.

■ 원소주기율

원소를 원자번호순으로 배치하면, 원소의 성질이 주기적으로 변화하는 것을 토대로 배열한 표가 주기율표이다. 주기율표는 1869년에 드미트리 멘델레예프에 의해 제안되었다.

■ 원자가

원자가 다른 원자와 얼마나 결합하는지를 표시한 수. 원소에 의해서는 복수의 원자가를 가진 것이 있지만, 원자가가 많을수록 다양한 반응성을 나타낸다.

■ 이온교환분리
이온결합(양이온과 음이온의 사이에 정전기적인력에 의해 화학결합을 하는 것)을 이용하여, 별종의 이온 분리·교체를 하는 것. 물을 정화할 때에도 이 방법이 자주 쓰인다.

■ 이온반경
이온의 크기를 나타내는 편의적인 크기. 이온 결정(이온 결합에 의해 형성된 결정) 내의 실측원자간 거리를 어느 전제조건을 걸어 양이온과 음이온으로 할당된 값이다.

■ 인공 방사성 원소
인공적으로 합성하여 만들어진 원소의 총칭. 이것들은 반감기가 매우 짧은 방사성 원소이기 때문에 자연계에서는 매우 소량밖에 확인되지 않고 있다.

■ 임플란트
체내에 축적되어있는 기구의 총칭. 주로 의료목적으로 쓰이고, 인공치아나 골절·류마티스 등의 치료에 뼈를 고정하기 위한 볼트 등이 있다.

■ 전기 분해
화합물에 높은 전압을 가해, 전기화학적으로 산화환원반응을 일으키는 것으로, 원소들을 분리하는 방법이다. 간단히 말해 전해라고 부르고, 전극에는 부식이 적은 백금 등이 사용된다.

■ 전기음성도
분자 내의 원자가 전자를 끌어당기는 힘. 전자를 끌어당기는 강도가 다른 원자들이 화학결합하면, 결합한 상대의 원자로부터 영향을 받아, 결합하기 전과 다른 전자 분포가 된다. 이러한 전자를 끌어당기는 힘을 전기음성도라고 한다.

■ 전도체
전기가 통하기 쉬운 물질, 재료. 양도체나 전기반도체, 도체라고도 불린다. 일반적으로는 전도율이 흑연(전기전도율 10^6 S/m)과 동등한 이상의 것이 전도체이다.

■ 전형원소
주기표의 1족, 2족과 12족부터 18족의 원소로, 모든 비금속과 일부의 금속으로부터 구성된 원소의 총칭(구분)이다. 전형원소는 최외각전자의 수가 같은 원자가 세로로 늘어서있기 때문에, 세로의 원소들의 성질이 닮은 것이 특징이다.

Element Girls

■ **절연체**
전기나 열이 통하기 힘든 성질을 가지는 물질의 총칭. 부도체라고도 한다. 일반적으로는 전도율이 10^6S/m 이하의 것을 말하고, 전도율의 단위는 S(시멘스)를 사용한다.

■ **제베크 효과**
물체의 온도차가 전압으로 직접 변환되는 현상으로, 열전효과(전기전도체나 반도체 등의 금속에 있어서, 열류의 열에너지와 전류의 전기에너지가 서로 영향을 미치는 효과의 총칭)의 일종

■ **제어봉**
중성자의 수를 조정해, 원자로의 출력을 제어하기 위한 봉. 원자로를 제어할 때에 중요한 것으로, 중성자를 흡수하기 쉬운 붕소나 카드뮴 등을 포함한 물질로부터 만들어진다.

■ **차폐재**
인체에 방사선의 영향을 적게 하기 위해, 방사선 발생원과 인체 사이에 놓는 방벽. 차폐재에는, 방사선을 흡수하는 콘크리트 등이 이용된다.

■ **체르노빌 원전 사고**
1986년에 소비에트 연합(현 우크라이나)의 체르노빌 원자력발전소 4호로가 폭발해, 방사성 물질이 우크라이나와 러시아 등을 오염시킨 사고.

■ **초우라늄 원소**
우라늄 원자번호 92보다도 번호가 큰 원소로, 원자번호 93의 넵튬 이하 원소의 총칭. 기본적으로는 지구상에 존재하지 않는, 사이클로트론 등의 대규모적인 장치를 사용해 인공적으로 만들어야만 한다. 모두 방사성 원소인 것도 특징이다.

■ **초전도임계온도**
초전도(일정 온도 이하에서 전기저항이 0이 되는 현상)가 일어나는 온도. '초전도전이온도'라고도 한다.

■ **최외각전자**
원자핵을 둘러싼 전자궤도의 집합을 전자껍질이라고 하고, 원자의 가장 외측에 있는 전자껍질의 전자를 최외각전자라고 한다.

■ **커플링 반응**
두 개의 화학물질을 선택적으로 결합시키는 반응. 팔라듐을 이용한 스즈키 커플링 등이 유명하다.

■ 펠티에 효과
전기전도체나 반도체 등의 금속에서, 열에너지와 전기에너지가 서로 영향을 미치는 효과. 최근, 간이형 보냉·보온고에 응용되는 원리이다.

■ 필수 아미노산
체내에서 합성할 수 없기 때문에, 영양분으로 섭취해야만 하는 아미노산의 총칭. 일반적으로 트립토판, 루신, 메티오닌, 페닐알라닌, 트레오닌, 발린, 라이신, 아이소루이신, 히스티딘의 9종류가 필수아미노산이다.

■ 하버 보슈법
암모니아의 공업적 제법 중 하나. 질소와 수소를 500℃, 1000기압의 상태로 반응시켜, 사산화삼광을 주성분으로 한 촉매를 이용해 암모니아를 생산하는 방법.

■ 헴철
체내에 흡수되기 쉬운 철분. 혈액 중의 헤모글로빈과 결합하기 쉬워, 몸의 세부까지 산소를 공급하는 역할을 한다.

■ 환원제
대상 물질에 전자를 주거나 산소를 빼앗아 화학 반응을 일으키는 물질. 물질이 수소와 화합하는 반응을 일으키는 것이 그 예이다.

■ 희토류 원소
원자번호 57번의 란타넘($_{57}$La)부터 71번의 루테튬($_{71}$Lu)까지 란타넘족 원소와, 21번의 스칸듐($_{21}$Sc), 39번의 이트륨($_{39}$Y) 합계 17종류의 원소의 총칭.

■ IUPAC
국제순수 및 응용화학연맹(International Union of Pure and Applied Chemistry)의 약어. 1919년에 설립된 화학자의 국제학술기관으로, 각국의 화학학회가 멤버이다. 원소명이나 화합물명의 국제기준(IUPAC 명명법)을 제정하는 조직으로 유명하다.

■ JINR
도브너 합동 원자핵 연구소(Joint Institute for Nuclear Research)의 약자, 국제 공동 원자핵, 소립자 물리의 연구시설로, 많은 신원소를 창출하고 있다.

Element Girls

◆◆◆◆ 찾아보기 ◆◆◆◆

ㄱ

가전자 · · · · · · · · · · · · · · · · · 8
강자성 · · · · · · · · · · · · · · 65, 137
고속증식로 · · · · · · · · · 31, 175, 218
고온초전도체 · · · · · · · · · · · · · 175
공유결합 · · · · · · · · · · · · · · · · 21
광전도성 · · · · · · · · · · · · · · · · 77
광촉매 · · · · · · · · · · · · · · · · · 53
교정 · · · · · · · · · · · · · · · 143, 218
금속 원소 · · · · · · · 35, 63, 103, 109, 133,
137, 143, 151, 157, 159, 161, 163, 169, 171, 190

ㄴ

난연조제 · · · · · · · · · · · · · · · 111
납축전지 · · · · · · · · · · · · · · · 173
네오디뮴 · · · · · · · · · · · 127, 129, 133
니켈·카드뮴 전지 · · · · · · · · · · · 105
니트로게나아제 · · · · · · · · · · · · · 23
니포늄 · · · · · · · · · · · · · · · · · 159

ㄷ

다이아몬드 · · · · · · · · · · · 19, 21, 89
도요하 광산 · · · · · · · · · · · · · · 107
동소체 · · · · · · · · · 21, 25, 39, 41, 109, 218
동위 원소 · · · · · · · · · · · · · 6, 11,
63, 83, 95, 108, 119, 131, 137, 141, 173, 175, 183,
186, 188, 193, 199, 200, 201, 205, 207, 208, 218
동위 원소 효과 · · · · · · · · · · · · · 11
두랄루민 · · · · · · · · · · · · · · · · 35
디브로모 인디고 · · · · · · · · · · · · 79

ㄹ

라듐걸 · · · · · · · · · · · · · · · · 185
란타넘족 원소 · · · · · 123, 125, 131, 135,
137, 139, 141, 143, 145, 147, 149, 151, 153, 218
란타니드 · · · · · · · · · · · · · · · 123
루미노바 · · · · · · · · · · · · · · · 141
루비 · · · · · · · · · · · · · · · · · · 57

ㅁ

망가니즈 단괴 · · · · · · · · · · · · · 59
매직넘버 · · · · · · · · · · 173, 211, 218
모즐리의 법칙 · · · · · · · · · · · · · 130
몰리브데넘강 · · · · · · · · · · · · · · 93
무기 화합물 · · · · · · · · · · · · · · · 21
미나마타병 · · · · · · · · · · · · · · 169
미시메탈 · · · · · · · · · · · · · 123, 125
미터, 킬로그램 원기 · · · · · · · · 163, 165

ㅂ

반감기 · · · 83, 85, 95, 132, 175, 177, 179, 183, 203
반데르 발스 결합 · · · · · · · · · · · · 21
반도체 · · · · · · · 37, 71, 73, 75, 113, 149, 218
방사능천 · · · · · · · · · · · · · 181, 185
방사성 붕괴 · · · · · · · · · · · · 181, 219
백금족 · · · · · · · · · · · · 97, 99, 161, 219
베타붕괴 · · · · · · · · · · · · · · · · 6, 9
보크사이트 · · · · · · · · · · · 35, 71, 219
분광기 · · · · · · · · · · · · · · · · 119
붕괴계열 · · · · · · · · · · · · · 186, 219
브로민(브롬) · · · · · · · · · · · · · · 79
비결정 · · · · · · · · · · · · · · · 37, 219
비금속 원소 · · · · · · · · · · · · 79, 179
비활성 기체 · · · 13, 27, 45, 81, 117, 181, 219

ㅅ

사마륨 자석 · · · · · · · · · · · · · · · 129
사이클로트론 · · · · · · · · · · · 95,
179, 183, 190, 194, 195, 198, 199, 200, 203, 219
산란단면적 · · · · · · · · · · · · · · 17, 219
산성비 · · · · · · · · · · · · · · · · · · · 23
산화제 · · · · · · · · · · · · 25, 59, 160, 219
삼원촉매 · · · · · · · · · · · · · · · · 99, 101
상변화기억재료 · · · · · · · · · · · · · · 113
스테인리스 스틸 · · · · · · · · · · · · · · 57
스펙트럼 · · · · 71, 107, 119, 133, 143, 159, 220
신틸레이션효과 · · · · · · · · · · · · · · 119
실리콘 · · · · · · · · · · · · · · · · · · · 37

ㅇ

아말감 · · · · · · · · · · · · · · · · · · 169
아이오딘 녹말반응 · · · · · · · · · · · · 115
아쿠아마린 · · · · · · · · · · · · · · · · · 17
악티노이드 · · · · · · · · · · · · · · 186, 187
악티늄계열 · · · · · · · · · · · · · · · · 186
알칼리 금속 · · · · · · · · · · 15, 119, 183, 220
알칼리 토금속 · · · · · · · · · · · · · 121, 220
알파방사성 · · · · · · · · · · · · · · · · 199
알파방사체 · · · · · · · · · · · · · · · · 193
알파붕괴   6, 9, 83, 132, 175, 183, 188, 206, 208
알파입자 · · · · · · · · · · · 177, 179, 193, 198
액체공기제조기 · · · · · · · · · · · · · · 117
양성원소 · · · · · · · · · · · · · · · · · · 68
양이온 교환 크로마토그래피 · · · · · · · · 131
양자 · · · · · · · · · · · · · · · · 8, 9, 11, 94
양철 · 109
에메랄드 · · · · · · · · · · · · · · · · 17, 57
연금술 · · · · · · · · · · · · · · · · · 59, 167
연대측정법 · · · · · · · · · · · · · · · · · 83

연료전지 · · · · · · · · · · · · · · · 11, 165
열전대 · · · · · · · · · · · · · · · · · · 159
염색반응 · · · · · · · · · 15, 47, 85, 119, 121
오존 · · · · · · · · · · · · · 25, 43, 96, 137
옥탄가 · · · · · · · · · · · · · · · · 159, 220
왕수 · · · · · · · · · · · · · 99, 161, 163, 220
요시노가리 유적 · · · · · · · · · · · · · · 79
워커법 · · · · · · · · · · · · · · · · 101, 220
원소주기율 · · · · · · · · · · · · · · 198, 220
원자가 · · · · · · · · · · · · · · · 6, 198, 220
원자량 · · · · · · · · · · 6, 81, 147, 159, 207
원자력발전 · · · · · · · · · · 133, 137, 153, 189
원자력전지 · · · · · · · · · · · · 131, 177, 191
원자로 · · · · · · · · · · · · · 19, 63, 89, 105,
131, 137, 147, 153, 183, 191, 192, 195, 196, 197
원자번호 · · · · · · · · · · · · 8, 131, 146, 150
원자시계 · · · · · · · · · · · · · · · · 83, 119
원자폭탄 · · · · · · · · · · · · · · · · 189, 191
원자핵 · · · · · · · · · · · 8, 9, 199, 201, 203, 204
유기 화합물 · · · · · · · · · · · · · · · · · 21
이온 · · 49, 79, 93, 121, 135, 171, 186, 194, 195
이온교환분리 · · · · · · · · · · · · 139, 143, 221
이온반경 · · · · · · · · · · · · · · · 150, 153, 221
이온엔진 · · · · · · · · · · · · · · · · · · 117
이온화 경향 · · · · · · · · · · · · · · · · · 69
이타이이타이 병 · · · · · · · · · · · · · · 105
이화학연구소 · · · · · · · · · · · · · · · · 175
인공 방사성 원소 · · · · · · · 95, 197, 200, 216
임플란트 · · · · · · · · · · · · · · · 49, 155, 221

ㅈ

자기왜곡 · · · · · · · · · · · · · · · · · 141
전기 분해 · · · · · · · 35, 37, 49, 85, 125, 221
전기음성도 · · · · · · · · · · · · · 27, 182, 221

Element Girls

전도성 · · · · · · · · · · · · 17, 67, 73, 167
전도체 · · · · · · · · · · 37, 77, 149, 221
전자 · · · · · · · · · · · · · 8, 9, 11, 21, 27
전자껍질 · 8
전자구조 · · · · · · · · · · · · · · · · · · · 6, 9
전자궤도 · 8
전해콘덴서 · · · · · · · · · · · · · · · 90, 155
전형원소 · · · · · · · · · · · · · · · · · 27, 221
절연체 · · · · · · · · · · · · · · · · · · · 37, 222
제베크 효과 · · · · · · · · · · · · · · · 113, 222
제어봉 · · · · · · · · · 19, 105, 133, 153, 222
종유동 · 49
주석페스트 · · · · · · · · · · · · · · · · · · 109
중성자 · · · · · · · · 8, 9, 11, 17, 19, 89, 95,
133, 137, 147, 153, 190, 192, 193, 195, 196, 197
중이온연구소 · · · · · · 204, 205, 206, 207, 208
질량수 · · · · · · · · · · · · · · · · · · · 8, 9, 11
질소고정 · · · · · · · · · · · · · · · · · · · 23, 93

ㅊ

차폐재 · · · · · · · · · · · · · · · · · · · 19, 216
천연원자로 · · · · · · · · · · · · · · · · · · 194
철족원소 · 65
청동 · · · · · · · · · · · · · · · · · · 17, 67, 109
체르노빌 원전사고 · · · · · · · · · · · · 85, 222
초류동 · 13
초우라늄원소 · · · · · · · · · · · · 190, 195, 222
초전도 자석 · · · · · · · · · · · · · · 33, 55, 91
초전도 · · · · · · · · · · · · · · · · · 13, 33, 91
초전도임계온도 · · · · · · · · · · · · · · 33, 222
최외각전자 · · · · · · · · · · · · · · 21, 29, 222

ㅋ

캘리포니아 대학 버클리 대학교
· · · · · · · · · · · · · · · 194, 195, 198, 200
커플링 반응 · · · · · · · · · · · · · · · 101, 215
퀴리온도 · 65
퀴리점 · 129
크롤법 · 53
클로로포름 · · · · · · · · · · · · · · · · · · · 43
클로로필 · 33
키토라 고분 · · · · · · · · · · · · · · · · · · 169

ㅌ

투명 전도막 · · · · · · · · · · · · · · · · · · 107
티리언 퍼플 · · · · · · · · · · · · · · · · · · · 79

ㅍ

파이렉스 글라스 · · · · · · · · · · · · · · · · 19
펠티에 효과 · · · · · · · · · · · · · · · 113, 223
프라세오디뮴 자석 · · · · · · · · · · · · · · 127
플로지스톤 · · · · · · · · · · · · · · · · · 11, 25
피치블렌드 · · · · · · · · · · · · · 177, 185, 188
픽시 더스트 · · · · · · · · · · · · · · · · · · 97
필라멘트 · · · · · · · · · · · · · · 81, 155, 157
필수 아미노산 · · · · · · · · · · · · · · 41, 223

ㅎ

하버 보슈법 · · · · · · · · · · · · · · · · 23, 223
함석 · 69
항성 · 11, 61
핵반응 · · · · · · · · · · · · · · · · · · · 95, 190
핵분열 · · · · · · · · · · · · · · · · 17, 89, 131
핵융합 · 61
헴철 · · · · · · · · · · · · · · · · · · 47, 61, 223
형상기억합금 · · · · · · · · · · · · · · · · · · 65

홀−에루법 · · · · · · · · · · · · · · · · 35	영문
환원제 · · · · · · · · · · · · · · · 35, 223	IUPAC · · · · · · · 123, 204, 205, 207, 223
황산 · · · · · · · · · · · · · · 41, 77, 93, 121	JINR · · · · · · · · · · · · · · · · 202, 223
희토류(원소) · · · · · · · · · · · · · · · · 87,	YAG 레이저 · · · · · · · · · · 87, 145, 148
89, 123, 127, 131, 133, 135, 137, 141, 149, 223	

◆◆◆◆ 주요 참고서적 ◆◆◆◆

『원소대백과사전』 (와타나베 마사시 감역, 아사쿠라 서점, 2007년)

『화학원소 · 발견의 길』 (D.N.트리포노프/V.D.트리포노프 저, 사카노우에 마사노부/히요시 요시히로 역, 우치다로카쿠호, 1994년)

『과학기술인명사전』 (아이작 · 아이모프 저, 미나가와 요시오 역, 교리쓰 출판, 1971년)

『화학원소백과−화학원소의 발견과 유래』 (오카다 이사오 편, 옴사, 1991년)

『잘 아는 최신 원소의 기본과 구조』 (야마구치 준이치로 저, 슈와시스템, 2007년)

『원소 백과사전』 (John Emsley 저, 야마자키 아키라 역, 마루젠, 2003년)

『0부터 배우는 원소의 세계』 (미야무라 카즈오 저, 고단샤, 2006년)

『화학편람 기초편』 (일본화학회 편, 마루젠, 2004년)

『원소 소사전』 (다카키 진자부로 저, 이와나미서점, 1999년)

『도해잡학 원소』 (도미나가 히로히사 저, 나츠메사, 2005년)

『뉴턴 별책 완전도해 주기표 제2판 모든 『물질』의 기초를 안다』 (코헤이 타마오, 사쿠라이 히로시, 후쿠야마 히데토시 감수, 뉴턴프레스, 2010년)

『원소로 아는 광물의 모든 것』 (야카와 시즈에 감수, 츄오아트출판, 2011년)

『일러스트 도해 원소』 (하네바 히로미츠 감수, 닛토쇼인, 2010년)

『원소를 잘 아는 책』 (라이프 사이언스 연구반편, 카와데쇼보신샤, 2011년)

『최신 도해 원소의 모든 것을 아는 책』 (야마모토 요시이치 감수, 나츠메사, 2011년)

Element Girls

◆일러스트레이터 소개◆

アザミユウコ	http://www.mariendistel.org/	C、Zr、Tm
あや	http://an-illusion.jp/	Ar、Ag、W
大槻満奈	http://houwasekai.konjiki.jp/	Ne、Rb、Sb
菓浜洋子	http://kahama.web.fc2.com/	V、Ni、Ce、Rn
キョウシン	http://kyousin.ken-shin.net/	Be、As、Os
銀一	http://akacia.sakura.ne.jp/	Ac、Np、Cf、Lr、Hs
陸原一樹	http://www.leaffish.com/	H、Pm、Au
久保わこ	—	Ge、Tl
紺野賢護	http://unitya.nobody.jp/	Ti、In、Re
充電	http://ju-denshiki.sakura.ne.jp/	S、Cu、Pd、Po
鈴眼依縫	—	B、Se、Pr、Nd
大吉	http://maru-d.secret.jp/	N、Kr、Tb
龍川ナギ	http://nagi.mond.jp/	U、Bk、No、Bh、Rg
たはるコウスケ	http://wace.blog50.fc2.com/	Si、Tc
冬扇	http://www.geocities.jp/tousens/	Xe
戸橋ことみ	http://www.geocities.jp/tobashi_rj/	Cr
中山かつみ	http://www2.ttcn.ne.jp/~cynical-orange/	He、Zn、Eu
鍋島テツヒロ	http://lunadeluna.blog.shinobi.jp/	Li、Ga、Gd
西川淳	http://nisikawajun.mods.jp/	Fe、Br、Hg、Fr
猫生いづる	http://flyingcat.sakura.ne.jp/666/	Sc、La
希封天	—	Yb、Lu
フヅキリコ	http://riko.ciao.jp/	Al、Mo、Pt
マナカッコワライ	http://manaweb.net	Cm、Md、Sg
ヤナギユキ	http://xcolors.yukishigure.com	Co、At
八幡絢	http://1945.namaste.jp/	O、Ru、Sm、Ta
ゆつき	—	K、Cd、Ir
よつば◎ますみ。	http://yotuba.main.jp/	Na、Sn、Ho、Th、Pu、Es、Rf、Mt
瑠璃石	http://www7b.biglobe.ne.jp/~ruri14/	Mg、Nb、Dy
NAOX	http://naox.cool.ne.jp/NAOX/	Pa、Am、Fm、Db、Ds
sango	http://53box.chu.jp	巻頭イラスト、F、P、Cl、Mn、Sr、Rh、Te、I、Cs、Ba、Hf、Pb、Bi、Ra、Cn、Fl、Lv、Uut、Uup、Uus、Uuo
spaike77	—	Ca、Y、Er

미소녀와 함께 배우는 화학의 기본
원소주기

원제 : ELEMENT GIRLS 元素周期 COLOR MIX

2010. 2. 18. 1판 1쇄 발행
2018. 1. 5. 2판 1쇄 발행

| 편 자 | 원소주기 모에화 프로젝트
| 감 역 | 황의승
| 역 자 | 오시연
| 제 작 | 스튜디오 · 하드 디럭스(STUDIO HARD DELUXE)
| 펴낸이 | 이종춘
| 펴낸곳 | BM 주식회사 성안당
| 주소 | 04032 서울시 마포구 양화로 127 첨단빌딩 5층(출판기획 R&D 센터)
| | 10881 경기도 파주시 문발로 112 출판문화정보산업단지(제작 및 물류)
| 전화 | 02) 3142-0036
| | 031) 950-6300
| 팩스 | 031) 955-0510
| 등록 | 1973. 2. 1. 제406-2005-000046호
| 출판사 홈페이지 | www.cyber.co.kr
| ISBN | 978-89-315-8100-3 (17430)
| 정가 | 18,000원

이 책을 만든 사람들

본문디자인 | 임진영
홍보 | 박연주
국제부 | 이선민, 조혜란, 김해영
마케팅 | 구본철, 차정욱, 나진호, 이동후, 강호묵
제작 | 김유석

ELEMENT GIRLS GENSOSHUKI COLOR MIX
Copyright ⓒ 2012 by GENSOSHUKI MOEKA PROJECT
First published in Japan in 2012 by PHP Institute, Inc.
Korean translation rights arranged with PHP Institute, Inc.
through Imprima Korea Agency

Korean translation copyright ⓒ 2012~2017 by Sung An Dang, Inc.

이 책의 한국어판 저작권은
Imprima Korea Agency를 통해
PHP Institute, Inc.과의 독점계약으로 BM 주식회사 성안당에 있습니다.
저작권법에 의해 한국 내에서 보호를 받는 저작물이므로 무단전재와 무단복제를 금합니다.

■ 도서 A/S 안내

성안당에서 발행하는 모든 도서는 저자와 출판사, 그리고 독자가 함께 만들어 나갑니다.
좋은 책을 펴내기 위해 많은 노력을 기울이고 있습니다. 혹시라도 내용상의 오류나 오탈자 등이
발견되면 **"좋은 책은 나라의 보배"**로서 우리 모두가 함께 만들어 간다는 마음으로 연락주시기
바랍니다. 수정 보완하여 더 나은 책이 되도록 최선을 다하겠습니다.
성안당은 늘 독자 여러분들의 소중한 의견을 기다리고 있습니다. 좋은 의견을 보내주시는 분에게는
성안당 쇼핑몰의 포인트(3,000포인트)를 적립해 드립니다.
잘못 만들어진 책이나 부록 등이 파손된 경우에는 교환해 드립니다.

ELEMENT GIRLS
GENSOSHUKI
COLOR MIX

―― 미소녀와 함께 배우는 화학의 기본 원소주기 ――